U0934580

学会史
丛书

中国追赶现代的脚印

公众理解科学的阶梯

中国科学技术协会资助项目　　编号:zgxc0802

中国学会史丛书

# 中国环境科学学会史

中国环境科学学会 编著

# A HISTORY OF CHINESE SOCIETY FOR ENVIRONMENTAL SCIENCES

上海交通大学出版社

## 内 容 提 要

本书是一部记述中国环境科学学会建立与发展历程的专著。书中不但重点对学会的初创情况、发展过程、组织建设、学术交流、分支机构等专门介绍，还特别收录了记述学会重大活动情况的大事记、名人与学会发展的丰富资料和一些极有史料价值的历史照片。旨在反映学会在不同时期的活动概况及其在中国环保界中发挥的桥梁与纽带作用。学会是中国科协的组成部分，也是我国著名的学术团体之一，仅以此书的编著出版，纪念中国科协成立50周年和中国环境科学学会成立30周年。本书可供环保界和科技界有关部门及工作者、各学会相关人员、大专院校师生阅读，也可作为国内外学术交流的参考资料。本书是《中国学会史丛书》之一。

**图书在版编目(CIP)数据**

中国环境科学学会史/中国环境科学学会编著. —上海:上海交通大学出版社,2008
(中国学会史丛书)
ISBN 978-7-313-05406-7

Ⅰ.中… Ⅱ.中… Ⅲ.环境科学—学会—历史—中国
Ⅳ.X-262

中国版本图书馆CIP数据核字(2008)第149616号

## 中国环境科学学会史

中国环境科学学会 主编

上海交通大学 出版社出版发行
(上海市番禺路951号 邮政编码200030)
电话:64071208 出版人:韩建民
常熟文化印刷有限公司印刷 全国新华书店经销
开本:787mm×960mm 1/16 印张:22.75 插页:10 字数:391千字
2008年10月第1版 2008年10月第1次印刷
印数:1~4050
ISBN 978-7-313-05406-7/X·016 定价:55.00元

1979 年 3 月，中国环境科学学会在成都召开第一次代表大会，
选举产生第一届理事会

1979 年，李超伯理事长与外宾在中国环境科学学会第一次代表大会上(成都)

1979 年，中国环境科学学会第一次代表大会上代表分组讨论及合影

1984 年 1 月 5 日，时任国务院副总理李鹏在北京接见中国环境科学学会第二届理事会全体理事

1984 年 1 月，李景昭理事长在第二届第一次理事会上投票

1984 年 7 月，在兰州召开全国环境科学学会工作会议

1984 年，中国环境科学学会在北京举办首届学术年会

1984 年 12 月，时任国务院副总理李鹏在人民大会堂接见中国环境科学学会首届学术年会部分中外代表

1985 年 11 月 1 日，李景昭(右 1)、曲格平(右 4)出席中国环境科学学会组织的麋鹿重返家园赠送仪式

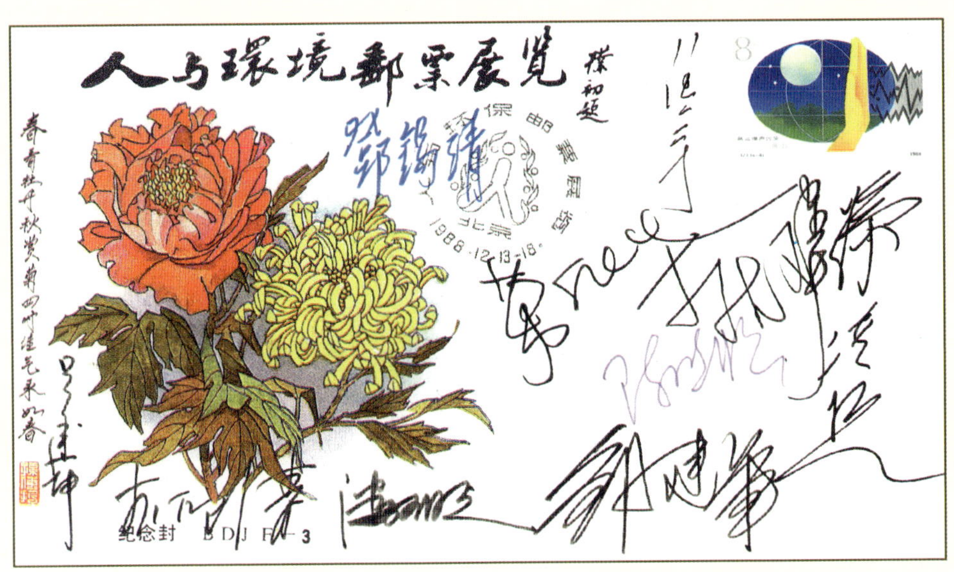


1988 年 12 月，为纪念我国环境保护事业开创 15 周年，中国环境科学学会和《集邮博览》杂志社在中国美术馆举办“人与环境邮票展览”，这是孙传哲、万维生、吴建坤、潘可明、李印清、程传里等参展的邮票设计家签名的展览纪念封

1989 年 4 月 28 日，中国环境科学学会在北京召开二届八次常务理事会（前排左起第 3 人至第 7 人依次是陈西平副理事长，李苏、李景昭理事长，曲格平、马世骏副理事长）

1989 年，康克清、黄华、费孝通参加中国环境科学学会成立 10 周年纪念活动

1992 年 7 月，第九届青少年环境科技夏令营在北京举行开幕式
（由左至右：郭方、刘培桐、江小珂、金鉴明、王治国、马大猷、陆雨村、王树起）

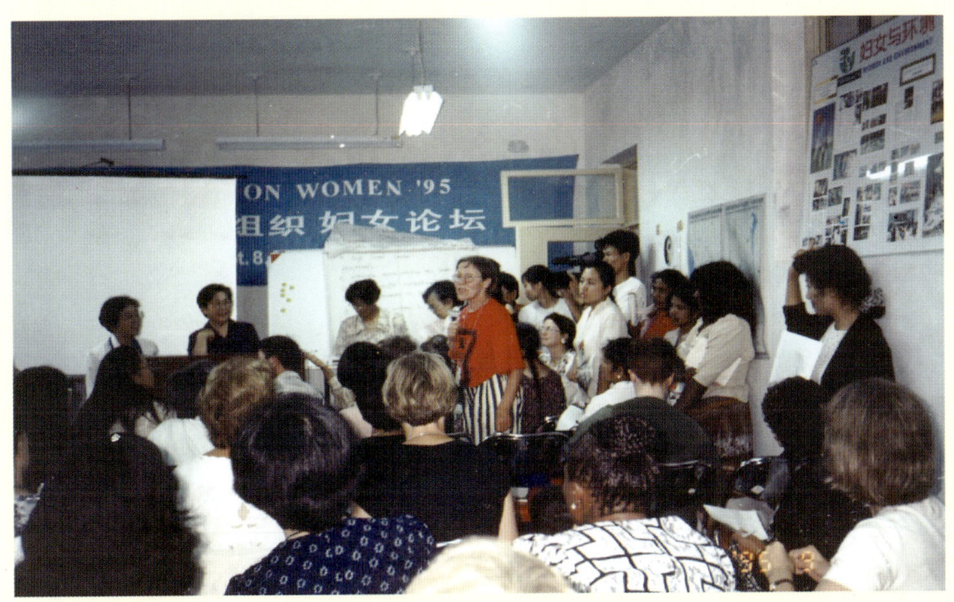


1995 年 9 月，在北京第四届世界妇女大会非政府组织论坛上中国环境科学学会举办妇女与环境专题研讨会，唐孝炎（左 2）和钱易（左 1）主持会议

1998 年，在首届青年科技奖颁奖仪式上少先队员向获奖者献花

1999年，中国环境科学学会成立20周年纪念大会

2001年2月，中国环境科学学会召开UNDP“妇女与环境”国际会议，唐孝炎副理事长（右3），中国科协刘恕书记（左3）、江小珂（左2）、鲍强（右1）、陈尚琴（左1）和联合国官员出席

2002 年 9 月，举办第三届亚洲气候变化 CTI 国际研讨会（右 4 为叶汝求理事长）

2002 年，全国政协王文元副主席和曲格平名誉理事长在学术年会上参观
“人类历史上最大灾难 BHOPAL 事件”摄影展

2005 年 6 月，年会期间学会领导和到会领导合影
（由左至右：任官平、王玉庆、阿不来提·阿不都热西提、周光召、解振华、刘昌明、魏复盛）

2005 年，中国环境科学学会向农民工子女学校赠送科普图书与光盘

2006 年 2 月，中国科协书记齐让到中国环境科学学会考察工作

2006 年 6 月，在北京召开中国环境科学学会第六次全国会员代表大会

2006 年 6 月，(从左至右)邓楠书记、阿不来提·阿不都热西提副主席、
周生贤局长出席中国环境科学学会第六次全国会员代表大会

2006 年，中国科协邓楠书记同中国环境科学学会王玉庆理事长、任官平秘书长合影

2006 年，在第六届全国会员代表大会上向顾问颁发证书
（由左至右：王文兴、金涌、左铁镛、谢学锦、刘东生、金鉴明、曹保榆、任阵海）

2006 年，在第六届全国会员代表大会上国家环境保护总局
周生贤局长与刘东生院士握手交谈

2006 年度环境保护科学技术奖专家评审会

2006 年，中国环境科学学会水环境分会举办学术年会

2006 年 11 月，在云南召开第二届中国绿色财富论坛暨科技创新与可持续发展研讨会

2006 年 12 月，中国环境科学学会六届二次常务理事会通过决议

2006年12月，中国环境科学学会理事长王玉庆和
常务理事一同交纳会员费办理会员证

2007年，在北京召开中国环境科学学会学术年会

2007 年，中国环境科学学会“大学生志愿者千乡万村环保科普行动”启动仪式

2007 年 10 月，王玉庆理事长出席在印度斋普尔召开的“第十二届世界湖泊大会”，与部分发展中国家代表合影

2007 年，中国环境科学学会参加科普日活动设立的展台

2008 年 9 月 21 日，习近平等中央领导同志参观中国环境科学学会
全国科普日“绿色‘袋’言人”活动区

# 《中国环境科学学会史》编委会

主任委员

王玉庆

副主任委员

任官平　杨经纬

委员

朱钟杰　鲍　强　舒惠芬　王树起

郑菁英　侯雪松　周汝忠

编写组

任官平　杨经纬　侯雪松　张宏亮

参与编写工作人员(以姓氏笔画为序)

于红文　介崇禹　刘　平　刘永杰　刘效梅

吴　蕾　陈燕滨　姜艳萍　祝慧群

# 总 序

多年来，我一直在关注科学界的发展，很高兴地看到我国科技人才辈出，在各个领域大显身手、捷报频传，在科学史的研究上也不断有骄人成果出现，然而，细细追索，对于与科学发展紧密相连的科学团体——科技学会的发生发展却很少认真关注，也没有看到系统介绍各学会历史和现状的著作面世。科技学会是一个群贤毕至的科学大家庭，无疑，科技学会组织在团结广大科技工作者、提供国际国内交流平台、为社会进步和科技发展建言献策等方面做了大量贡献，确实值得细细研究、大书一笔的。

该套《中国学会史丛书》就是以中国科协属下的各科技学会为研究对象，勾勒学会发展历史、刻画杰出科学同仁、探索科技学会在中国发生发展规律的一套丛书，实可谓匠心独具，意味深长，对各学会的发展将具有重要的意义。对出版界来说，也是中国科技学会发展史系列研究著作的开山之作，填补了中国出版史上的一页空白。

中国科协主管的近两百个全国学会中，有许多历史悠久、建树颇丰的学术团体，有些建会史甚至可以追溯到19世纪，如本丛书中收纳的中国药学会、中国农学会、中国土木工程学会，等等。跨入新世纪以来，这些学会组织在工作规模、专业队伍、成果积累和学科本身建设等各个方面，无不光大前业，焕然一新。丛书中也有一些是建国后成立的新兴科技学会，如中国环境科学学会、中国海洋学会、中国电子学会，等等，这些科技的发展与现代生活息息相关，也是一个国家实力的表现。及时回顾历史，探索科学发展规律，对学会的继续发展壮大具有重要意义。

整套书没有一般全史的恢弘与庄严，但不失严谨与考证；没有标签式的分析与结论，然谋篇与行文都是基于史实的笔锋。以历史的视野、以组织的命运来观察、理解发生其中的科学活动与使命；以平淡的笔调、粗犷的线条来勾勒已经远去的或仍在奉献的那些科学大师的背影。每一个学会的成立，都有着我国历史上第一批接受科学启蒙与教育、拥有科学救国的雄心壮志、为我国科学发展与进步做出杰出贡献的科学人的身影，正如詹天佑之于中国土木工程学会、梁希之于中国农学会，等等。

对中国科技学会史的研究，是一种学术研究领域的拓展与创新，是一次人文升华，她的研究成果赋予科学人、科学组织一份生命感的体验，对科学史的研究是一次丰富和发展。

当然，不能说这套书完美无瑕，作为第一套研究科技学会史的丛书，在资料的准确与完整、史实的全貌与重点选择等方面，仍有待进一步完善的地方。万事开头难，上海交通大学出版社花心血给我们呈现出这一套丛书，是做了一件大好事，给广大科学史的研究人员提供了一个新的研究视野和尝试。

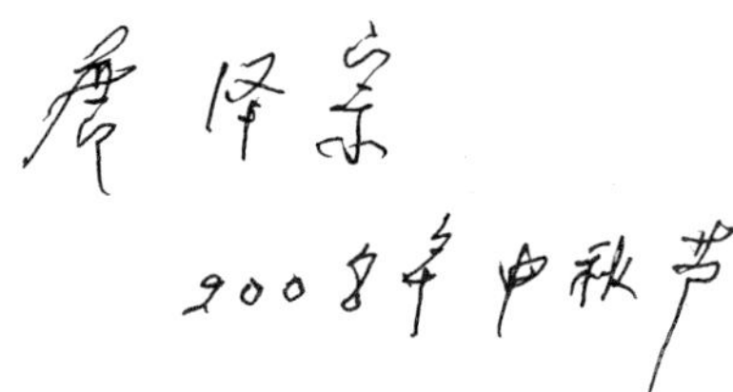

（席泽宗：中国科学院院士、国际科学史研究院院士，著名科学史专家，中国科学技术史学会名誉理事长）

# 出版者的话

《中国学会史丛书》终于要与读者见面了！

过去做科学人文丛书有个传统，在丛书付梓之前，作者和出版社都希望我写个策划人语或出版者的话，对丛书缘起和出版过程有个交代，既把出版社的策划初衷告诉读者，也增加了图书的可读性和文化含量，同时也能从出版社角度感谢相关人员。记得《当代大学读本·科学文化系列》开印之前，几位老作者也希望我能写个类似的东西，但由于工作太忙只好作罢。如今这套《中国学会史丛书》也将要面世，能走到今天确实不容易，许多人付出了自己的心血，需要感谢他们！彩笔昔曾干气象，回头吟望苦低垂。好在国庆闲暇，我可以整理思绪，拙写完成任务。

本套丛书选题诞生在北京北四环南面一个上岛咖啡厅。那是 2007 年 9 月份一个阴雨连绵的傍晚，我约好朋友、现任中国科学技术协会调研宣传部王春法部长出来小坐。我和春法兄是多年合作的老朋友了，彼此理念非常一致，都希望能做点有意义的事。他曾是《国家中长期科学发展规划》的执笔者，自然高瞻远瞩，并且他对我原来的做书理念和风格也比较了解，因此那天灵感频现，谈兴甚欢，大家一拍即合，说干就干。本套丛书不仅填补了国内尚无系统研究学会史著作的空白，也将成为中国科协成立 50 周年的献礼图书。

《中国学会史丛书》同时也是我们在科学人文出版方面的进一步探索。对科学传播和公众理解科学而言，科学可以从三个层面展开：一是构成实证的科学知识体系；二是以观察、实验、科学组织为背景的人类活动（科学人文）；三是以兴趣和美学为基础对科学的享受和欣赏。近年来国内几家出版社在第二个层面进行了一些探索，取得了不少收获。目前还很少有出版社进入第三个层面，那也许是科学人文出版的潜力和前景。本套丛书严格来讲还是属于第二层面的选题，她从学会这条主线细述学科发展经历，还原相关人物和事件，构建了一般读者和本学科的相对亲和关系，为人们提供了了解该学科、学会的一个窗口和阶梯。

一年多来，组稿工作非常艰辛！中国科协调研宣传部为本书组稿提供了有力的支持，春法部长一直关心稿件进展，并提出许多战略性的意见；许向阳处长总是出现在关键的时刻，其幽默而深刻的话语常让我们佩服连连（在这里值得一提的是，上海交大出版社已经逐渐成为中国科协的科学文化图书出版基地，2009年合作项目《决策科学化民主化系列丛书》已经立项，更长远的合作也在谋划之中）。各有关学会的朋友也给予了积极的配合，做了大量具体的工作。最让我感动的是我国科学史领域唯一院士、国际科学史研究院院士、中国科学史学会名誉理事长席泽宗先生不顾高龄和眼疾为本丛书作序，并认为该套学会史丛书填补了科学史领域一个很重要的空白。

自从本丛书立项之日起，我社就高度重视，将其作为社部项目探索工程。杨祥玉书记和张天蔚总编多次参加组稿会议，讨论相关细节，尤其张总编一直关注和负责该丛书的内容和编校质量。一年来，丛书组稿小组的冯勤、戴柏诚、刘佩英三位同志付出了大量的心血，他们经常夕发朝至深入北京各学会组稿，期间苦辣酸甜非亲历者不能体会。应中国科协调研宣传部和各相关学会的呼吁，需要特别表扬刘佩英同志的努力，许多学会的领导和我诉说“小刘编辑太锲而不舍了，一天$n$个电话打过去，一开始有点烦，到后来渐生佩服”。说实话没有他们几个这种执著的努力和视书如子的投入，这套丛书很难完成组稿工作。进入编排阶段，王超明老师做了大量协调督促工作，为本丛书按时出版做出了贡献；各位责任编辑不是萧然物外而是主动投入，加班赶点，出色完成任务。感谢你们！感谢所有为本书付出智慧和汗水的人们！

巍巍交大，百年书香。《中国学会史丛书》能在拥有110年历史并为我国科学事业做出巨大贡献的上海交通大学出版具有非常特殊的意义。最近中国出版科学研究所和上海新闻出版局的报告中数次提到交大出版社的科学人文特色板块，这既得益于交大长期以来形成的理工特色，也受惠于交大110年的深厚人文传统，更与交大拥有中国第一个科学史系的学科基础有关。春华无数，待看秋实。希望这套丛书能给读者朋友带来一些感知和收获。

（作者为上海交通大学出版社社长韩建民）

# 序

中国环境科学学会自 1978 年创建以来，已经走过了整整 30 年。目前已发展成为拥有 41 900 多名会员、202 家团体会员和理事单位、30 多个分支机构的全国性科技社团，成为在国内外环境保护领域具有一定社会影响的重要学术组织。各省、自治区、直辖市以及地(市)和部分县也陆续建立了环境科学学会，中国环境科学学会与这些地方学会共同成为我国环境科学技术事业发展的一支重要力量，成为党和政府联系广大环境科技工作者的桥梁和纽带。

中国环境科学学会成立的 30 年是中国改革开放伟大事业不断发展、中国环境保护事业蓬勃奋进的 30 年。学会经历了成立之初快速发展、成绩斐然的 10 年；伴随着社会主义市场经济体制的建立及社团经费自理、活动自主的改革，学会又经历了顺应改革、艰辛探索前行的 10 年；新世纪，学会在改革中焕发生机，迎来了开拓进取的新征程。

中国环境科学学会团结广大环境科技工作者，努力履行党和政府赋予科技社团的职能，在学术交流、科学普及、人才培养、国际合作、刊物出版、技术咨询及为会员和广大科技工作者服务等方面开展了卓有成效的工作，为促进环境科学技术进步、加速环保事业的发展做出了应有的贡献，发挥了一个科技社团积极而独特的作用。

中国环境科学学会吸引和汇集了环保界各个领域中著名的专家和学者，具有多学科交叉和跨领域的特殊优势。据不完全统计，30 年来，学会先后组织国际、国内学术交流与研讨700多次，发表论文达30 000多篇。通过这些会议，活跃了学术气氛，提高了学术水平，促进了环境科学技术的进步，增进了国内外同行间的联系和友谊。

发挥科技社团的科普职能，为提高全民族的科学文化素质服务，是中国环境科学学会的重要工作内容。学会整合多种资源，围绕各种纪念日，面向不同人群开展环保科普活动，创作、开发了大量环保科普作品、产品。特别是近年来开展的"千乡万村环保科普行动"，先后把6个省、自治区作为示范，在农村传播环境保护科学知识，做了许多卓有成效的工作。2007年联合北京10所高校团委共同发起"大学生志愿者千乡万村环保科普行动"，动员大学生3 000余人，在全国31个省(自治区、直辖市)开展宣传活动，取得了良好的社会反响。

环保科技事业的发展，人才是关键。中国环境科学学会在举荐人才、发现和扶植有作为的年轻人、支持和促进新兴学科的发展方面，发挥着重要作用。多年来，学会先后推荐了34名环境科学领域有突出贡献的学科带头人作为两院院士候选人，其中3位当选；积极开展优秀环境科技工作者、青年科技奖的评选工作，从1989～2007年共评选出753名优秀环境科技工作者、353名青年科技奖、207名优秀学会工作者，并向中国科学技术协会(以下简称中国科协)推荐了中国青年科技奖、科技工作者奖候选人共44名，其中有4位荣获中国青年科技奖。学会贯彻"学术民主、百家争鸣"的方针，组织召开的各种研讨会，已成为青年环保科技工作者学习交流、展示自我才干的重要平台，为培养环保科技新生力量创造了条件。

《中国环境科学》作为中国环境科学学会会刊，是展示我国环境科技整体学术水平的重要窗口。本着坚持质量第一、鼓励学术创新的办刊理念，自1981年创办至2007年共出版162期，发表了各类学术文章3 164篇，其中许多论文在国际、国内具有广泛影响。由学会主办的《环境与生活》、《中国花卉盆景》，以及与有关单位联合主办的《环境工程》、《中国环境管理》等期刊杂志，介绍环境科技方面重要成果，普及与人民生活息息相关的环境科学知识，总结与交流环境管理的理论与实践。这些期刊拥有大量丰富的信息，记载着我国环境科学技术发展和知识普及的历程，成为环境科学技术的重要文献。

中国环境科学学会是中国民间国际环保科技交流与合作的重要窗口。学会已与许多国际环境保护学术组织和环境保护学者建立了联系，在吸收国外先进的环境科学技术和管理经验、对外宣传中国环保工作方面发挥了积极作用。

同时学会组织的国际学术交流，为会员、环境科技工作者了解国际环境科学技术的最新进展、介绍自己的科研成果提供了很好的平台。

随着科学技术的进步和社会经济的发展，中国环境科学学会意识到面向政府、企业和社会，在环境科技的咨询和服务领域应该而且能够有更大的作为。近年来，学会积极组织开展环境科技进步奖的评审、科研成果的评价和推广、环保技术和工程的咨询及评估、环境健康的评价、专业技术职称的评审等，并通过多种渠道向政府提供环保工作的咨询建议，受委托为国家环保决策组织各类型的专家论证。学会在我国环保事业的发展、产业的提升、科技的进步等方面发挥着越来越重要的作用。

中国环境科学学会作为广大环境科技工作者自己的组织，集中代表着广大环境科技工作者的利益。学会历届理事会注意倾听广大科技工作者的意见和呼声，向政府反映广大环境科技工作者的意见和要求，代表和维护他们的利益，倡导良好的学风，努力为会员服务，把学会办成环境科技工作者之家。

21世纪保护环境已成为各国政府乃至全人类的共识，成为不可阻挡的历史潮流。“三十而立”，中国环境科学学会已到了而立之年。作为世界上最大发展中国家的环保科技社团，它有着巨大的发展空间，有着美好的发展前景，需要学会的同仁们不畏艰辛，勇于创新，共同努力。

盛世修典，中国科协决定组织一批历史比较长或比较知名的学会，编纂学会史。中国环境科学学会有幸被选中。经过编写组及有关同志的努力，终于完成了这项工作。书中记录下来环境学会点点滴滴的事迹，既反映学会30年走过的路程，又从一个侧面展现中国环境保护事业从无到有、从小到大、波澜壮阔的历史画卷。为此，写此序以作纪念。

王玉庆

2008年7月22日

# 前 言

为纪念中国科学技术协会成立50周年,中国科协组织部分全国性学会编辑出版《中国学会史丛书》,《中国环境科学学会史》是其中的一册。

同其他入选《中国学会史丛书》编写工作的兄弟学会相比,中国环境科学学会还是一个比较年轻的学会,环境学科本身就是一个新兴的学科,不像其他传统学科的学会那样,有着悠久的历史。中国环境科学学会之所以入选,一定程度上是得益于环境科学学科的发展和环境保护事业在我国可持续发展中的重要地位。中国环境科学学会十分重视学会发展史的编写工作,为此专门组成了由在职人员和从事学会工作的老领导、老同志共同参与的编写班子。编写过程中,遵照中国科协提出的"回顾学会发展历史、探索学会发展规律、弘扬科学精神"的编纂要求,竭力收集史料,细心整理,追忆核对,精心裁剪,力求完善。现在终于将《中国环境科学学会史》呈现在读者面前了。

中国环境科学学会自1978年成立以来,既是中国科协所属的全国性环境保护科技社团,同时也是国家环境保护部(前身为国家环境保护局、国家环境保护总局)的直属社团机构,伴随着中国改革开放伟大事业的不断发展,已走过了30年的历程。30年来,中国环境科学学会各级组织,依靠广大环境科技工作者,积极实践和探索社团的改革发展之路,努力完成党和国家赋予的历史使命和各项任务,忠实履行一个科技社团的基本社会职能,通过开展学术交流、科学普及、国际合作、刊物出版及技术咨询等卓有成效的工作,在为提高我国的环境科学与技术水平、加速科技成果的推广应用、为政府部门的宏观决策提供咨询服务，以及维护广大环境科技工作者的正当权益等方面，发挥了一个科技社团的积极而又独特的作用。

本书比较系统、客观地记叙了中国环境科学学会创建、改革、发展的具体历程，归纳和总结了一个环境科技社团组织在机遇与挑战面前，求得发展的思路和经验。全书共分为引文、学会史、大事记、名人与学会和附录五个部分，其中学会史分为四章。

本书第一部分引文中包括图片、编委会名单、总序、出版者的话、序和前言、学会简介等。

第二部分的第一至第三章就中国环境科学学会的发展沿革，按照“快速发展、成绩斐然的 10 年”，“顺应改革、探索前行的 10 年”和“全面开拓、锐意进取的新征程”等三个阶段作了回顾，系统地阐述了学会创建的历史背景、改革发展的进程，以及学会工作的经验和体会。在第四章“学会的基本职能和主要工作”中，又分为学术交流、科学普及、环境教育、科技咨询服务、科技刊物及图书出版、国际及区域间的合作交流、人才举荐、会员服务等八节做了系统总结，记叙了学会领导、学会工作者和广大会员所做的的努力和取得的成绩。接着是学会工作的大事记和学会理事长及著名科学家简介。

本书最后还在附录中收录了李鹏同志、曲格平局长、解振华局长、周生贤部长、邓楠书记关于学会工作的重要讲话。作为研究学会、回顾历史、展望未来的一个组成部分，将为学会的组织建设和未来发展起到一定的借鉴作用。此外还附录了中国环境科学学会历届理事会机构人员名单、分支机构设置情况、《中国环境科学》历届编委会人员名单、中国环境科学学会所获主要奖项以及省级及部分市级环境科学学会简介，作为发展过程的重要史料之一亦一并献给广大读者。

本书的出版，一定程度上反映了我国环境科技社团组织发展的现状、总体水平和整体实力，也体现了从事科技社团工作的广大环境科技工作者对环境保护事业的高度责任感和奉献精神。我们相信此书的出版发行将对推动我国科技社团的发展以及社团工作的研究有所裨益。

当前，国家的环保事业正方兴未艾。祝愿广大环境科技工作者通过环境科学学会这个平台进行积极的交流与合作，多出成果，多出人才，大力推进我国环境科技事业的不断创新与发展，为全面改善和提高我国的环境质量做出新成绩、新贡献。

本书同时也作为中国环境科学学会成立 30 周年的献礼，献给为学会工作和中国环境保护事业付出辛勤劳动的各位同仁！

本书的编写出版，是在中国科协、国家环境保护部的指导和支持下，在从事学会工作的有关老领导直接参与和协助下完成的，值此之际表示衷心感谢。同时，向一直支持、鼓励和推动学会工作前进而默默奉献的老领导、老前辈深表敬意。

由于我们水平有限，在此书的编写中难免会有疏漏、不妥，甚至错误。对此，请大家给予批评指正。

编　者
2008 年 7 月 22 日

# 学会简介

中国环境科学学会成立于环境保护事业在我国起步的1978年，是我国成立最早、专门从事环境保护社团工作的国家一级学会，也是我国环境科学最高学术团体和目前规模最大的环保科技社团组织。学会成员主要由国内环境科研和环境工程技术人员、环境教育以及环境管理工作者(统称环境科技工作者)志愿结合组成。现有会员42 000余名。学会设有理事会、常务理事会作为领导机构，下设7个工作委员会、28个分会及专业委员会组织开展各专业领域的活动。

中国环境科学学会的主要工作任务是:开展国内、国际学术交流，活跃学术思想，推动自主创新，促进环境学科发展;组织开展国内外重大环境问题调查研究，科学论证，为制定环境发展战略、方针政策、规划计划提供咨询服务和技术支持;开展民间国际环境科技交流，建立和加强国际非政府间的友好往来与合作;开展设立的环境科学技术奖及其他奖项的评审，开展环境科学技术评价工作，包括接受委托承担项目评估论证和成果鉴定等工作;进行环境科技咨询服务，促进科技成果推广应用，为企业的污染防治和环保产业的发展提供中介服务;开展科普教育，特别是农村科普工作和青少年环境科技教育活动，普及环境科学知识，提高全民环境意识和可持续发展的观念;开展继续教育，提供环境保护技术培训服务;编辑出版环境保护学术、科普书刊和论文专辑，目前主办的刊物主要有《中国环境科学》、《环境与生活》、《中国花卉盆景》、《安全与环境学报》、《环境工程》以及内部刊物《绿色财富》等;反映广大环境科技工作者的意见和诉求，维护其合法权益；开展表彰、奖励活动，举荐人才；利用现代信息网络技术，传播科技产业信息，为会员和环境科技工作者服务，为社会公众服务；承担政府委托或转移给学会的职能及其他社会职能。

中国环境科学学会成立 30 年来，在上述各方面开展了很多卓有成效的工作，为推动学科进步和环境保护事业的发展，发动公众参与环境保护事业等发挥了积极作用。与此同时，还与众多国际组织、相关机构，以及外国政府环境保护部门建立了良好的交流与合作关系。

# 目　录



## 学　会　史

## 附　录

# 学会史

# 第一章 快速发展、成绩斐然的 10 年 (1979～1989)

## 第一节 孕育中国环境科学学会的国际背景

1978 年的中华大地，是拨乱反正、百废待兴的一年。如果追忆当年发起成立中国环境科学学会的科学家们当时的感受，可能更是莫过于此。在那个年代，对于大多数人刚刚从“文革噩梦”中醒来而急于求发展的中国人而言，环境问题可能不过是一个十分陌生和新奇的术语而已。回忆往昔，至今都令我们感叹不已的是科学先知先觉的神秘力量，使得中国环境科学学会在一批具有科学敏锐性的前辈们的积极倡导和推动下，诞生在中国即将改革开放、经济腾飞之始的岁月。时至今日，在科学发展观和构建和谐社会的可持续发展思想已经深入人心的今天，我们不由得要感谢当时那一批老环境科学家们对中国环境保护事业工作、对中国环境科学的发展所作出的卓越贡献。

人类活动造成的环境问题，最早可追溯到远古时期。伴随着人类的生存和发展，人类活动造成的环境问题日渐显露和增多，并逐渐引起人们的注意。尤其是产业革命后，蒸汽机的发明和广泛使用，使生产力得到了很大发展，环境污染问题逐渐突显起来。特别是第二次世界大战以后，社会生产力突飞猛进。许多工业发达国家普遍产生了现代工业发展带来的范围更大、情况更加严重的环境污染问题，威胁着人类的生存和发展，环境问题已成为全球性的问题。与此同时，人们开始认识到应该通过科学研究来了解和解决环境问题，生物学家、化学家、地理学家、工程学家、物理学家和社会科学家等众多领域的许多科学家，纷纷对环境问题进行了大量调查和研究，运用原有学科的理论和方法研究环境问题，并逐渐孕育产生了环境科学。

20 世纪 60 年代在工业发达国家发生了一些重大的污染事件，严重破坏了生态环境，威胁到人类的生存和发展。从而兴起了“环保运动”，公众要求政府采取有效措施解决环境问题。到了 20 世纪 70 年代，人们又进一步认识到除了环境污染问题外，地球上人类生存所必需的生存环境正在日趋恶化。人口的大幅度增长，森林的过度采伐，沙漠化面积的不断扩大，水土流失的日益加剧，加上许多不可再生资源的过度消耗，都向当代社会和世界经济提出了严重的挑战。在此期间，联合国及其有关机构召开了一系列会议，探讨人类面临的环境问题。1972 年，联合国召开了人类环境会议，通过了《联合国人类环境会议宣言》，呼吁世界各国政府和人民共同努力维护和改善人类环境，为子孙后代造福。1974 年在布加勒斯特召开了世界人口会议，同年在罗马召开世界粮食大会。1977 年在马德普拉塔召开世界气候会议，在斯德哥尔摩召开“资源、环境、人口和发展相互关系学术讨论会”。在这个时期，面对环境问题日益突出、污染问题日趋严重的局面，为了解决人类面临的严重环境问题，为创造更适宜、更美好的环境，环境科学作为一门综合性科学在这个时期逐渐形成发展起来。

20 世纪 70 年代以前，中国的科学家们在基础科学、医学、工程技术等方面已进行了一些有关环境问题的研究工作，主要是从各自的学科和系统出发，零星、分散地进行。1972 年，中国科学院联合全国许多部门对北京官厅水系的污染和水源保护进行多学科的、大规模的调查研究，推动了多学科合作开展环境问题研究的尝试。1973 年，国务院召开了第一次全国环境保护会议，审议通过了中国第一份环境保护文件——《关于保护和改善环境的若干规定》，审议通过了“全面规划、合理布局、综合利用、化害为利、依靠群众、大家动手、保护环境、造福人民”的环境保护工作方针。随后成立了国务院环境保护领导小组及其办公室，制定了 1974～1975 年环境保护科学研究任务。以后，又制定了环境保护科学技术长远发展规划，并纳入全国科学技术发展规划。经过逐步发展，中国环境问题的科学研究活动已经形成了一定的规模和力量，取得了一定的成果，环境科学的各分支学科也在不断地发展。

当时间走到了 1978 年时，几乎所有研究过环境问题的中国各领域的科学家们都意识到了同样的问题，即对环境问题的认识和研究有赖于相关学科科技工作者的交流和密切合作，解决国家经济建设和社会发展面临的各方面实际环境问题也需要跨学科、跨领域和跨行业的通力协作。于是，随着我国环境保护工作的起步，管理者和科学家们在这时取得了共识，认为有必要把分散在中国各地区、各系统、各部门不同学科的环境科技工作者组织起来，形成一支目标一致、协同作战的多学科研究队伍，促进各学科之间的相互渗透、相互促进，不断开拓新领域，推动环境科学向深度和广度进军。毫无疑问，发挥桥梁和纽带作用的重担就责无旁贷地落到了即将诞生的中国环境科学学会身上。

## 第二节 紧跟世界潮流，筹备成立中国环境科学学会

1978年，是中国环境科学学会一个十分值得纪念的年份，当时全国唯一一个冠以环境保护名称的职能机构是国务院环境保护领导小组办公室。正是这一年，一些老一辈科学家和有识之士，积极倡议，发起成立环境科技工作者自己的学术组织。当时的主要发起单位是中国科学院和国务院环境保护领导小组及国家有关部委和部分大专院校。主要发起人有马大猷、刘东生、赵宗燠、过祖源、马世骏、陶葆楷、曲格平、刘培桐、刘静宜、李苏、郭方等。为此，以中国科学院和国务院环境保护领导小组办公室为主，联合有关部委和单位组建了工作班子，进行了中国环境科学学会的组建申请和筹备工作。

这一要求得到了国务院环境保护领导小组和中国科协的支持。1978年5月5日，中国科协发出(78)科协字010号文，正式批准成立全国性环境科技方面的专门学会——中国环境科学学会。1978年8月，国务院环境保护领导小组和全国科协联合以(78)国环字15号、(78)科协字065号文发出《关于筹备召开第一届中国环境科学学会代表大会的通知》(以下简称《通知》)。《通知》中明确指出，中国环境科学学会是在中国共产党领导下，团结全国环境科学技术人员、组织环境科学学术活动的群众性团体，是全国科协的组成部分。《通知》还规定了会员条件，并说明各省、市、自治区环境科学学会会员，是中国环境科学学会的当然会员。通知中确定第一届中国环境科学学会代表大会于1978年底或1979年初召开，其主要任务是：

(1) 决定学会的工作方针和任务，制定学会章程和工作计划。

(2) 选举全国理事会，组成常务理事会。

(3) 确定学会会刊，聘任编辑委员会，通过编委会组织工作条例。

(4) 建立专业学科组，设置学会办公室等办事机构。

(5) 进行环境科学学术交流。

《通知》还决定由国务院环境保护领导小组办公室、冶金部、石油部、化工部、水利电力部、教育部、中国科学院、北京市、天津市、上海市等单位委派部分

人员组成中国环境科学学会筹备组，负责大会筹备工作，其主要任务是：

（1）起草并审议大会有关文件。

（2）审查代表资格，提出第一届理事会候选人名单。

（3）提出首届代表大会主席团、秘书长建议名单，确定大会日期、地点、议程等有关事项。

《通知》要求筹备委员会由国务院环境保护领导小组办公室负责组织，由一名主任委员、若干名副主任委员、一名秘书长和若干名委员组成。

1978年11月26～30日，中国环境科学学会筹备委员会经中国科学技术协会批准，召开了第一次会议。国家建委副主任兼国务院环境保护领导小组办公室主任李超伯主持了会议。会议主要议程是讨论环境保护工作的方针、任务、重大环境科研课题以及第一届环境科学学会代表大会的筹备工作。出席会议的有从事环境科研的化学、生物学、地学、医学、环境工程、经济、法学、哲学等方面的专家、教授以及环境保护部门的部分负责人共30多人。时任国务院环境保护领导小组办公室副主任的曲格平对会议作了小结。会议贯彻了“百花齐放、百家争鸣”的方针，畅所欲言，各抒己见，对我国环境保护工作的方针、任务、环境科学研究的方向以及筹备召开第一届环境科学学会代表大会的有关事项进行了热烈而认真的讨论。大家一致认为，环境保护工作是“四个现代化”的重要组成部分，成立环境科学学会对推动各分支学科的互相渗透，建立我国环境科学学科体系，促进国民经济的发展都具有重要意义。

根据既要积极，又要作好充分准备的原则，会议确定环境科学学会第一次代表大会于1979年2月底3月初召开。代表大会将不仅是宣告学会成立的大会，而且是检阅近年来环境保护科研成果的学术会。会议审查了代表大会代表的资格，作了适当的调整和增补，确定了代表名额为300人。会议提出了常务理事候选人名单，提交代表大会审议。会议还讨论了学会1979年的工作计划，并就机构设置、组织发展、学术活动的内容及学会的自身建设提出了建议。

李超伯讲话中指出，学会的筹备过程是一个宣传的过程。环境科学是一门新学科，还没有被人们充分认识，因此需要广泛开展宣传教育。只有人民群众认识提高了，环境保护工作才有坚实的基础。

中国环境科学学会筹备会议的举办和会议的主要内容注定了即将诞生的中国环境科学学会肩负重任。在当时全国环境保护机构和队伍正处于初建阶段的情况下，它被人们赋予了更多的环境保护的责任和任务，这似乎有些超出中国环境科学学会作为一个科技社团的职能。但是又恰恰因为这个原因，中国环境科学学会才得以在它成立后的10年中创造了斐然的业绩。

## 第三节 第一届理事会的产生及组织建设

### 一、中国环境科学学会的诞生——中国环境科学学会第一次代表大会

中国环境科学学会第一次代表大会是学会史上值得大书特书的一笔。因为它不仅产生了中国环境科学学会第一届理事会，而且会议期间还形成了对今后中国环保事业全局发展影响深远的一些观念和建议。很多当时参加会议的科技专家，因他们在环境科学领域的卓越研究成果和突出贡献，成为了我国环境科学界的权威专家、学科带头人和国家各级环境行政部门的重要领导者，为我国的环境学科发展和环境保护工作作出了突出的贡献。

经过积极认真的酝酿和筹备，于1979年3月21～30日在成都市召开了中国环境科学学会第一次代表大会，也可以说是中国环境科学学会正式宣告成立的大会。按照中国环境科学学会筹备工作会议的决议，此次大会不仅是学会的成立大会，而且是检阅新中国成立以来中国环境保护科研成果的学术交流会。

参加会议的代表共355人。声学家马大猷，海洋学家曾呈奎，生物学家曲仲湘、马世骏，医学家杨铭鼎，地质学家刘东生，环境工程学家过祖源等知名专家参加了会议并作了学术报告。国家建委副主任兼国务院环境保护领导小组办公室主任李超伯、卫生部副部长郭子恒、中国科协学会部部长王健、国防科工委后勤部副部长何权轩等出席了会议。曲格平致大会开幕词。李超伯就环境保护和环境科学学会的方针、任务讲了话，并致会议闭幕词。

联合国环境规划署助理执行主任撒切尔及其助手李我焱先生，以及美国闵家荣博士，专程赶来祝贺大会的召开，并分别作了“关于联合国环境规划署的工作”、“关于环境资料查询系统的工作”和“美国近10年来环境保护工作”的报告。

会议通过了《中国环境科学学会章程(草案)》和《中国环境科学学会1979年工作计划(提纲)》。

理事会推选李超伯为理事长，马大猷、过祖源、刘东生、曲仲湘、李苏、陈西

平、郭子恒、曾呈奎为副理事长，陈西平兼秘书长。选举马大猷等106人为中国环境科学学会第一届理事会成员。

经1979年3月30日召开的第一次代表大会审议原则通过，产生了中国环境科学学会第一部章程。该章程由总则、会员、组织机构、领导关系、经费、附则等共6章18条组成。

会议决定建立14个专业委员会和专业组。

会议进行了广泛的学术交流。大会共收到学术报告、论文、资料183篇，包括环境基础科学、应用科学和社会科学等各方面的内容，在会上报告了99篇。其中如《黄海胶州湾污染的调查》、《环境污染与癌》、《植物对大气污染的反应》、《应用电子计算机模拟计算沈阳地区二氧化硫的分布情况》、《环境保护法的研究》等报告，对我国环境保护工作和环境科学技术的发展具有重要意义。

会议认为，中国环境科学学会的成立，反映了广大环境科学工作者的共同愿望，标志着我国环境科学研究进入到组织起来、加速发展的新时期，是环境科学发展的里程碑。环境科学是一门涉及自然科学和社会科学广泛领域、综合性很强的新兴学科，只有组织一支统一领导、目标一致、密切配合的多学科的研究队伍协同作战，才能避免单一学科的局限性。通过成立中国环境科学学会，可将分散在全国各地区、各系统、各部门的各学科的环境科研工作者组织起来，这对推动环境科学各学科互相促进、互相渗透、不断开拓新领域，向环境科学的深度和广度进军，将产生深远影响。许多两鬓斑白的老科学家、老教授抚今追昔、思绪万千。杨铭鼎教授满怀深情地把学会的成立比作生机勃勃的婴儿诞生，希望大家不仅当“产婆”，还要当“保姆”，爱护和关怀学会，促使它茁壮成长。

与会科学家对我国环境污染状况感到焦急和忧虑，对环境保护工作和环境科学的发展提出很多好的意见和建议。北京师范大学刘培桐说：“有的领导只有生产观点，没有生态观点，不重视环境保护工作。如果我们对环境污染仍不加以控制，在我国的某些地区就必然会出现生态危机！”上海细胞所研究员王蘅文说：“致癌的环境因子在人体内有很长的潜伏期。目前的污染若不认真加以治理，20年后将产生不堪设想的严重后果。”大家认为若不注意环境保护，如此下去势必拖“四个现代化”的后腿，贻害子孙后代，我们也将会成为历史的罪人。

1979年3月30日，中国环境科学学会第一次代表大会闭幕了。从此以后，在国务院环境保护领导小组办公室、国家建委、中国科学院等部门和机构的支持、指导和参与下，在众多著名科学家前辈的引领下，中国环境科学学会开始走向了快速发展的10年。

在评价中国环境科学学会第一次代表大会在中国环境保护历史上的作用时，除了它完成了中国环境科学学会组织建设的基本任务外，老环保人更愿意回顾会议对于涉及中国环境保护事业发展的全局性战略问题所贡献的那些影响深远的、建设性的意见。在这次学会成立大会上，与会代表以科技工作者的敏锐性和社会责任感，面对中国环境保护工作的起步，从行政管理、科技发展、环境教育和人才培养等方面提出了很多具有前瞻性的积极建议，主要有：

(1) 国家要建立强有力的环境管理机构。扩大国务院环境保护机构，晋格为部，至少是总局。大家希望党和国家对这个问题要下决心，采取有效措施，真正把我们这个人口大国的环境管起来。

(2) 中国科学院应重视环境科学基础理论和新技术的研究。曾呈奎等18位科学家在会议期间就加强环境科学研究问题给中国科学院党组写了书面建议，要求采取坚决措施，将撤销的环境科研机构恢复起来，让转行的环境科技人员归队。建议中国科学院成立环境科学委员会或环境科学中心，负责管理全院环境科学研究和院外单位的协作。

(3) 集中力量，大力发展和加强应用科学的研究。会议希望国务院各有关部委和各省、市、自治区环境保护部门采取措施，调整、充实环境保护研究所、监测站的技术力量和设备，把环境科学应用研究担负起来。同时，希望国务院环境保护领导小组，按照中央批转的《环境保护工作汇报要点》，尽快建立环境科学研究院和全国环境监测总站，使其成为全国环境科学研究中心和环境监测中心，统筹规划全国环境科学研究，集中力量突破某些难度较大的治理技术，培养技术骨干，推动和提高全国各环境保护研究所、监测站的工作。

(4) 会议对环境社会科学的研究、环境教育等问题进行了认真讨论，建议以中国社会科学院为主，将全国环境社会科学的研究力量进一步组织起来，加速这门新学科的发展。鉴于环境科学是新学科，开设环境教学、培养环境科学人才已势在必行。北京大学、清华大学等高等院校已开设或正拟开设有关环境科学的系和专业，希望教育部及有关科研单位给予大力指导和支持。

历史见证上述内容成为了科学预见，随后的30年中，学会专家们提出的这些具有前瞻性的建议都陆续得到了实现。而当这一切成为历史时，再重温一下这些宝贵的建议或许对鼓舞中国环保人解决环境污染问题的信心是有益的。

## 二、初创开拓的足迹

熟悉学会历史的老环保人都认同这样一个看法：1979～1989 年的 10 年是值得学会人难忘的 10 年。无论是评价其对环境学科发展的贡献、对政府环保工作的推动作用，还是考虑其开展的活动在学术界和社会的影响以及当时体制下对学会活动经费的保障能力等等方面，都是令人兴奋的。

毋庸置疑，是历史给予了中国环境科学学会这 10 年快速发展的机遇。

1979 年以后的中国，“解放思想，实事求是”的改革春风吹开了束缚中国发展多年的桎梏，“祖国大地，一片欣欣向荣”，各项事业都在发展。这时候的中国环境保护事业，无论是环境学科的发展，还是机构的建设都几近空白，对于刚刚创建的中国环境科学学会来讲无疑是一个绝佳的历史发展机遇。“天高任鸟飞，海阔凭鱼跃”，中国环境保护事业许许多多开创性的工作任务正等待学会去担当和开拓。

这 10 年中，中国环境科学学会直接推动了环境科学相关分支学科的发展和建设，使之初具体系。

这 10 年中，中国环境科学学会参与了许多国家环境保护战略问题的决策咨询和研究，促进形成了具有中国特色的环境保护管理思想和体系。

这 10 年中，中国环境科学学会见证了中国环境保护行政机构及专门科研机构的创建和完善，并与之一道共同开创了中国环境保护事业众多的领域，包括重大环境污染防治政策和技术研究、环境法制、标准建设和监测体系建设、企业环境管理研究、环境教育和培养人才、环境科学知识普及、环境期刊编辑出版以及国际环境交流合作工作的开拓等。

这 10 年间，中国环境科学学会在老一辈科学家倡导下逐步壮大，拥有 22 000多名个人会员，19 个团体会员，共设有 8 个工作委员会、12 个专业委员会和 4 个分会。全国各省市基本上都有了地方学会的组织机构，各部门的环境科学和环保学会也都相应陆续成立，从而在全国形成了纵横交织的网络，适应了环境保护事业和环境科学的发展，成为环境保护事业的重要方面军。

1979～1989 年，10 年的历程和业绩，一切带有着这个时代经济特点和工作成果的印记，成为了老学会人的美好回忆。

关于对这 10 年学会工作的肯定，国家环保局金鉴明副局长在 1989 年 12 月

14日中国环境科学学会成立10周年纪念大会的贺词中有一个官方的说法,“中国环境科学学会是我国环境保护事业重要的方面军,10年来对促进我国环境保护科学技术的发展和推动环境保护事业的进步做出了贡献”。实际上,20世纪70年代末,中国环境保护工作行政机构和队伍建设刚刚起步,作为国务院环境保护领导小组办公室当时仅有的直属单位,新成立的中国环境科学学会迅速凝聚了一支跨部门、跨行业、跨学科的队伍并在全国形成网络,成为政府环保工作的有力助手,发挥了不可或缺的作用,成为推动中国环境保护事业发展的重要方面军。

## 三、第一届理事会期间的组织建设

### 1. 分支机构

中国环境科学学会在成立大会时决定建立3个工作委员会和14个专业组,并确定了负责人。成立大会结束后,学会在积极开展学术交流的同时,重点进行了组织机构建设。在常务理事会领导下,逐渐完成了增补理事和常务理事、聘任顾问的工作。同时对学会下属的委员会、专业组、研究会的设置不断完善、调整、确定人员,通过积极开展活动正式成立了组织,为全面开展学术活动创造了条件。

1979年5月,在北京召开第一届第二次常务理事扩大会议,调整了学会分支机构:设立5个工作委员会,即学术工作委员会、编辑工作委员会、教育工作委员会、科普工作委员会和咨询工作委员会;2个分科学会,为全国环境管理、经济与法学分会和环境工程分会;调整11个专业组并改称为“专业委员会”,即环境声学、环境质量评价、环境分析监测、环境医学、环境地球化学与污染地理、环境生物学、环境标准、环境理论、海洋环境学、环境化学、大气环境学等11个专业委员会。确定了分支机构负责人。

1980年2月,环境学会和中国技术经济研究会及中国管理现代化研究会共同成立了全国环境管理、经济与法学分会,为开辟我国环境社会科学方面的工作打下了基础。为了开展环境工程学的研究,加强环境工程技术的发展,1981年3月成立了中国环境科学学会环境工程分会。上述两个组织都作为学会的二级分会进行活动。

2. 办事机构

随着中国环境科学学会正式成立，1979 年 5 月，中国环境科学学会办事机构——学会办公室在北京成立，由中国科学院、北京林业大学等单位借调人员参加工作。中国环境科学研究院成立后，也选派人员进入学会工作。学会办公室作为理事会的日常办事机构，在秘书长的领导下负责学会的日常工作。办公地点先设在中国科学院环境化学研究所，1982 年后又改迁到国务院环境保护领导小组办公室办公地办公。

1981 年，中国环境科学学会学报——《中国环境科学》创刊，为此成立了《中国环境科学》学报编辑部，作为中国环境科学学会办事机构的一个部分，负责学报编辑工作。编辑部工作人员主要由中国环境科学研究院派员组成。办公地点先设在学会办公室，后设在中国环境科学研究院。

随着环境保护事业的发展和环境咨询工作的需要，为了发挥学会优势和实现提供技术咨询和评价的职能，1982 年 10 月，环境学会正式成立了环境咨询服务中心。中心除了自己组织环境咨询项目外，还组织、协调全国地方学会的环境咨询服务工作。

1982 年经过国家机关第一次机构改革，成立了环境保护局，归属当时的城乡建设环境保护部，简称建设部。原国务院环境保护领导小组办公室撤销。中国环境科学学会也同时归属城乡建设环境保护部。根据当时的财政管理体制和科技社团的管理方式，中国环境科学学会成立以来的活动经费主要来自国家环境办公室和国家环境保护局的支持。

3. 地方学会

与此同时，地方学会也相继建立。至 1983 年底，全国 28 个省、市、自治区除西藏、台湾以外都建立了环境科学学会，配备了专职或兼职干部。许多省辖市以及市辖区和县也成立了环境科学学会。广大环境科技工作者积极加入自己的组织，到第二届理事会召开前达到 2 万多会员。一些部门如冶金、轻工、兵器、农业、海洋、水利、核工业等，也相继成立了环境学会或专业委员会。他们从自己的特点出发，开展学术活动，推动了本部门、本行业的环境科学技术的发展。在这一时期，中国环境科学学会与各地环境学会的工作联系非常紧密，共同联合，相互支持，开展了很多工作。

## 第四节 第二届理事会的产生及组织建设

### 一、通讯选举产生第二届理事会理事

1983年理事会开始酝酿并筹备改选换届工作。按照中国科协推荐的“无记名通讯投票选举理事会”的方式,经1983年1月26～28日召开的第一届第四次常务理事会议研究,原则通过了以无记名通讯选举的方式选举第二届理事的设想意见,修改提出了《第二届理事会选举产生办法(草案)》。分别召开各部、委环境学会(或环境保护部门)和各省、市、自治区环境科学学会副理事长及秘书长的工作会议,对选举办法和名额分配进行了讨论修改后,提交6月25日召开的第一届第五次常务理事(在京)会议审议通过实施。

经中国科协同意,第二届理事会规模确定为122人。参加选举的代表人数定为理事人数的2倍,即243人(因西藏尚未建立起省级学会,只产生一位代表)。实际推举代表240人。

1983年8月24日,向代表正式发出通知和选票,以等额通讯选举方式对122名候选人进行投票选举。学会组成了七人选举工作小组,经1983年11月25日开箱验票统计,122名候选人票数均超过半数,全部当选为第二届理事。

第二届理事会的组成情况分析如下:

年龄结构:第二届当选的理事平均年龄为56.1岁,比第一届理事平均年龄的58.6岁下降2.5岁。第二届最高年龄为69岁,最小39岁;第一届最高年龄为82岁,最小42岁。第二届55岁以下49人,占52.5%,第一届为36.8%。因此,从年龄组成上看,第二届理事会趋向年轻化,符合选举办法中“中青年环境科技工作者的比例不低于30%”的规定(中青年年龄为35～55岁)。

职称构成:第二届理事中工程师以上45人,研究人员27人,教育工作者26人,行政及其他人员(大多数有技术职称)24人,其中局级11人,也都符合“选举办法”中候选人的条件。

第一届理事连选连任者48人,占第二届理事的36.3%;第二届新选理事74人,占第二届总理事的63.7%;女理事第一届为6人,第二届为11人。

第一届理事来自77个单位,第二届增加到101个单位。情况说明,5年来我国环境保护事业有了很大发展,也反映了环境科学学会的学科和代表的广泛性。

## 二、第二届理事会第一次会议

第二届理事会第一次全体会议于1983年12月31日~1984年1月7日在北京召开。122名理事中有107人到会。会议邀请了对发展环境科学有重大贡献的老科学家以及新闻出版等单位代表22人。中国科协派代表出席了会议。城乡建设环境保护部部长李锡铭到会讲话。副部长戴念慈也到会讲了话,并代表中国建筑学会表示祝贺。会议结束时,当时主管环保工作的李鹏副总理接见了到会第二届理事会成员并合影留念。

会议听取了陈西平代表第一届理事会所作的工作报告和常务副秘书长朱钟杰所作的“关于第二届理事会选举工作情况的报告”。

会议经民主协商、充分酝酿,选举出第二届常务理事会。选举李景昭任理事长,曲格平、马世骏、陈西平、蔡宏道任副理事长,曲格平兼秘书长。

第二届常务理事会召开了第一次会议。决定聘请费孝通等18名科学家为中国环境科学学会顾问,聘任朱钟杰、郭方、刘天齐、舒惠芬为副秘书长;聘任司库;研究了增补调整学会分支机构的意见。会议还认真地讨论了今后学会工作的方针、任务和1984年学术活动计划。

第二届理事会理事长李景昭在会上做了“为实现我国环境保护的战略目标贡献力量”的报告,号召本会理事为开创学会工作的新局面而努力。

第二届理事会第一次全体会议的另一个重要议程是列席全国第二次环境保护会议。到会理事列席了第二次全国环境保护会议,聆听了党和国家领导人薄一波、万里、李鹏、廖汉生等同志的讲话。大家认真热烈地讨论了我国环境保护战略思想、战略目标及其对策,提出了许多好的建议。一些年过花甲的老科学家深夜执笔书写自己从事多年环境科学研究的感想、经验和建议,表示要为我国环境保护事业和环境科学的发展作出贡献。

在第二届理事会期间还召开了两次全体理事会。

1984年12月18日在北京回龙观饭店召开第二届第二次全体理事会。总结一年工作,并研究、审查1985年工作计划。会议选举产生出席中国科协第三届代表大会的代表和委员候选人。

1986年12月11～14日在北京召开第二届第三次全体理事会。总结一年工作,并研究、审查1987年工作计划。会议重点听取国家环境保护局关于国家"七五"期间环境保护计划的说明,并对计划进行了评议。

1985年,对原学会章程进行了讨论,并对其中某些条文提出了修改意见。修改后的章程(修改草案)共6章24条。

## 三、分支机构

第二届第一次常务理事会议研究了学会分支机构设置,同意增设组织工作委员会、国际交流工作委员会、自然保护专业委员会和环境保护战略问题研究专业委员会;将原环境声学专业委员会改为环境物理学专业委员会。经有关程序审批后,本届分支机构设置为7个工作委员会,即学术工作委员会、教育工作委员会、科普工作委员会、编辑工作委员会、咨询工作委员会、国际交流工作委员会和组织工作委员会;2个学科分会为全国环境管理、经济与法学分会和环境工程分会;12个专业委员会,即环境物理学、环境标准、环境分析监测、环境医学、环境地球化学与污染地理、环境生物学、环境质量评价、环境理论、海洋环境学、大气环境学、环境化学、自然保护等专业委员会。确定了分支机构负责人。

1984年6月21日,在北京召开第二届第二次常务理事会议,会议研究审定第二届理事会各工作委员会、学科分会和专业学术委员会各机构设置和负责人。

## 四、办事机构

1982年10月,中国环境科学学会成立环境咨询服务中心,1988年7月4日与燕山石化总公司环保所联合成立"中国环境科学学会评价部",并取得了由国家环境保护局颁发的环境影响评价许可证书。

由于1982年经过国家第一次机构改革,原国务院环境保护领导小组办公室撤销,设立城乡建设环境保护部,内设环保局。为了加强环境学会的工作,1984年12月22日,城乡建设环境保护部以(84)城环字第775号文件向中国环境科学学会发出《关于中国环境科学学会编制问题的通知》,确定"学会为事业单位,编制 27 人，挂靠在环保局。工资基金由部劳动工资局纳入计划”。“学会活动经费，分别由中国科协和环保局事业费中给予资助”。此后，中国环境科学学会在环保局的直接领导下，在经费和人员编制上得到了保障。

1985 年成立国务院直属的国家环境保护局。中国环境科学学会办事机构随之转而归口到国家环保局，学会办公室、《中国环境科学》学报编辑部办公地点也迁至国家环境保护局办公大楼之内。

1989 年 9 月 12 日，中国环境科学学会办事机构“三定”方案由国家环境保护局(89)环人字第 300 号文批准。人员编制为 27 名。此后，学会办公室、学报编辑部和咨询服务中心的专职干部已基本配齐，为开展日常工作和完成理事会确定的工作任务创造了良好条件。

## 第五节　学会的定位和职能

通过初创 10 年的发展，中国环境科学学会在实践中逐渐确立了自身的基本功能、社会定位和价值，或者简称为学会的定位和职能。这涉及以下几方面的内容：

首先，是目标问题，推动环境学科的发展和提高环境保护科技水平，为中国环境保护事业服务，应是学会的最大的终极目标。

其次，是学会的特点或优势。由于环境问题的综合性、复杂性决定了作为环境科技社团的中国环境科学学会具有不同于其他学术社团或是行业社团的基本特性，就是涉及学科的综合性和联系社会的广泛性。从自然科学到社会人文科学，从基础理论到现代工程技术，从农业到工业，从传统制造业到现代信息产业，都与环境问题和环境科学密切相关。因此说中国环境科学学会的优势是跨学科、跨行业、联系广泛。

第三，是学会的社会定位，就是学会服务对象和领域问题。关于服务对象问题，其一是为政府服务。学会是联系政府和环境科学家的纽带和桥梁，提供科学咨询建议；其二是为环境科技人员服务，就是要力求反映环境科技工作者的心声，即办好科技工作者之家。当然，用现在的说法，也可以称为为会员服务是学会立足之本。关于领域问题，主要集中在环境科学技术领域。

第四，就是学会的基本职能。学会第二届理事会马世骏副理事长在环境学会成立10周年纪念大会的总结报告中对学会的社会职能进行了概括阐述，主要体现在以下方面：

(1) 开展国内外环境科技交流的职能。充分利用学科综合性强的优势和地位超脱的特点，横向联系国内各有关系统和部门的力量，共同促进环境科研和环境保护工作。引进、传播和推广国外有益的先进科学技术和管理经验，不断拓宽与国际间的民间学术交流渠道。

(2) 为环境决策科学化和民主化服务的职能。主要是组织环境科技工作者参与国家重大环境方针政策的提出、制定、修改、调整和论证工作。

(3) 为环境管理和环境建设服务的职能。以完善环境科技工作的社会服务体系。

(4) 传播环境科学知识，努力促进全民环境意识提高的职能。主要体现在科技培训和科学普及。

(5) 自我提高和自我服务的职能。环境科学学会是环境科技工作者之家，维护环境科技工作者的合法权益，及时反映他们的呼声。强化自我提高的机制，不断增强团体自身的活力，全心全意地为广大环境科技工作者服务。

关于学会的社会定位和职能，宋健在第三次全国环境保护会议上有一个综合的说法。在谈到发挥学会在环境保护事业中的作用时，他指出，要注意发挥中国环境科学学会等群众团体的作用，大力开展学术交流活动，吸引广大有志于环境科学研究的人员投入到环保事业中来。要创造条件和积极鼓励科技人员参加国际学术交流，大力推进国际合作，为提高中国环境科技水平而奋斗。

## 第六节　10件有社会影响的重要活动和事件

中国环境科学学会成立以后，在广大会员和科技工作者的热心支持和参与下，各项活动生机勃勃。分支机构的学术交流更是百花齐放、积极活跃，为发展学术思想、推动学科建设、服务国家环境保护中心工作做出了重要的贡献。通过以下10件具有代表性的、具有社会影响的重要活动和事件可见一斑。

## 一、首届学术年会

中国环境科学学会于1984年底召开了中国环境科学学会首届学术年会。这次年会是学会成立以来的一次盛会，是对5年来学会工作和我国环境科学研究的一次检阅，是一次环境科技工作者盛大的聚会。联合国环境规划署助理执行主任兼方案局局长戈鲁比夫、国际水污染研究和控制协会副主席松本顺一郎，以及朝鲜、美国等很多外宾参加了会议。会议期间，12月10日在人民大会堂，李鹏副总理接见了部分与会代表和国外专家，并作了重要讲话。他说：中国环境科学学会年会在北京召开，有这么多外国朋友参加，我代表中华人民共和国政府表示热烈欢迎。中国是发展中国家，正在进行“四化”建设，随着生产的发展，环境污染将是个很严重的问题。我们要避免走先污染、后治理的老路，那样会造成严重的经济损失，代价太大。中国政府很重视环境问题，把治理污染、保护环境作为基本国策。李鹏副总理还介绍了我国对新建项目实行“三同时”，对已经污染的项目，实行“谁污染、谁治理”的方针等环境政策。他还称赞一些国家取得的环境保护成果，希望外国专家、联合国官员把国外环境保护好的经验传给我国。他还要求和希望中国专家们提出更好的报告和论文，加强交流，促进我国环境保护事业的进一步发展。

年会共收到论文和研究报告644篇，会后编辑出版了《中国环境科学学会首届年会论文集》。学术论文交流的内容涉及到环境战略、环境化学、环境地学、环境物理学、环境生物学和环境医学等多个学科领域，标志着我国的环境科学研究取得了长足的进展，表明环境科学研究已进入一个新阶段，主要表现在：①我国的环境科学已从过去的水、气、渣和噪声等单项治理技术的研究进入到从整体上研究解决经济和社会发展与环境保护的关系；②结合我国环境问题的实际，开展了环境科学基础理论和应用技术研究；③重视了环境管理的研究，在我国环境保护战略、环境技术政策、经济政策、计量及立法等领域取得了一批研究成果，对开拓具有中国特色的环境保护道路，起到了积极的作用。

## 二、全国环境与发展学术讨论会

在纪念中国科协成立30周年之际，中国科协学会部委托中国环境科学学会牵头，由自然资源研究会、林学会、地理学会共同参加筹备，中国农业、生态、地质、医学、动物、化工、微生物、石油、海洋、水利、植物保护等19个学会(协会)参加，联合召开了"全国环境与发展学术讨论会"。会议就社会、经济与环境、农林、生态与环境4个主题进行了广泛的研讨，提出了相应的对策。这次学术会议是一次多学科的、大型的综合性学术会议。几十个学科的数百名专家共同探讨，向党和政府提出了积极的建议。其内容之广泛、影响范围之大是以往学术交流活动所不多见的。会议期间还印发了对科研、教学、管理人员有重要参考价值的会议文集《经济发展与环境》。

## 三、全国乡镇企业对策研讨会

1989年3月，学会与国家环境保护局联合召开了"全国乡镇企业污染对策研讨会"，会议所提出的重要成果《建议书》，受到国务委员宋健的充分肯定，并在同年4月21日批示：大部分意见是立即可行的，并感谢中国环境科学学会对治理乡镇企业污染、整治农村经济秩序所做出的正确分析和所提的建议。这次学术研讨会具有决策管理和科学研究相结合、中央部门和基层单位相结合的特点，是学会成立以来广开言路、从不同角度为政府部门决策科学化民主化服务的典型事例。

## 四、环境目标管理研讨会

国家环境保护局同中国环境管理、经济与法学分会，辽宁省环境保护局和沈阳市环境保护局及其环境科学学会联合主办了"环境目标管理研讨会"，就环境目标管理的概念、内容、体系、程序、方法、支持和保证系统等进行了研讨。会议还建议国家、地方和综合计划部门尽快把环境目标和实现这一目标的投资措施纳入社会经济发展的整体计划并进行监督考核。这次会议首次提出将环境保护目标作为地方政府政绩考核内容的理念，为日后环境目标责任考核制度的完善和实施铺垫了坚实的基础。

## 五、承担的几个重大课题

1984年期间，为了研究我国的环境和环境科学技术现状及对策，在中国科协的统一部署下，学会组织编写了“2000年的中国研究资料”第42集《中国环境现状和科学技术水平与国外差距》一书，并组织开展了“2000年的中国环境科学研究”，受到有关方面的重视，为深入全面地认识研究中国的环境问题、为环境管理服务、为不断繁荣和发展环境科学技术作了理论上的准备。

根据环境保护事业的需要，学会还直接承担了国家环境保护局委托的组织起草《2000年环境保护规划纲要》(以下简称《纲要》)的任务。《纲要》是环境保护事业的重要文件，它阐述了我国2000年环境保护工作的方向、任务、目标与措施，有自己的国情特色，对地方各级政府部门编制环境保护规划和进行科研具有重要的参考价值。

## 六、受政府委托开展从英国引进麋鹿的双边谈判

1984年，国家环境保护局、中国环境科学学会、中国动物学会、北京市科委等单位组成了“中国麋鹿引进小组”落实麋鹿重返中国的相关工作。受国家环境保护局委托，由中国环境科学学会出面，负责与英国友好人士乌邦寺公园塔维斯托克侯爵的代表就赠送22头麋鹿重返中国一事，进行了中英双边谈判。经双方和北京市有关部门的共同努力，于1985年2月27日在北京签署了《中华人民共和国麋鹿引进小组与英国乌邦寺公园主人塔维斯托克侯爵阁下关于麋鹿引进的协议书(草案)》。代表中方签字的是朱钟杰副秘书长，代表英方签字的是侯爵代表卡洛特。1985年7月17日，在北京和伦敦同时签署《麋鹿引进协议书》(正文)。在北京签字的有中方代表朱钟杰和英方塔维斯托克侯爵代表卡洛特，在伦敦签字的有中国驻英国大使和英国塔维斯托克侯爵。协议执行顺利，1985年8月将麋鹿运到北京，放养在北京南郊南海子麋鹿苑。这一友好交往项目对于保护我国的特有物种，发展自然保护事业，增进中英两国人民之间的友谊，有着十分重要的意义。

## 七、开创中国环境教育工作

学会在创建后的10年中，在推动环境教育方面做了大量开拓性的卓有成效的工作，促进了我国环境教育体系的建立。

中国环境科学学会提出的环境教育是一项全民性、全程性的教育。1979年

10月，召开了全国第一次环境教育工作委员会会议，提出了很多重要建议，主要有：①在大专院校设立环境概论课，并组织编写教材；②在中小学和幼儿园进行环境教育试点；③举办全国环境保护干部培训班；④交流大学设置环境专业的经验。这些建议都逐步得以实现，为后来国家的环境教育工作打下了基础。1983年学会第三次教育工作会议对高等院校环境保护专业的课程设置、专业方向、人才培养提出咨询建议。

由于环境保护工作刚刚起步，缺少专业环境保护教材。中国环境科学学会组织编写出版了《环境科学概论》、《环境保护概论》、《环境保护通论》等教材，于1979年9月，首次在大连举办了第一期环境保护干部训练班，开展了对在职干部的业务技术培训。以后4年内，协助环境管理部门共举办了8期在职干部培训班，3期在职技术培训班，轮训干部1 400多名，为建设环境保护干部队伍作出了贡献。

环境学会积极推动在几所大专院校试办环保专业，在兰州进行幼儿环境教育的试点，开展了国际环境教育的交流。广州、福建等地学会在中小学开展了环境教育试点，同时还组织编写教材、提供师资。

为进一步推动全国的环境教育，环境科学学会提出建议，与国家环境保护局、国家教委联合举行了“全国中小学环境教育经验交流暨学术讨论会”，推动全国中小学的环境教育，由国务院环委会办公室和国家教育委员会办公厅联名向各省、自治区、直辖市环境保护局(建设厅)、教育厅(局、教委)及有关单位下达了(85)国环办宣字第042号文“关于印发《全国中小学环境教育经验交流及学术讨论会纪要》(以下简称《纪要》)的通知”，要求按照《纪要》的精神结合本地区的实际情况，把中小学和幼儿园的环境教育重视起来，积极开展这项工作。此后学会赴潮州市对其中小学环境教育工作进行了考察，作为典型向全国推广。1988年，还经国家环境保护局向联合国环境规划署推荐，我国中小学环境教育的先进典型——广东省潮州市环境教育领导小组被联合国环境规划署授予“全球500佳”称号。

## 八、开创中国环境保护科普宣传工作

环境学会一成立就设立了环境科普工作委员会，依靠、联合社会上各部门的力量共同进行科普宣传工作，为提高全民族的环境意识和环境知识水平而努力，取得了显著的效果。利用报刊、广播、电台、电视等媒介普及环境科学知识，并与有关单位共同拍摄环保影视片；出版适合青少年和初中文化程度读者的环境科学普及读物；举办环境宣传栏、画廊和环保知识竞赛，进行环境论文、摄影、书法比赛，诗歌有奖征集，人与环境邮票展览，环境科技夏令营等。这些活动已成为开展科普教育活动的经常有效形式。特别是在每年“六·五”世界环境日前后举办报告会等系列宣传活动，得到了国际组织的认可和好评。为此，中国环境科学学会获得了1985年联合国环境规划署颁发的银质纪念奖章。

1985年联合国环境署授予中国环境科学学会银质奖章

## 九、创办环境保护学术期刊和科普期刊

中国环境科学学会的学报级刊物《中国环境科学》是综合性学术刊物，自1981年创刊到1989年10月，共刊登827篇论文，《中国环境科学》编辑部组织了优秀论文的评选活功。为了进一步加强国际间的学术和信息交流，还筹备出版英文版季刊《中国环境科学》。

学会与分支机构以及其他单位合办了一些期刊，如《环境》、《中国环境管理》、《环境导报》、《环境化学》、《环境工程》、《噪声与振动》等。学会还主办出版了月刊《中国花卉盆景》。

## 十、创立环境保护表彰奖项

1989年9月，经二届九次常务理事会议研究决定正式设立中国环境科学学会“荣誉奖”、“优秀环境科技工作者（包括青年环境科技工作者和学会工作干部)奖”。“荣誉奖”授予为创建中国环境科学学会做出突出贡献的老一辈科学家。“优秀环境科技工作者奖”授予在学会活动中涌现出来的优秀环境科技工作者、热心科普工作的活动家及为学会各项建设做出贡献的优秀学会工作干部。为此,从1989年3～12月,学会正式组织进行了首次评奖活动。在北京召开中国环境科学学会成立10周年纪念大会上,正式宣布表彰决定,向获奖者颁发获奖证书和奖品。

# 第二章　顺应改革、探索前行的10年（1990～1999）

## 第一节　改革探索的艰辛历程

作为对初创10年的总结，中国环境科学学会于1989年12月14日在北京举行了成立10周年纪念大会。包括黄华、费孝通、康克清等老一辈革命家和国家领导人在内500余名科学家、环境保护工作者、学会广大会员欢聚一堂，回顾学会成长历程和改革开放后中国环境保护事业的发展进程，畅想学会和中国环保事业的美好未来，可以说是对学会初创辉煌的10年画上了一个完美的句号。

1989年10月，在北京召开中国环境科学学会成立10周年纪念大会

为祝贺中国环境科学学会成立10周年，宋健题词："损害这实质上属于后代的地球环境是一种犯罪行为，一切有科学良知的人们要为保护环境而奋斗"。费孝通的题词是："生态环境的改善是二十一世纪人类的中心问题"。康克清的

题词是:“保护环境,造福人类”。国家环境保护局曲格平局长的题词是:“解决中国环境问题的根本出路在于科学技术的进步”。这些题词表达了国家对环境科学事业的关注,也是对中国环境科学学会的鼓励和鞭策。

而对于学会未来的发展,大家都感到学会成立10年中尽管取得很好的成绩,但只是一个良好的开端,今后的路程更长,工作任务更繁重,面临的挑战也许会更严峻。然而却没有,也不可能完全预料到未来岁月中,学会在其发展道路上将面临怎样的困难和考验。

1990年以后,在国家深化经济体制改革的宏观大背景下,全国范围内开始了以脱离计划经济的管理体制,转向市场化自主运营发展为核心内容的社会团体的改革。与此同时,随着我国政府和公众对经济发展与环境保护关系认识的不断深化,中国环境保护事业也得到了飞速的发展。这时,学会原有的准政府职能性工作开始削弱,一时又得不到新的活动经费来源,学会的生存和发展环境由此发生了新的变化。这些变化使得学会工作开始面临新的困难和考验。

始于1989年9月的学会第三届理事会的换届改选工作,完成于1990年12月。这期间和随后一年的时间里,国家陆续出台了《社会团体登记管理条例》、《民政部关于“社会团体登记管理条例”有关问题的通知》,《关于全国性的社会团体编制及其有关问题的暂行规定》等一系列社团改革文件和举措。社会团体改革总的方向是由政府全包下来的体制模式逐步转向人员自聘、经费自理、活动自主的充满生机和活力的新运行机制。将政府行为从微观经济活动的行政干预中脱离出来,转而代之的是行使对市场化的宏观调控。于是,中国环境科学学会,如同其他社会团体(无论是行业性协会还是学术社团)一样,都被要求以市场化方式进行运营。

在这场改革中,作为学术社团的中国环境科学学会远不像行业协会那样,是连同政府下放的行业管理的职能一起进入市场的。相反,随着中国环保事业的发展,1988年国务院机构改革,国家环保局成为国务院直属局,1998年又升格为国家环境保护总局。政府行政部门和从事环境事业的机构也不断建立和完善。在“科技兴环保”、“解决环境问题要依靠科技进步”的思想指导,以及环境保护中心工作的迫切需求下,国家环保行政部门不断加强对环境科技事业发展的指导和对支撑体系的建设。于是,随着改革的深化和时间的推移,中国环境科学学会曾经承担的一些准政府推动环境科技发展的工作任务逐渐被转移,作为政府联系广大环境科技工作者纽带的职能作用日渐减弱。此外,这一时期，由于会展经济的兴起，各种学会、协会数量的增多，使得学会最为看重的基本职能——学术交流，同样面临着激烈的竞争局面。一方面是被迫进入市场的学会竞争优势全无，学会工作空间极度萎缩；一方面从活动经费到办事机构工作人员的工资都需要自筹。学会的生存和发展面临着严峻的挑战。

如果说是改革开放的伟大历史变革给予了中国环境科学学会在其成立初期10年快速发展的机遇，赋予了学会超出其基本职能的中国环保的重任，从而成就了其辉煌的10年。那么同样，发生的历史变革就要规范学会自身的定位，使学会逐步回归到其社会存在的基本价值，真正发展成为“依法自愿结成的一种民间社会组织”。尽管这种回归可能是一个漫长而痛苦的过程，但这将是人类社会物质文明和精神文明进步的必然结果，是社团改革很长一个阶段中必须要承受的代价。中国环境科学学会要再创辉煌，必须要有更加坚韧的毅力并付出艰苦的努力。

在严峻挑战面前，学会勇于面对现实，接受挑战，努力探索，在求生存、谋发展的总体工作思路中去度过其成立以来最富挑战的岁月。其间，学会人振奋精神，不断开拓，努力开创学会工作的新局面。而在1995年12月，时任国家环境保护局局长、被选为中国环境科学学会第四届理事会理事长的解振华更是对全体理事提出了“再创学会辉煌”的新要求。

回顾1990～1999年学会的发展足迹，取得的成绩和引起的社会关注虽然无法与前10年相比，但在无资金积累、无具体工作任务、无任何市场运营经验的“三无”艰苦条件下，学会围绕国家环境保护重点工作，坚持社团组织的基本属性，主要通过自主运营的方式积极组织开展多种活动，发挥环境科技社团应有的作用。在国家环境保护总局和中国科协的直接指导和支持下，通过学会工作者的共同努力，这一时期学会的工作不但用实践证明了其存在的价值，解决了学会办事机构的生存和发展问题，而且所开展的工作也构成了这个时期中国环境保护事业不可缺少的组成部分。

实际上，在失去了政府分配的工作任务和直接经费支持后，学会如何拓宽资金渠道、筹措足够的经费来保证基本活动的开展和维持学会办事机构的正常运转，已经成为当前和今后很长时期内摆在学会面前十分现实的严峻问题。面对新的挑战，学会人认为，准确把握学会的基本属性、为政府和社会服务，应该是学会坚持的今后改革发展的方向。因为这是学会之所以存在并得以发展的根本。这期间，在总结前10年学会发挥基本职能的基础上，通过不断实践，学会对其群众性、学术性和公益性的三大基本社会属性进行了如下再思考：

第一，是学会的群众性。按照学会成立之初的一个立意，学会是环境科技工作者自愿加入的群众组织，学会是一个以会员为基础的会员制团体。这是学会有别于环境行政部门、科研机构、基金会和企业的基本特征，也是学会的立足之本。如何真正体现"自愿加入的群众性科技社团"的群众性，为广大会员服务是学会改革方向之一。

第二，学术性是学会区别于其他环境社团的另一个重要特征。学术性可以说是中国环境科学学会的灵魂，学会只有积极开展学术交流活动，提高学术交流水平，才能有效促进学科发展，从而提升学会的学术权威性，体现出学会的存在价值。

第三，是学会的社会公益性。从根本上说，学会的终极目标是推动中国环境保护科技事业的发展，其开展一切活动都具有明显的非营利特征，属于社会公益活动。

在推进学会改革进程中坚持学会的基本属性，不是僵化和故步自封，而是要在发展中不断赋予新的内容和形式，通过开展灵活多样的活动，不断增强学会的活力、凝聚力和经济实力。

正是基于对学会基本属性的认识，从这个10年开始，环境学会开始了尝试在政府和社会(企业)的资助下，用技术与市场的方式来运作学会的活动和履行学会的基本职能。开始探索在坚持学会基本属性的前提下，拓展学会的业务范围，积极开展形式多样、能适应和满足市场经济需求的活动，从而达到在为社会提供服务的同时，积极创收，不断壮大学会经济实力，又反过来进一步为政府和社会提供更多服务的良性循环的社团改革发展的目标。具体措施有：

(1) 坚持学术性社团的基本属性，努力为经济建设主战场服务。紧密围绕环境保护中心工作和重大环境问题开展活动始终是学会开展活动的重要原则。同时，在从计划经济体制向社会主义市场经济体制转变的过程中，学会必须努力为国民经济建设这个中心服务，把科学技术转化为生产力，才能实现以作用求地位，以改革求发展。中国环境科学学会理事会10年来对此进行了积极探索，围绕治理污染和改善环境质量开展了多方面卓有成效的技术交流活动，受到了政府、社会和企业普遍的欢迎；努力为企业服务，推广新技术、新成果，既对企业有益，也对社会进行环境治理提供了技术支持。

(2) 做好组织机构管理，加强为会员提供服务。第四届理事会改选换届时增加了理事单位的设置，吸收科研院所和企业领导进入理事会。这是为了实现产、学、研一体化，有利于科技成果的转化而采取的措施。在第四届理事会期间，按照国家民政部和中国科协的要求，进行了学会的清理整顿工作。同时加强分支机构的组织领导和协调，规范分支机构的组织建设，为发挥分支机构的职能作用提供服务，为分支机构开展活动提供条件。

在会员管理方面建立了高级会员制；建立专家人才库，以利于发挥会员的作用；加强了团体会员的发展和联络，努力为会员提供服务。

(3) 加强学会秘书处自身建设，努力开辟创收渠道。秘书处作为学会理事会的办事机构，在学会的发展中起着举足轻重的作用。在进行学会改革发展的探索中，秘书处承担着更大的责任。学会秘书处工作人员面对社团改革的新形势，努力克服畏难情绪，积极面对改革现实，求生存、谋发展。大家反复地学习、研究和进行了多方面的探索，逐步形成了发挥每个人的主观能动性、充分调动大家工作潜能的内部管理运行机制。

为了解决学会活动和办事机构财政支持的不足，环境学会积极转变观念，围绕宗旨，利用市场机制，一方面积极争取得到政府有关部门转移的准政府职能性的工作任务，得到政府更多的支持；另一方面，面向社会、面向企业、面向市场积极开辟创收渠道。主要措施是，一是主动争取承担政府委托的宏观决策研究课题；二是加大为社会进行技术服务的力度，获取有偿服务收入；三是学术会议也开始按照国际惯例收取会议费(注册费)，期刊编辑开始收取版面费；四是积极发展会员，增加会费收入；五是争取获得社会赞助。学会秘书处工作人员每个人都承担了为学会创收的经济任务。

这10年中，学会在适应社团改革大潮方面做出一些有益的探索。所有的探索归纳起来就是如何更好地处理既保持学会科技社团的学术性、公益性本质，又需要在市场经济条件下增加收入、维持学会生存和发展的矛盾问题。这个问题不仅是这个10年困扰学会工作的主要问题，也将是学会今后改革和发展中需要处理好的主要矛盾。学会工作只有随着国家政治体制改革的不断深入、社团法的逐步建立和健全以及社团社会法律地位的进一步明确，才能逐步趋向成熟，走向更加宽广的未来。

## 第二节 第三届理事会的产生及组织建设

### 一、第三届理事会的产生

从1988年初,学会开始筹备改选换届,形成《关于第三届理事会换届工作安排意见》。经二届九次常务理事会讨论通过,确定了第三届理事会改选换届的原则、理事候选人名额分配方案及选举办法,开始了换届工作。根据大多数常务理事的意见并经中国科协同意,决定这次选举采用民主协商的办法将理事名额分配给地方学会和会员单位,由会员选举产生理事,即组成新的理事会。其特点是实事求是,避免形式主义,符合环境科学学会多学科、横向联系广泛的特点;体现了相信基层、民主办会、节约经费、简化程序、提高效率的精神。根据工作需要,第二届理事会也可以向有关单位提出理事人选的推荐意见。根据常务理事会安排的意见,从1989年9月至1990年12月正式进行了第三届理事会理事选举推荐,产生了由126名理事组成的第三届理事会。126名理事中50名是经基层会员单位选举产生的,76名是通过单位协商推荐产生的。另外,保留尚未推荐的7个单位理事人选;还为香港、澳门、台湾各保留1名理事名额。

第三届理事会的组成情况分析如下:

年龄结构:第三届理事会理事平均年龄57岁,最高年龄为75岁,最低为44岁。55岁含55岁以下的有62人,占总人数的49%。

职称构成:第三届理事中具有工程师职称者18人,副研究员和高级工程师以上者65人,副教授以上者32人,行政及其他人员11人。

第二届理事连选连任者50人,占第三届理事会理事的42%;第三届新选出理事76名,占第三届总理事的58%;第三届理事会中女理事为10人。

第三届理事会理事来自117个单位,比第二届理事会增加了16个,反映了环境科学学会学科及代表的广泛性又有了新发展。理事分布情况为:地方环境学会34人,中科院14人,社科院3人,大专院校22人,部委、公司和研究单位31人,环境保护系统13人,学会分会及直属机构5人,大型企业4人。

## 二、第二届理事会第四次全体会议和第三届理事会第一次全体会议

参照兄弟学会经验，经请示中国科协，中国环境科学学会决定采取同时召开第二届理事会第四次全体会议和第三届理事会第一次全体会议的方式，完成会员代表大会应该完成的各项工作，产生第三届理事会。会议于1990年12月27～29日在北京召开。部分第二届理事会理事和91位第三届理事出席了会议。中国科协组织人事部田光华副部长、学会部部长林振申和中国人民争取和平与裁军协会秘书长曹小冰出席了会议并讲话。张坤民副局长代表国家环境保护局向大会致贺词。

会议的主要议程是听取和审议第二届理事会工作报告；听取第三届理事的选举工作情况报告；审议学会章程；选举第三届理事会常务理事、理事长、副理事长、秘书长。

会议通过了马世骏副理事长代表第二届理事会所作的工作报告。认为报告实事求是地肯定了学会工作取得的成绩和积累的经验，也指出了存在的问题和不足。会议对第二届理事会的工作表示满意，并向离任的第二届理事发出感谢信，高度评价和感谢他们为学会工作所做的贡献，希望他们继续支持、关心学会工作。

会议原则通过了学会副秘书长舒惠芬所作的“关于中国环境科学学会章程修改情况的报告”和《中国环境科学学会章程(修订草案)》。

会议期间还组织了学术报告会，分别是章申所作的“当前环境地学进展的几个重要领域”、王德铭所作的“生物学专业学科发展情况”、刘静宜所作的“环境化学的发展动向”、徐厚恩所作的“化学品污染对毒理学的挑战”、唐云梯所作的“社会公益性研究机构的问题与对策”、李世龙所作的“苏联钢铁工业与环保概况”。

会议经民主协商，充分酝酿，采用等额选举办法，选举曲格平为理事长，马世骏、张坤民、唐孝炎、陆雨村为副理事长，陆雨村兼任秘书长(注：1994年1月起，由鲍强同志担任环境学会秘书长)。选举出第三届常务理事36人。三届一次常务理事会决定聘任舒惠芬、傅立勋、周永玲、王树起、陈志远为副秘书长。

第三届理事会审议通过了对章程所进行的修改。中国科协第三次代表大会以后，对全国性学会的章程、组织通则以及挂靠单位的职责等问题，颁发了新

的条例和文件。因此环境学会在广泛征求理事意见后,对章程进行了修改,形成了6章共23条新的章程(修订草案)。该章程由中国环境科学学会第三届理事会审议,于1990年12月27日通过颁布实施。修改的主要内容:对"总则"中的宗旨和任务进行了文字修改和拓宽;强调了会员的权利和义务;强调民主集中制的组织原则和工作程序;对学会的"领导关系"做了进一步明确。

曲格平理事长在闭幕式上作了题为《繁荣环境科学,促进现代化建设》的报告。他指出,第二届理事会期间工作做出了很大成绩。当前,全国环境保护各项工作都正在向纵深发展,迫切需要环境科学研究提供更多、更好的决策信息支持。国际上环境保护浪潮也给我们展示了新的研究领域。因此,环境科学研究和学会自身的各项工作都面临着一个新的发展阶段。我们要振奋精神,继续开拓,开创学会工作的新局面。理事会表示要更加广泛地团结环境科技工作者,发扬"奉献、创新、求实、协作"精神,为进一步繁荣我国环境科学研究、促进我国社会主义现代化建设和环境保护事业的发展贡献力量。

### 三、组织工作及分支机构建设

根据中国科协《学会组织通则》以及中国科协第四次全国代表大会制订的《中国科协章程》,环境学会努力适应国家和社团改革发展的需要,树立为会员服务的思想,提高为会员服务的能力,提高学会工作的水平,为搞活学会工作奠定组织基础。1991年首先调整了学会办事机构,整顿了下属机构,增强秘书处的服务能力;进一步加强了会员的管理和发展工作,大约3万名具有中级以上职称的环境科技工作者、环境管理工作者、环境教育工作者等参加了中国环境科学学会以及各级学会;从1991年开始,曾3次组织了中国科学院、中国工程院院士的推荐工作;2次组织了中国青年科技奖推荐,并在全国范围内继续评选优秀环境科技工作者和优秀学会工作者。

根据民政部、中国科协的规范要求和学会工作需要还对分支机构进行了调整。1991年2月4日,在北京召开了三届二次常务理事(在京)会议,同意成立二级分会环境文学研究会。1991年6月8日召开了第三届第三次常务理事会(京津)会议。通报进行社团复查登记和登记的情况,同时就学会学术组织机构设置及聘任主要负责人问题进行了研究讨论,就变更二级学术组织机构及名称做出了决定,确定设置有7个工作委员会、6个分会、12个专业委员会。

7个工作委员会是:学术交流工作委员会、教育工作委员会、科普工作委员会、国际交流工作委员会、产业促进工作委员会、咨询评估工作委员会和组织工作委员会。

6个分会是:环境管理、经济与法学分会,环境工程分会,环境摄影分会,植物园保护分会,环境文学分会和国防环境分会。

12个专业委员会是:环境物理学、环境化学、环境质量评价、环境分析监测、环境医学、环境海洋、大气环境学、自然保护、环境生物学、环境地学(原环境地球化学与污染化学地理专业委员会)、环境基准(原环境标准专业委员会)和生态农业专业委员会。

社会团体复查登记:根据中华人民共和国国务院第43号令发布施行的《社会团体登记管理条例》,自1991年4月起,中国环境科学学会按照民政部和中国科协的统一部署和要求进行了社会团体复查登记。同年9月2日,民政部为中国环境科学学会颁发了中华人民共和国社会团体登记证。

### 四、办事机构

1991年环境学会办事机构进行了调整,设置为办公室、国际联络部、学报编辑部和咨询部。

根据国家社团改革工作的不断深入、学会工作开拓发展的需要和国家环境保护局环人[1994]422号文《关于学会三定方案的批复》精神,1994年学会办事机构调整设置,为办公室、学术与科普部、国际联络部、技术市场信息部和学报编辑部。

这一时期环境学会的活动经费逐渐加大了自筹部分,国家行政财政支持逐渐减弱。

## 第三节 第四届理事会的产生及组织建设

### 一、第四届理事会的产生

从1995年1月开始,第三届理事会开始酝酿筹备第四届理事会换届事宜。

1995年初确定了换届方案,5月18日,以(95)中环学字第020号文发出《关于选举或推荐第四届理事会理事的通知》,正式开始了中国环境科学学会第四届理事会换届工作。

本次改选换届在主要原则上与过去有所不同的是调整理事会结构,设立了理事单位,可以吸收一定比例的科技实业家参加理事会。即对理事人选在设立个人理事的同时,增设部分企事业理事单位。凡被批准的理事单位其主持环保工作的主要领导或法定代表人为本届理事会署名理事,参加理事会的工作。因此在理事会的组成上,为理事单位留出了名额。这是随着改革开放的形势和科技成果要为转化为生产力服务的要求而作出的一个改变。

到1995年11月7日,选举或推荐理事143人,其中个人理事86人;理事单位署名理事54人。经1995年11月7日召开的第三届常务理事会第十一次会议审议,确认了这些理事资格。对于尚未推荐理事人选的单位予以保留一名理事名额;此外还建议为港、澳、台地区各保留一名理事名额,待条件成熟时补办。

第四届理事会的分析组成情况如下:

年龄结构:第四届理事会平均年龄53.3岁,最高年龄为71岁,最低年龄为31岁。55岁以下者79人(其中50岁以下33人,46岁以下19人,40岁以下15人),占总人数的55.7%。

职称构成:第四届理事会中具有工程师职称者13人,副研究员和高级工程师以上者90人,副教授以上者19人,行政及其他人员20人。具有工程师以上技术职称者占总人数的86.4%。理事会中有中国工程院院士1人(唐孝炎),中国科学院院士1人(章申)。

第四届理事会中少数民族4人,民主党派6人,女理事12人。

第四届理事会连选连任者28人;新当选者115人,占理事总数的80%。

第四届理事会中吸收了54个理事单位,其中公司企业32个,约占理事会总数的22.9%;科研设计单位22个。

第四届理事会理事来自138个单位,分布情况为:各有关部委24人,各有关省、市、自治区35人,中科院系统10人,大专院校16人,理事单位理事54人,学会秘书处4人。

第四届理事会的主要特点:在理事会组织机构的领导班子组成中,更加重视精干、实干、实效,更具有广泛性和学术上的权威性;理事会中新当选者占总人数80%,而且平均年龄是以往理事会中最低的,为第四届理事会增添了新鲜血液，增强了活力；在理事人选中，增加了理事单位署名理事这一新层次，约占总人数的三分之一。在这些理事单位中，多数都在环保科学研究和工程设计或环保产业发展中有着重要地位，并作出了重要贡献。他们参加理事会，对新一届学会工作是个有力的推动和促进。此外，本届理事会聘任了9名顾问，并设置了名誉理事这个层次，这一切保证了第四届理事会工作的连续性和权威性。

## 二、第四届理事会第一次全体会议

1995年12月13～14日，在北京召开了中国环境科学学会第四届理事会第一次全体会议。参加会议的有由各地地方学会、各部委、中科院、大专院校推荐选举的理事及理事单位推荐的署名理事，学会顾问，名誉理事，国家环保局和直属单位负责人等共计165人。会议的主要内容为审议第三届理事会工作报告；修改中国环境科学学会章程；表彰优秀环境科技工作者和优秀学会工作者；选举产生第四届理事会领导机构等。根据第三届理事会第十一次常务理事会议的决定，会议由第四届理事会第一次全体会议主席团主持。解振华局长为主席团主席，叶汝求、唐孝炎、章申、徐厚恩、舒惠芬为副主席。解振华局长在会上做了重要讲话，第三届理事会理事长、全国人大环境与资源保护委员会主任委员曲格平到会讲话，中国科协书记处书记王治国也到会讲了话。

会议选举产生了第四届理事会领导机构：理事长为解振华，副理事长有叶汝求、唐孝炎、章申、徐厚恩、舒惠芬，秘书长为鲍强。

会议决定聘任曲格平为名誉理事长，聘请刘东生、马大猷、陶诗言、刘鸿亮、钱易、汤鸿霄、任阵海、顾夏生、李苏为顾问。

会议向戴乾圜等132位同志颁发了中国环境科学学会第二届优秀环境科技工作者奖，向李冷冰等55位同志颁发了优秀环境学会工作者奖。

会议期间还举行了第四届理事会第一次常务理事会全体会议，聘任陈志远（专职）、石洪祥、张云岗、高振宁、韩小清为专、兼职副秘书长，研究1996年学会工作，以及有关分支机构的调整等事项。

第四届理事会审议通过了对章程所进行的修改。随着国家改革开放的不断深入，社会主义市场经济体制的逐步建立，政府职能的转变，政府对社会团体的管理逐步走上法制化，要求社会团体转变观念，加大改革力度，适应国家市场经济体制的发展，逐步走上自主活动、自我发展的运行机制。为此第四届理事

会于1995年12月13日审议通过,对第三届理事会第一次全体会议修改通过的学会章程做了必要的修改。修改通过后的学会章程为5章共23条。

这是一次开创学会工作新局面的重要会议。与会人员总结了第三届理事会期间的工作成绩和经验,分析了环境保护工作的形势,明确了学会在新形势下的工作方向和任务。解振华理事长在会上做了"深化改革、积极进取,努力推进学会工作的新发展"的讲话。他指出:中国环境科学学会作为我国科技界最大、最具有影响力的非政府组织,是政府联系科技、教育及企业界之间的纽带和桥梁,是政府环境决策中一个大的科技智囊团,是我国环境保护实现群众监督、公众参与的组织形式。面对党的十四届五中全会给我国环保工作带来的前所未有的新机遇,迎接挑战,多作实事,积极奉献,使学会建立起自主活动、自我发展、充满生机和活力的新的运行机制。要为国家环境决策当好参谋,成为推动环境科学事业发展的助手,要在将科技成果转化为生产力的过程中积极工作。大家表示在第四届理事会领导下,中国环境科学学会必将能团结全国环境科技工作者,再创辉煌,为中国环境保护事业做出新的贡献。

## 三、组织工作

在第四届理事会期间,先后召开常务理事会12次,及时对学会日常工作和重大问题作出决策,保证了学会工作正常和健康有序地进行。

此间,按照国家民政部和中国科协的要求,进行了学会的清理整顿工作,并于1999年5月通过了民政部审查,领取了社会团体登记证书。

在会员管理方面建立了学会高级会员制。共发展高级会员230名。与此同时,建立了专家人才库,首批近1 100人。学会还加强了团体会员的发展和联络,共有团体会员单位116个。

第四届理事会期间进行了分支机构的建设,其中成立了工作委员会3个,分会11个,专业委员会9个。为了加强分支机构的组织领导和协调,制定了《中国环境科学学会分支机构暂行管理办法》,并与分支机构挂靠单位签署协议,以规范分支机构的工作,为分支机构开展活动提供条件。

学会还在1994、1996～1999共5个年份先后召开了5次全国秘书长、团体会员及部分分支机构负责人会议,通报学会工作和各方面信息,交流学会工作经验,落实工作任务。这种联席会议对加强地方学会、团体会员和学会分支机构的联系、沟通和了解，起到了积极的推动作用。

第四届理事会期间两次向中国科协推荐两院院士候选人，推荐中国科协优秀科技工作者和青年科技奖候选人。从1997年开始设立了中国环境科学学会青年科技奖，全国各省、市79名35周岁以下的优秀青年科技工作者获得首届青年科技奖。1999年学会进行了“三项奖”评审，第三届优秀环境科技工作者奖126名，优秀学会工作者奖41名；第二届青年科技奖74名。在学会成立20周年纪念大会上向获奖者颁发证书，给予表彰。以上“三项奖”已作为经常性工作每两年进行一次。2000年，开始进行优秀环境科技实业家的评选，表彰和鼓励更多的科技实业家为环境科技成果向生产力转化贡献力量。

1999年12月在北京举行了纪念中国环境科学学会成立20周年庆祝大会。很多学会新老同志欢聚一堂，回顾过去，寄语未来，会议气氛热烈。会前还通过征文编辑并正式出版了纪念学会成立20周年论文集，从一个侧面反映了当前我国环境科技工作的进展。

## 四、分支机构

1995年12月14日，第四届理事会第一次常务理事会会议同意，对学会工作委员会作了适当调整：将原学术工作委员会和国际交流工作委员会调整为学术交流工作委员会；将原科普工作委员会和环境教育工作委员会调整为科普与教育工作委员会；将产业促进工作委员会和咨询评估工作委员会调整为科技与产业促进工作委员会；组织工作委员会仍予保留。

1996年2月8日召开的第四届第二次常务理事会，确定了中国环境科学学会分支机构设置方案。后经中国科协和民政部批准，确定了环境学会分支机构设置为3个工作委员会、11个分会、9个专业委员会。

3个工作委员会是：学术交流、组织工作和科普与教育工作委员会。

11个分会是：环境管理、经济与法学分会，环境工程分会，国防环境分会，植物园保护分会，环境技术分会，水环境分会，大气环境分会，环境评价分会和自然保护分会（另有妇女与环境分会和绿色包装分会处于申请待批）。

9个专业委员会是：环境物理学、环境化学、环境地学（原环境地球化学与污染化学地理专业委员会）、环境生物学、环境医学、环境基准（原环境标准专业委员会）、环境监测、海洋环境保护和固体废物专业委员会。

1996年7月8日召开第四届四次常务理事会。会议同意制定学会分支机构管理办法,以加强学会对分支机构的业务工作协调和管理,明确挂靠单位的责、权、利,为分支机构更好地开展活动创造条件。会议建议组织工作委员会对申请增设的分支机构进一步的调查,分析其成立的必要性和可行性,提出是否需要成立的意见,再提交常务理事会审议。会议确定了部分分支机构的挂靠单位。1996年11月27日第四届理事会第五次常务理事会研究确定了第四届理事会工作委员会、分会和专业委员会的机构设置、挂靠单位和部分主任委员,并由秘书处发文公布。

这一期间中国科协加强了对分支机构的管理。1996年中国科协以科协学发(1996)046号颁发《关于加强全国性学会对分支机构管理工作的通知》,要求全国学会为做好社团清理整顿工作,要对社团分支机构加强管理,并提出实行全国学会与分支机构挂靠单位双重管理的体制。环境学会四届一次常务理事会提出要对各分支机构加强组织管理、互相协调。对挂靠单位的选择、主任委员的确定要经多方协商产生。各分支机构要确定主要工作内容和方向,明确责、权、利,切实开展好活动。同时指出,根据环保事业发展和学会工作的需要,对各分支机构的设置还可以适当调整,有增有减。1996年12月27日召开第四届第六次常务理事会。会议审议通过了《中国环境科学学会分支机构暂行管理办法》,并建议尽快实施,在实施过程中不断完善。事后,发布了该办法,并与挂靠单位签署了协议书,落实了管理责任。

1997年根据中国科协发学字[1997]129号《关于认真做好全国性学会清理整顿工作的通知》和科协学发[1997]032号《关于全国性学会清理整顿工作的通知》,部署了所属社团清理整顿工作。于5月至9月中旬,基本完成了学会清理整顿自查工作,报送中国科协和民政部。1997年6月20日向第四届第七次常务理事会通报了开展社团清理整顿工作的情况。1999年5月12日,民政部给学会重新颁发了社会团体法人登记证书。

### 五、办事机构

学会办事机构(即学会秘书处)自身建设也得到进一步加强。1999年是我国历史上特别值得纪念和总结的一年,建国50周年大庆、澳门回归、开展了以“讲学习、讲政治、讲正气”为主要内容的党性党风教育,使秘书处全体同志在加强社会主义精神文明建设、爱岗和敬业精神等方面取得了新的提高。

秘书处努力转变观念，创新思维，自立自强，加大改革力度，积极探索学会职能与运行机制转变；研究学会的职能定位，抓紧制定中、长期发展规划；加强民主办会的制度建设；努力改进自身工作，为改革、发展和稳定大局服务；在运用市场机制、增强创收能力上也做了大量的尝试，取得了初步成效。

## 第四节　工作概述

据不完全统计，第三届理事会期间，中国环境科学学会先后主持召开了 20 多次较为重要的综合性学术会议，举办了 20 多次重点国际学术交流活动，收到 2 000 多篇论文，参加学术研讨会的环境科技工作者有 3 000 余人次。1994 年获中国科协“学科发展与科技进步”学术研讨会组织奖。第四届理事会期间举办的综合性、重要的国际、国内学术研讨会和技术交流会有 46 次。期间，分别于 1993、1995、1997 年主办了第一、第二、第三届“中日环境高层论坛”。日本前首相海部俊树两次到会并发表演讲。1993 年 10 月 29 日，时任国家主席江泽民在中南海会见了海部俊树一行。三届论坛期间，组织了中日专家，分别对辽宁省抚顺市和山西省阳泉市进行了调研考察。

在环境科学宣传教育和普及工作方面，10 年间印发环境保护书籍、手册共计 10 000 余册，举办各种活动 70 余次，直接参加活动的各界人士有 8 000 多人次。1994 年获“全国青少年生物百项活动优秀指导奖”，1995 年后连续多年获国际科学与和平周中国组委会颁发的“和平使者”荣誉称号。当时由学会主办的《环境》杂志和有关人员分别作为全国科普先进单位和先进个人获得中国科协的表彰。

积极开展课题研究及咨询服务。如组织了申办 2000 年奥运会环境保护及城市景观生态学学术研讨会，向中央有关部门和北京市提交了建议书；举办建立青海省可可西里自然保护区可行性专家论证会，形成的纪要上报国务委员宋健及中央、地方有关部门参考；还根据国家环境保护局环科成[1993]001 号文的精神，组织环保实用技术初评推荐，并向国家环保局推荐了 71 项。

先后进行了“中国产业发展中的环境保护政策研究”、“妇女与环境——中国部分地区妇女与环境调研”、“陆上油(气)田开发生态环境补偿研究课题的研究”等工作，制定了“环境污染治理工程运行监督装置产品质量认定技术标准”，完成了《陆上油田开发与生态环境状况调研提纲》的编写。

第三届理事会期间，中文版《中国环境科学》出版30期，登载460篇文章，评选出优秀论文22篇。以后逐年增加版面，1997年以后逐渐被国外数据库CA等17个检索系统收录，并被纳入全国检索刊物体系的25个数据库、文摘刊物收录，被列为A类核心刊物。英文版《中国环境科学》1991～1993年共正式出版8期，登载文章115篇。

1993年10月，陆雨村副理事长(左3)主持召开中日环境问题国际研讨会，
日本前首相海部俊树(左4)率代表参会

积极参加国家重大活动。1992年7月，经国务院批准，由国家环保局组团并责成中国环境科学学会牵头，组成了以谢启美(原中国常驻联合国代表)为团长、陆雨村副理事长为副团长的中国非政府组织代表团，赴巴西里约热内卢参加联合国第二次环境与发展大会。期间举行了“92环球论坛”活动。中国代表团积极宣传我国环境保护方针政策和环保事业取得的成就。通过广泛交流扩大了影响，广交了朋友，比较圆满地完成了任务，得到了国务委员宋健的肯定和表扬。

1995年9月积极组织参加第四次世界妇女大会非政府组织论坛，成功地举办了“妇女与环境”专题研讨会，散发各种宣传品共计6 000份，受到了全国妇联和NGO论坛中国组委会的表彰。1996年举办了UNEP“妇女、环境与可持续发展”培训班。1999年以后举办了12期UNDP“妇女与环境”培训班，培训学员近千人。

# 第三章　全面开拓、锐意进取的新征程（2000 年至今）

## 第一节　重新认识自我，树立再创辉煌的信心

中国环境科学学会进入 2000 年以来的发展，继续沿着国家从 20 世纪 90 年代初开始社团改革的大趋势进行探索。即从政府统包和主导的社团向政府指导下的自主活动、自我发展、充满生机和活力的新运行机制的现代科技社团方向改革和发展。这种探索还将继续下去。但是经过充满艰辛的 10 年改革探索，使环境学会渐渐适应了新的运行机制的考验，逐步摆脱了被动局面，并在许多方面获得一定的发展。10 年的社会变革和学会自身改革实践取得的成绩，使学会人树立了再创学会新业绩的信心，并带着这样一些认知和感悟，中国环境科学学会步入了新的令人期待的 21 世纪。

2000 年掀开了学会改革发展的新篇章。因为一个新世纪的开始，无论对于一个国家、机构或是一个个人都是值得重新书写的一页。而第五届理事会的改选换届也正好跨越 2000 年这个世纪之交的时间。新人新气象，新时代的开始使学会人对未来充满了更多的期待和想像。使学会这样的科技社团正在从转型中的夹缝中走出，继续向着它应有的社会价值迈进。学会 2006 年在第六届理事会改选换届工作总结中的一段话很形象地描述了学会在这一时期的状况："今天的学会，办会方向更加明确，工作思路更加清晰，专职队伍发展壮大，业务能力日益提高，活动空间明显扩大，在环保工作和学科发展中的作用显著增强。同时，经济状况也大为好转，工作经费和职工收入都有了明显改善。"

2000 年以后的学会发展迎来几个有利的变化。首先，是社会第三方意识的觉醒和提高。自中国在 2001 年加入 WTO 以后，经济全球化的影响在中国日益强烈。这不单是体现在经济和贸易规则方面，而且在科学、文化、生活等社会领域各方面，甚至包括价值观方面，中国的发展越来越和国际社会的变化紧密联系在一起，相互影响。一个显著变化是在中国无论是政府、企业，还是公众，对

相对独立于政府、市场之外的第三方社会力量的价值的逐步认可。作为科技社团的学会无疑有了巨大的发展空间。第二,是中国共产党和政府关于充分发挥各种社会力量、共同构建和谐社会战略的实施。党的十六大以来,以胡锦涛同志为总书记的党中央先后提出树立和落实科学发展观、构建社会主义和谐社会等重大战略思想,并在十六届六中全会明确提出要充分发挥学会等社会团体的社会功能,为经济社会发展服务。而党的十七大更从改善民生角度对发挥社会力量、大力加强社会建设做出了部署。这表明,随着社会主义市场经济体制的不断完善和中国社会建设的加强,作为联系科技工作者的纽带和桥梁,学会将在构建和谐社会的伟大事业中承担越来越重要的任务。第三,党的十七大将建设生态文明作为全面建设小康社会的奋斗目标和新要求。这标志着环境保护已经成为了党和国家事业的全局性、战略性任务,进入了经济社会发展的主战场。

同样,由于各种民间社会力量的日益发展壮大,学会的发展也迎来了更为激烈的外部竞争环境。2000 年来,随着中国环境保护事业的不断发展,除了原有的中国环境科学学会、中华环保基金会、中国环保产业协会等三个社团外,这一时期环境保护总局又相继设立了中国环境新闻工作者协会、中国环境文化促进会和中华环境保护联合会等三家社团组织。与此同时,社会上的其他各种环保民间组织如雨后春笋般出现。中国环境科学学会必须以更出色的工作,体现自身的价值,求得生存和发展。

通过不断思考和实践,环境学会自 2000 年以来进一步认识社团的自我价值,正确定位,不断强化自身建设,充分发挥自身优势,进行差异性发展。2002 年以后,经过认真总结和反复思考,学会将自身发展模式概括为“围绕一个中心(以发展为中心,把学会做强做大),搞好两个服务(为环境保护服务,为学科发展服务),推进三项改革(改革组织体系,改革运行机制,改革活动方式),发挥四个作用(成为学术交流主渠道,科普工作主力军,对外民间科技交流主要代表,环保科技工作者之家),办好五件实事(年会,期刊,网站,奖项,实体),实现六大变化(办会方向更加明确,经济状况根本改善,社团文化初具特色,业务能力显著增强,活动空间逐步扩大,社会影响日益提高)。切实把中国环境科学学会建设成为特色鲜明、充满生机和活力的现代化一流环境科技社团。”实际上,这一思想是和过去 20 多年对学会基本属性的认识一脉相承的,是对坚持学会改革思路在新形势下的具体化。

学会人在创建一流科技社团中取得一定进展，得益于中国环境科学学会第六届理事会成立后给学会带来的一些变化。相比于往届学会理事会，在2006年6月25日中国环境科学学会全国会员代表大会上宣告成立的第六届理事会有三个明显的变化：一是理事年龄的年轻化，55岁以下98人，占75.28%；二是理事成员更新程度最大，新当选的理事84人，占72.3%；如果说这前两个变化是学会的工作充满朝气的保障，那么，第三个变化，即是强化以理事长为核心的全体理事会对学会工作的直接指导和支持，无疑是学会向着现代化社团迈进的最重要的推力。实际上，强化社团理事会办会主体的思路也正是社团改革的主要内容之一。在新一届理事会的领导下，学会在最近几年作了几项对学会未来发展有着重要影响的工作，为中国环境科学学会在其创建一流科技社团的道路上迈开坚实的一步创造了条件。首先，是促成了一些外部资源对学会工作的支持，其中最为重要的是获得了中国科协和环境保护部①的大力支持，不但是在政策导向上，而且在工作任务和项目经费上都使环境学会得到了很大的支持，有利于发挥学会联系政府和环境科技人员纽带的作用。其次，是在王玉庆理事长积极倡导下，新一届理事会在加强理事会民主办会、整合分支机构资源、发展会员和增强会员服务等方面提出了规划和具体要求，加大了学会内部治理方面的改革。同时，强调并要求学会人要怀有强烈的事业心和责任感，工作中要形成注重实践和执行细节的工作作风。

这一时期，中国环境科学学会又被选中作为中国科学技术协会学会秘书处职业化建设改革试点单位和中国科协与挂靠单位共建学会的试点单位的改革试点学会。得到业务主管单位中国科协和挂靠单位国家环境保护总局(现为国家环境保护部)大力支持的中国环境科学学会，在新世纪围绕如何创建一流科技社团，开展了一些有探索意义的开创性工作。这些工作不但有力地推进了中国环境科学学会自身的改革发展，而且对于中国科技社团的改革发展提供了有益的借鉴。学会于2008年1月15日荣获“2007年中国科协先进学会奖”，并在中国科协召开的七届三次全委会上得到了表彰。

---

① 1978年，作为当时全国唯一一个冠以环境保护名称的行政职能机构——国务院环境保护领导小组，联合中科院等机构发起和支持创建了中国环境科学学会。国务院环境保护领导小组办公室也成为了中国环境科学学会的挂靠单位。由于环境保护事业的快速发展，在国家行政体制的改革中，该机构逐渐调整为城乡建设环境保护部、国家环境保护局、国家环境保护总局、环境保护部。

## 第二节 创建一流学会的开创性工作

围绕创建一流科技社团的奋斗目标,中国环境科学学会在新的世纪作了如下一些开创性工作:

### 一、加强学会能力建设和民主办会,努力为会员服务

学会内部构架由会员、分支机构、理事会和办事机构(秘书处)四部分组成,是学会发展依赖的内部资源。会员是学会存在的基础和立足之本,既是学会依靠的基本资源,又是服务的基本对象;理事会是代表和体现广大会员意志的领导机构;分支机构是实现学会各项功能的触角,也是实施学会意志的基本支撑。而学会办事机构虽然仅是理事会的常设工作机关,但却又是联系和沟通理事会、会员和分支机构的关节点,其工作要对理事会负责。理顺四者之间的关系、整合这些重要资源、发挥各自的作用,是学会内部治理改革的重要内容。

学会发展20年的实践证明,加强民主办会,充分体现会员和理事会的办会意志和学会分支机构代表的学科意愿,是理事会和分支机构发挥作用最好的措施。第五届理事会期间共召开9次常务理事会,第六届理事会期间已召开了2次全体理事会、5次常务理事会,实现了民主办会,保证了学会工作正常、健康有序地进行。2000年后,学会先后召开了团体会员及分支机构负责人、全国地方学会秘书长等会议达9次之多,加强了与团体会员和学会分支机构、地方学会的联系与合作。特别是通过对分支机构的调整和实现动态管理,调动和发挥了分支机构的积极作用,对形成学会整体合力、推动全面工作,起到了重要作用。2007年,为更大程度调动分支机构挂靠单位的积极性,进一步发挥好分支机构作用,学会勇于进行制度创新,开展了以公开征召方式遴选分支机构挂靠单位和负责人的工作,取得了很好的社会影响和效果。

强化和提高全心全意为会员服务的意识,努力把学会办成环境科技工作者之家是学会改革发展的重要方向。为此,学会办事机构在2003年增设了会员网络部,从组织上加强为会员服务提供了保障。同时,还开通学会的门户网站,作

为联系会员和社会资源的有利工具。目前有个人会员 41 955 人,团体会员 183 个,为注册会员制发了新会员证。为了更好地为环境科技工作者服务,加强科技工作者的相互沟通与合作,对中国环境科学学会网站进行了升级改造,完成了 7 个频道的建设。目前网站拥有会员 45 000 多人,每天在线人数达到 1 000 多人。目前已正式使用中国科协全国性学会个人会员管理系统,实现个人会员网上申请入会、缴纳会费、发送电子邮件、参加学术活动、发表论文论著等一系列功能。在会员管理方面,实现了会员类别管理、活动类别管理、分支机构管理、个人会员管理、团体会员管理、会费管理、论著管理等功能,为会员服务的能力和水平有了新的提高。此外,举荐人才、表彰先进、做好相关的评奖工作也是为广大会员和环境科技工作者服务的重要手段。学会分别于 2001、2005 和 2007 年度完成了两院院士候选人的提名、审议和推荐;于 2001、2003 和 2005 年度进行了学会设立的两年一次的优秀环境科技工作者奖、优秀学会工作者奖和优秀青年科技奖的评选。

作为加强办事机构建设,提高学会能力建设的重要措施,学会从 2002 年开始,打破了原有用人方式,逐渐开始面向社会公开招聘人才,为办事机构补充了新鲜血液。

## 二、恢复举办高水平的学术年会

1984 年,学会举办首届学术年会,取得了巨大的成功。其后的近 20 年中,因种种原因一直没有再以年会的名义举办过综合性的环境科学学术交流会。在创建一流学会的思路指导下,学会于 2002 年恢复了举办一年一度的中国环境科学学会学术年会。其目的就是想紧紧抓住中国环境科学学会区别于其他环境社团的学术特征,逐步打造我国环境保护科学技术领域的高水平、最具影响力的交流平台,发挥学会学术交流主渠道的作用,从而进一步确立中国环境科学学会作为科技社团在环境界以及在社会上的权威学术地位。

从 2002 年恢复年会以来,中国环境科学学会已经成功举办了 7 届学术年会。年会紧紧围绕国家的重点环境保护工作、重大环境问题和环保科技前沿学术问题,组织国内外环境保护专家学者和广大环境科技工作者撰写论文、交流研讨、建言献策,不仅有力推动我国环境科学的发展,同时也为国家环境保护工作提出了许多有价值的对策和建议。

2002年12月,学术年会主席台
(由左至右:叶汝求、冯长根、祝光耀、王文元、曲格平、林宗棠、钱易、唐孝炎)

## 三、环境科普工作有了新突破

除了学术交流外,科学知识的普及宣传其实是科技社团另一项基本社会职能。科技社团丰富的专家和学科资源,为科技社团开展科学知识的大众普及工作提供了强有力的资源保障。中国环境科学学会自成立之日始就一直积极地开展各种类型的环境科普活动,并取得了一定的成绩。但是真正推动学会环境科学普及工作的全面开展,还是得助于新世纪国家《科普法》的颁布,尤其是2002年国家环保总局和国家科技部下发的《关于加强全国环境保护科普工作若干意见》中明确了中国环境科学学会环境科普工作主力军的地位。至此,在国家环保总局和中国科协的支持下,从2001年度开始,环境学会加大了科普工作力度,动员社会各界可能的科普资源,做了大量工作,包括编辑出版了一批高质量的科普作品、举办形式多样的科普宣传活动。例如,在原国家环境保护总局支持下,作为环保公益项目,开展了为期5年的“千乡万村环保科普行动”;受科技部和国家环境保护总局委托,承担了科普基地建设的申报与评审工作;组织大学生志愿者科普行动等。2006年，中国环境科学学会还设立了环保科普创新奖并进行了评审。

2007年经国家新闻出版总署批准，创办了我国环境保护领域第一本极为贴近老百姓生活的环境科普期刊《环境与生活》。

中国环境科学学会新世纪以来的环境科普工作呈现出欣欣向荣的景象，成果显著。对扩大学会的社会影响发挥了积极的作用。

### 四、深度开发学会科学评估和学术评价职能

如何利用中国环境科学学会丰富的跨学科、跨行业的专家和学术优势，挖掘和发挥学会的科学评估和学术评价职能，是学会新世纪改革发展的一项重要工作，也是学会创建一流科技社团的主要内容之一。此项工作的开展，不但提升了学会在环境科学技术领域的地位，扩大了学会的社会影响，同时也能增加学会的收入。

首先，是2003年，配合国家环境保护总局职能改革，接受了国家环境保护总局的原部委级环境科技奖的评审工作，并根据国家有关的科技奖励办法，此项奖定名为“中国环境科学学会环境保护科学技术奖”。在国家环境保护总局的指导下，自2003年以来，已经完成5届的全国评审工作。该奖目前已经发展成为我国环境保护科技领域最高的奖项，在环境保护领域具有相当的影响。同时学会还继续努力办好两年一次的优秀环境科技工作者奖、优秀学会工作者奖和优秀青年科技奖的评选，以及新设立的环保科普创新奖等奖项。

其次，是通过颁发《中国环境科学学会科技成果评定办法》、《中国环境科学学会环境友好技术产品评估推荐办法》、《中国环境科学学会环保型人居工程评估导则》等，逐步建立了学会品牌的系列环境技术、产品评估体系，以拓展学会作为科技社团的社会服务职能。

第三，是继续办好学会优势项目——《中国环境科学》杂志，竭力打造学会学术交流和评价的高端平台。2000年以来，《中国环境科学》取得了许多成绩。包括2002年荣获“第二届国家期刊提名奖”，同年还获得中国科协“第三届优秀科技期刊一等奖”；2004年荣获“第三届国家期刊奖百种重点期刊”；获中国科协2007年度精品科技期刊工程项目的资助。为了给科技人员发表科研成果提供更多的机会，满足日益增长快速发展的环境保护科技的需求，2008年《中国环境

科学》由双月刊改为月刊。

### 五、开拓环境保护新领域

2000 年以后,政府关于以人为本、落实科学发展观、发展循环经济、构建和谐社会的发展战略给中国环境科学学会发展提出新的要求。学会必须要站在环境科学的前沿,关注最新的热点环境科学问题,从帮助解决百姓公众切身相关的环境问题入手,才能增强学会的活力,满足不断变化的社会发展对环境保护科技的新需求。为此,学会紧紧围绕环境与健康、循环经济等社会公众最为关心的热点问题,在新学科建设、学会咨询服务等领域开拓了一些工作。其间,在学科建设方面,将原"环境医学专业委员会"调整为"环境医学与健康分会",着手筹建了"持久性有机污染物专业委员会"、"室内环境与健康分会"等新的专业委员会;在咨询服务方面,创立了《绿色财富论坛》和《绿色财富》内部期刊,作为学会推动循环经济发展的会议交流平台和文字交流平台。2006 年底,经国家环境保护总局批准,学会还成立了我国第一个环境损害鉴定评估中心,率先从技术和学术层面,在环境污染的财产损害、健康损害和生态损害方面的研究评估、损害赔偿以及环境责任保险等前沿领域开展了一些开拓性工作,扩大了学会的社会服务领域。

### 六、增强在国家环境科研领域的话语权

作为科技社团,利用联系广泛的专家优势承接一些国家重大的环境保护研究课题,是中国环境科学学会应该着力开发的一项基本职能。学会能否参与国家一些重大环境问题的调查研究,发表意见,关系到中国环境科学学会在国家环境科研领域的话语权,关系到学会在政府和社会上的学术影响力。作为创办一流科技社团的一项重要内容,学会在 2000 年后加大在承接国家科研课题方面的工作力度。

这一时期,学会先后承接国家环境保护总局或中国科协的"环境污染损害鉴定评估方法技术规范"、"废塑料回收利用污染控制技术规范"、"环境现场执法技术规范"、"环境影响评价——人体健康技术导则"、"废铅酸蓄电池收集和处理污染控制技术规范"、"废家电处理回收利用污染控制技术规范"、"杂环类

(氟虫腈)农药工业污染排放标准”、“环境污染引起人体健康损害事故的预防、预警和应急体系研究”、“环境污染事故与纠纷相关健康损害研究”、“环境污染损害健康纠纷调查与对策研究”和“环境科学研究成果数据库建设”等课题研究。

在历经30年的发展和改革探索实践后,尽管中国环境科学学会取得了一些经验和成绩,并在不断的实践中也逐渐认识和把握了一些开展科技社团工作的规律。但是也清醒地认识到,学会的改革发展不是一蹴而就的,其发展是一个长期而艰辛的过程。在未来的进程中,如何利用国家构建和谐社会的大好历史机遇,找准学会的位子,把学会创建成一流的环境科技社团,仍然是需要学会人不断思考并通过长期不懈努力实践去解决的首要问题。环境科学学会在新的世纪关于创建一流科技社团的思考可以说是学会人对自身30年发展历程反思的智慧结晶。

## 七、关于学会未来发展规划

党的十七大从社会主义初级阶段的基本国情出发,对实现全面建设小康社会的奋斗目标提出了新要求,对中国特色社会主义事业全局做出了总体部署。特别是把提高自主创新能力、建设创新型国家确立为国家发展战略的核心和提高综合国力的关键,把弘扬科学精神、普及科学知识列为推动社会主义文化大发展大繁荣的一项重要工作。

特别令人鼓舞的是,十七大报告从5个方面、15处论述了环境保护,并将建设生态文明作为全面建设小康社会的奋斗目标和新要求。这标志着环境保护已经成为了党和国家事业的全局性、战略性任务。这是我们所有环保工作者盼望已久的历史性转变。

十七大报告对科学技术工作和科技工作者,也提出了新任务新要求。归纳起来,一是要在增强自主创新能力、促进国民经济又好又快发展中发挥重要作用;二是要在推动决策科学化民主化、发展社会主义民主政治中发挥关键作用;三是要在培育创新文化、促进社会主义文化大发展大繁荣中发挥先锋作用;四是要在改善民生、加快社会发展中发挥模范作用。

面对这样的形势和这样重要的战略机遇,环保工作者特别是环保科技工作者需要以高度的政治责任感和昂扬向上、奋发有为的精神状态,自觉肩负起十七大赋予环境保护工作的崇高使命,紧紧围绕新时期国家环境保护的战略目标和任务,努力做好本部门、本单位和本岗位的工作,积极进取、开拓创新,不断为推进环境保护的历史性转变,全面建设小康社会,做出新的更大的贡献。

作为中国成立时间最早、规模最大、在环保科技领域最具影响力的环保社团组织,作为党和政府联系环保科技工作者桥梁和纽带的、国家一级环境科学学术团体——中国环境科学学会一直是推进环境保护发展进步的一支重要力量。过去近 30 年特别是最近 5 年,学会立足自身特点,发挥自身优势,紧紧围绕国家环境保护工作和环境学科发展与科技创新需要,团结动员和依靠广大环保科技工作者,大力开展学术交流、科学普及、决策咨询、技术推广、举荐人才以及其他各项有利于经济社会和环境协调发展的工作,取得了很大成绩,做出了积极贡献。在新的形势下,为了适应环保工作的新任务、新要求,学会工作要在以下几方面继续进行思考和探索:

第一,需要正视并且要认真解决好工作中存在的一些差距和问题。主要包括:学会作为学术性、公益性的社团组织,与学会采取的市场化运行机制之间存在着尖锐矛盾并长期困扰着学会的发展。如何既要利用好市场机制创造经济效益支撑学会的生存发展,同时,又不能偏离学会的学术性和社会公益性,不影响国家环境学科最高学术团体的公信力,是必须解决的重大课题。学会的经济状况虽有所好转,但经济基础薄弱、经济压力大的问题依然存在;学会工作虽有较大进展,但大项目、大平台仍然偏少,活动空间仍嫌不够;学会理事会、分支机构和办事机构整体作用发挥不够理想;会员队伍仍然偏小,同环境学科大发展的形势不适应;办事机构开拓创新仍然不够,工作能力和水平也有待进一步提高,等等。总之,还存在这样那样的问题和差距,需要加以重视和解决。

第二,需要认真理清思路,把握工作方向,把今后几年的工作任务规划好、落实好。环境学会今后一段时期总的工作指导思想是:以党的十七大精神为指导,紧紧围绕国家及环保总局的中心工作,遵循中国科协的工作要求,在理事会的领导下,牢牢把握为环保工作服务、为学科发展服务、为学会会员服务的大方向,通过深化体制、机制和活动方式的改革,进一步发挥好学术交流的主渠道、科普工作的主力军、对外民间科技交流的主要代表和科技工作者之家的职能作用,着力建设好学术交流、科学普及、科技咨询、会员服务和组织建设等工作平台,全面提升学会的经济实力、业务能力和社会影响力,努力实现建设一流科技社团、把学会做大做强的奋斗目标。为此,要重点抓好以下几个方面的工作:

(1) 抓好组织建设和会员工作,打造规范化的社团。严格按照学会章程治理学会,进一步规范和加强学会理事会、常务理事会、分支机构和办事机构的工作,各司其职,并发挥好整体协调配合作用;结合中国科协"学会办事机构职业化建设"改革试点工作,研究和加强秘书处职业化建设,提高工作能力、工作水平和办事效率;办好中国环境科学学会网站和中国环保科技网,更好地为会员和科技工作者服务,大力做好会员发展工作。

(2) 抓好学术交流和评价工作,促进科技创新,引领学科发展。重点办好学术年会、《中国环境科学》学术期刊、学科发展报告、环境科学技术奖、对重要科技成果的鉴定评价等,发挥学会各分会、专业委员会在学术交流和学科发展方面的优势与作用。

(3) 抓好环境科普工作,为普及环境科学知识、提高全民科学素质服务。特别是继续做好"千乡万村环保科普活动",配合环保部和科技部开展国家环境科普基地评审,积极参与国家科普日、科技周和全民科学素质提高工程,探索同社会力量结合开展各种形式的科普工作,不断推出环境科普新项目新产品。认真办好《环境与生活》科普杂志,大力倡导生态文明。

(4) 抓好环境科技咨询服务工作。发挥和依靠学会专家多和学科齐全等优势,组织学会理事、分支机构和会员中的专家学者,为政府工作提供决策咨询和建言献策服务,将学会理事会会议办成高层次的决策咨询论坛;为社会有关组织特别是企业提供技术咨询服务,开展环境科学评价,推广环境友好技术与产品,开展环境损害鉴定评价工作;开展其他各项有利于环保工作和社会和谐发展的中介咨询服务工作。

(5) 扩大对外民间学术交流与合作,争办国际会议,参与区域国际项目合作。

## 第三节　第五届理事会的产生及组织建设

### 一、第五届理事会的产生

2000年初开始筹备并草拟了《中国环境科学学会理事会换届改选工作初步

方案》(以下简称《方案》),1 月 31 日经 4 届 12 次常务理事会讨论通过后,向中国科协报送了《关于中国环境学学会理事会换届改选的请示》。中国科协于 2000 年 3 月 3 日以科协学发团字[2000]009 号文作出《关于对中国环境学学会理事会换届方案请示的批复》,原则同意按《方案》进行换届。同时也对香港、澳门理事候选人问题提出了指导意见。此后,中国环境科学学会进行了理事人选的选举推荐工作。

第五届理事会理事候选人以各省、自治区、直辖市和计划单列市,以及本会各分支机构为选举单元,按照分配名额,分别由各有关单位通过协商推荐产生。然后秘书处将所有候选人名单及个人简介一并寄往各选举单位,由其组织不少于 9 名会员代表对全体候选人进行酝酿、协商和选举。每一个选举单位以 1 票计,将选票寄回学会秘书处,由学会组织工作委员会组织计票,并将结果报第四届常务理事会审议通过。再报业务主管单位审议同意后,即组成新一届理事会。选举产生理事会领导机构采取召开第五届理事会第一次全体会议的方式完成。

第五届理事会决定不设理事单位理事。原理事单位一律改为团体会员单位。团体会员单位符合理事条件的主要领导经民主协商推荐可当选为理事。

推荐候选人开始后截止到 2000 年 9 月 20 日,共推荐理事候选人 152 名(未包括港澳理事 5 人)。2000 年 9 月 28 日,环境学会向各省、自治区、直辖市及计划单列市环境科学学会,学会各分支机构发出《关于投票选举第五届理事会理事的通知》,对 152 位理事候选人进行酝酿、协商和正式投票选举。

第五届理事会的组成情况分析如下:

年龄结构:平均年龄 51.4 岁,最高年龄 71 岁,最低年龄 31 岁。55 岁以下 83 人,占总人数的 54.6%。

职称构成:第五届理事会具有副研究员和高级工程师等以上高级职称者 132 人,工程师 9 人,具有高中级职称者占总数 93%。理事会中有中国工程院院士 2 人(唐孝炎,魏复盛),中国科学院院士 1 人(章申)。

第五届理事会中少数民族 5 人,民主党派 11 人,女理事 13 人。

第五届理事会中连选连任者 46 人;新当选者 106 人,占理事会总人数 70.4%。

理事来自 142 个单位,分布情况为:各有关省、自治区、直辖市及计划单列市 40 人;大专院校、科研院所 33 人;国务院有关部委 24 人;学会秘书处及各分支机构 23 人；企业 32 人。

第五届理事会理事人选与第四届相比发生了较大变化，主要体现在年轻化和理事更换比例高。这必将对增强学会活力、开拓和发展学会工作发挥积极作用。同时在学会领导人选中保留了一批老同志，以保证学会工作的连续性、权威性和稳步发展。港、澳代表尚未选出，名额继续保留，如有符合条件者，随时按国家规定程序办理增补手续。

## 二、第五届理事会第一次全体会议

2001 年 4 月 11～14 日在北京召开了第五届理事会第一次全体会议进行改选换届。参加会议的人员有第五届理事会理事 107 名；各省、自治区、直辖市及计划单列市环境学会领导及有关人员列席了会议。

本次会议和第五届理事会换届工作得到了国家有关部门和领导的重视和大力支持。开幕式时，全国政协宋健副主席专门为大会发来贺信；全国政协赵南起副主席、中央外事办公室刘华秋主任、中国工业经济联合会林宗棠会长、中国科协书记处书记常志海和国家环保总局解振华局长出席会议并作了重要讲话，对学会工作给予指导和鼓励。

会议由第五届理事会第一次全体会议主席团主持。主席团名誉主席为国家环保总局局长解振华、副局长宋瑞祥；国务院参事叶汝求为主席团主席，唐孝炎、章申、魏复盛、徐厚恩、舒惠芬、井文涌、陈复为副主席；鲍强任主席团秘书长。会议决定聘任宋健、赵南起为名誉会长；曲格平、林宗棠、解振华、刘华秋、宋瑞祥为名誉理事长；聘任一批院士为理事会顾问。

会议选举产生了第五届理事会领导机构：理事长为叶汝求，副理事长为唐孝炎、章申、魏复盛、徐厚恩、舒惠芬、井文涌、陈复，鲍强。秘书长为鲍强（注：2002 年 7 月起，由任官平同志担任环境学会秘书长）。

叶汝求理事长做了“努力开创学会工作新局面，不断推进环保事业的发展”的报告。他指出：我国社会组织结构由党政机关、企业、事业和社会团体四个部分组成。社团是《民法通则》规定的四大法人之一。它既是国家与社会、政府与企业的中介，又是国家管理和发展社会的一种载体，在整个社会运行和发展中构成了一个庞大的中观协调体系。党的十四届三中全会的决定提出，在社会主义市场经济中社团要发挥中介组织作用。党的十五大也提出“培育和发展社会中介组织”。在市场经济条件下,政府要实现宏观管理的职能,必然将一些分离出来的职能交给社团组织承担。学会具有的优势,在政府职能转变的改革过程中,有能力承担和做好诸如科技政策和重大项目的评估、论证,科技成果的鉴定、评定、评奖,专业技术职务任职资格的评定,环境保护实用技术的筛选,优秀环境工程的评选,以及为环境管理服务的有关软课题的论证与研究等。新的形势为社团组织的发展提供了新的良好机遇,中国环境科学学会要努力开创学会工作新局面。

会议通过了第四届理事会的工作报告等决议,希望第五届理事会团结奋斗、勇于开拓、抓住机遇、再接再厉,领导学会在国民经济和社会发展第十个五年计划中为环境保护事业和学会发展做出新贡献。

第五届理事会审议通过并对章程进行了重大修改。1998年9月25日国务院以第250号国务院令发布施行了国务院第8次常务会议通过的《社会团体登记管理条例》,规定成立社会团体必须提交社团章程;第15条明确规定了社会团体的章程应当包括的9条事项,还提供了《社会团体章程示范文本》。据此,环境学会进行了章程修改。1998年12月18日,第四届常务理事会第九次会议对章程(修改草案)进行了认真讨论,提出了具体修改意见,原则通过该章程,报送民政部进行社团登记。修改后的章程于2001年4月12日召开的第五届理事会第一次全体会议正式审议通过。这一版章程从结构、体裁到内容条款都作了重大变动,由原章程的5章23条修改为8章48条。

第五届理事会第一次全体会议修改通过的新章程是我国社会团体规范化和法制化建设的成果,有助于规范自身行为,健全管理制度,保障会员权利,实现依法办会和民主办会,确保健康发展。其主要特点是:对团体的“非营利性”作了特别界定,要求学会必须遵守宪法、法律、法规和国家政策,不得违背社会道德风尚;内容更全面,规定更具体、细致,可操作性强;明确了“可接受政府委托进行的工作”;强调了学会的资产管理和使用原则,规定了终止程序及终止后的财产处理,体现了学会的公益性和群众性,保护团体和会员的利益。

会议期间举办了环境科技与发展报告会。邀请清华大学施汉昌教授作了《高新技术与环境保护》的学术报告;国家环保总局科技司余德辉司长做了《“十五”期间环境科技的发展趋势及主要任务》的专题报告。

同期,召开五届一次常务理事会议。聘任杨经纬(专职)、牛建华、甘泽广、何升韬、张云岗、孟广勤、高振宁等为学会专(兼)职副秘书长,研究了学会工作委员会、分会、专业委员会设置和调整的有关问题，研究了2001年的工作。

## 三、分支机构

在第五届理事会第一次全体会议期间，对分支机构建设的问题进行了认真讨论，认为分支机构是开展学会活动、联系会员、实现学会功能的重要载体，要把分支机构的工作作为组织工作的重要任务来抓；要加强对分支机构工作的研究，建立促使分支机构积极主动开展活动、实现自身功能的竞争机制，健全必要的规章制度和考评制度，实现动态管理；对分支机构的设置既要考虑传统的学科分类，也要适应科技与社会的发展与需求，在保持学会的科技型社团的属性的同时，也要更多地为实现科技成果的转化与应用服务。

2001年7月30日，民政部第23号令颁布《社会团体分支机构、代表机构登记办法》。2001年11月6日，中国科协发出科协发学字[2001]245号文《关于认真做好全国性社会团体分支机构和代表机构复查登记工作的通知》，部署了分支机构的复查登记工作，正式开始进行分支机构的复查登记工作。

2002年6月11日经民政部重新复查登记，中国环境科学学会22家分支机构重新获得批准证书。包括学术工作委员会、科普工作委员会、环境教育工作委员会、科技与产业发展工作委员会、国际交流委员会、咨询评估工作委员会和组织工作委员会共7个工作委员会；环境管理、环境工程、国防环境、环境影响评价、大气环境和自然保护6个分会；环境物理学、环境标准与基准、环境监测、环境医学、环境生物学、海洋环境保护、环境化学、环境地学和生态农业等9个专业委员会。

与此同时，中国环境科学学会还陆续提出了增设调整分支机构的提议，五届二次常务理事会同意新增设核安全与辐射环境安全专业委员会，将环境管理、经济与法学分会改建为3个独立的分支机构。以上提议加上原有一直处于申报待批状态的分支机构于2003年12月30日获民政部下发民社登(2003)第505号《社会团体分支机构登记通知书》批准，环境技术分会、水环境分会、绿色包装分会、环境法学专业委员会、固体废物专业委员会、核安全与辐射环境安全专业委员会和环境经济学专业委员会准予登记。这样，第五届理事会经民政部批准的分支机构设置为7个工作委员会、10个分会(其中一个在变更中)和13个专业委员会。

2003年3～12月，根据民政部的要求，上半年进行了分支机构复查登记。对各分支机构复查登记工作从政治方向、业务活动、财务管理和遵纪守法、规范名称等几个方面进行了自查。根据国家社团工作的要求，讨论研究了分支机构改革问题及修改现行分支机构管理办法，规范工作。

### 四、办事机构

不断提高学会专职工作人员的职业素质和自身在市场经济条件下的服务能力与水平，是事关学会生存与发展、实现全心全意为会员服务宗旨的前提。环境学会办事机构在组织建设上不断完善相关管理制度，进一步明确了部门职责分工，使日常工作制度化、规范化，提高了学会办事机构整体协调运转的工作效率。为了逐步解决学会秘书处人员年龄老化与知识层次结构不合理的问题，根据学会工作发展的需要，逐步转换用人机制，采取公开招聘方式，新增聘用了学历高、年纪轻的领导班子成员和工作人员，增强了办事机构的活力。

根据事业发展对办事机构的设置进行了调整。为了加强会员工作，实现把学会真正办成环境科技工作者之家的目标，增设了会员与网络部；为了落实《科普法》，发挥环境科普工作主力军的作用，增设了科普部；为了加强科技与产业的结合，促进科技成果转化和提供技术服务，调整设立了技术咨询与推广部。

改变工作手段，逐步加强电子化信息化建设。建立了中国环境科学学会网站，及时发布工作信息，同时还着手建立会员基础数据库，制作了“会员管理系统”和“学术论文库”，并开发了“学会专家人才信息库”和“科技成果库”系统，努力把学会网站建设成为环保科技工作者服务的重要窗口。开发建设了多个信息库，以现代化手段为会员提供服务。

## 第四节　第六届理事会的产生及组织建设

### 一、第六届理事会的产生

2005年5月27日，召开五届七次常务理事(在京)会议，专题研究学会理事会改选换届工作，讨论通过了《中国环境科学学会理事会换届改选工作条例》、《中国环境科学学会改选换届方案》、《关于新一届理事会设立理事单位的报告》等文件，确定了推荐理事及理事单位的原则和改选换届时间安排及步骤等。会后将改选换届方案报送中国科协。2005 年 6 月 7 日，中国科协发出《关于同意中国环境科学学会换届方案的批复》(科协学发[2005]054 号)文，批准了工作方案。随后秘书处正式发文组织进行理事候选人的推荐选举工作。在各地所推选出的理事候选人名单的基础上，经第五届第八次常务理事会(通讯方式)审议，提出了第六届理事会常务理事、副理事长、理事长和秘书长候选人名单。根据学会章程规定，理事会理事由会员代表大会选举产生。所以第五届理事会决定，在各地、各部门和各分支机构推荐的候选人经第五届常务理事会进行资格审议并通过后，将所有候选人名单及其个人简介提交第六次会员代表大会审议，最终以无记名投票和等额选举的方式产生第六届理事会。常务理事候选人从第六届理事中推荐产生；由第六届理事会全体理事以无记名投票和等额选举的方式产生。正(副)理事长、秘书长候选人从第六届常务理事人选中推荐产生，然后由第六届理事会全体理事以无记名投票和等额选举的方式产生。经选举产生的秘书长为专职，报上级主管部门批准同意后任职。

中国科协于 2006 年 6 月 14 日发出《关于同意中国环境科学学会召开第六次全国会员代表大会的批复》(科协函学字[2006]86 号)后，于 2006 年 6 月 24～25 日在北京举行了中国环境科学学会第六次全国会员代表大会。

## 二、第六次全国会员代表大会

会议得到了国家领导和有关部门的重视和大力支持。全国人大蒋正华副委员长、韩启德副委员长，全国政协阿不来提·阿不都热西提副主席以及姜春云、周光召、宋健应邀担任了名誉会长；毛如柏、解振华、邓楠、曲格平应邀担任了名誉理事长。姜春云到会接见与会代表并合影。全国政协副主席阿不来提·阿不都热西提、国家环保总局局长周生贤和中国科协副主席、书记处第一书记邓楠到会并讲话。出席大会的还有中科院副院长、科学院院士李家洋，国务院研究室党组成员宁吉喆，国家环保总局副局长祝光耀、王玉庆、吴晓青，中华环保联合会秘书长曾晓东，解放军总装备部科技委常务委员曹保榆等领导，中国环境科学学会顾问、中科院院士刘东生、谢学锦，工程院院士左铁镛、唐孝炎、魏复盛、郝吉明、王文兴、金鉴明、任阵海、金涌,以及著名专家朱坦等。

会议由第六次全国会员代表大会主席团主持。主席团成员有王玉庆、叶汝求、井文涌、刘昌明、任官平、朱坦、张远航、李家洋、陈复、陈吉宁、金相灿、郝吉明、唐孝炎、徐厚恩、舒惠芬、鲍强、魏复盛。任官平任秘书长。出席大会的代表共有 223 人,其中理事候选人 130 人,地方学会和分支机构代表 41 人,会员代表 43 人,特邀代表 9 人。叶汝求理事长主持会议。会议的主要内容是,听取并审议中国环境科学学会第五届理事会的工作报告;修改学会章程;聘任名誉会长、名誉理事长、顾问、名誉理事;选举产生第六届理事会、常务理事会、理事长和副理事长、秘书长;颁发第六届优秀环境科技工作者奖、第六届优秀学会工作者奖和第五届青年科技奖。会议期间还举行了第六届常务理事会第一次会议。

全国政协副主席阿不来提·阿不都热西提作为中国环境科学学会名誉会长为开幕式致辞。他指出,中国环境科学学会应进一步发挥科技社团的独特作用,当好党和政府联系环境科技工作者的桥梁和纽带,团结和依靠全体会员和广大环境科技工作者,不断提高自身的凝聚力和战斗力,为建设人与自然和谐相处的和谐社会作出新贡献。

国家环保总局局长周生贤作了“大力发展环境科技,不断提高环境保护水平”的重要讲话。他指出,中国环境科学学会第六次全国会员代表大会的召开是我国环境科技界的一次盛会。中国环境科学学会作为我国环境界历史最长、最具影响力的学术性团体,是推动环境保护事业发展的一支重要力量。他对学会的发展提出了四点要求:要充分发挥环境科学学会的桥梁和纽带作用,放开搞活;要深化改革和加强环境科学学会自身建设,外树形象;要充分发挥环境科技工作者的积极性和创造性,诚信创新;要加强对环境科学学会的领导和支持,多予少取。希望中国环境科学学会努力创建一流的学术团体,为推动我国环境保护事业的发展和科技进步做出积极的贡献。

中国科协副主席、书记处第一书记邓楠在开幕式讲话中代表中国科协向大会的召开表示热烈的祝贺,并希望中国环境科学学会加强自身建设,努力建设成为适应社会主义市场经济体制,符合科技社团活动规律,具有鲜明特色、充满生机和活力的现代科技社团,为推动解决资源环境问题贡献自己的力量。

会议选举产生了第六届理事会领导机构,聘任蒋正华、韩启德、阿不来提·阿不都热西提、姜春云、周光召、宋健为名誉会长;毛如柏、解振华、邓楠、曲格平为名誉理事长;选举王玉庆为理事长,宁吉喆、朱坦、张远航、李家洋、陈吉宁、金相灿、郝吉明、魏复盛为副理事长，任官平为秘书长；选举45人为常务理事；选举130人为理事。此外还聘任了第六届理事会顾问和名誉理事。

会议审议通过了《关于第五届理事会工作报告的决议》等6项决议。

与会领导和特邀嘉宾向124名第六届优秀环境科技工作者奖、32名第六届优秀学会工作者奖、50名第六届青年科技奖的获奖代表颁发了获奖证书。

在第六次全国会员代表大会闭幕式上，新当选的理事长王玉庆发表了讲话。他充分肯定了第五届理事会的工作并表示感谢。他特别针对环保工作面临的严峻形势，指出要想在比较短的时间里改善我国的环境质量，必须采用新的技术、新的方法、新的管理理念，站在一个更高的起点来推动环保工作。中国的环境科技工作天地广阔，环保科技工作者大有作为。王玉庆理事长要求新一届理事会要在过去工作的基础上，抓住环保事业大发展的历史机遇，为广大环保科技工作者大显身手、展示聪明才智提供一个大平台，担负起历史赋予中国环境科学学会的使命。

代表大会结束后召开了中国环境科学学会第六届理事会第一次常务理事会全体会议。会议由王玉庆理事长主持。重点通报2006年学会工作任务，讨论通过了《常务理事会议事规则》，听取了多位常务理事的发言。王玉庆理事长在讲话中对常务理事会的工作和对常务理事如何发挥好作用提出了具体希望和要求，希望新一届常务理事会为学会事业的发展起到切实推动作用。

第六届理事会的组成情况分析如下：

年龄结构：第六届理事会理事候选人平均年龄为50.26岁，最高年龄70岁，最低年龄39岁。55岁以下98人，占总人数的75.38%。

职称构成：第六届理事候选人具有副研究员和高级工程师等以上高级职称者113人，工程师7人，具有高中级职称者占总数92.3%。理事候选人中有中国科学院院士1人，中国工程院院士2人。

理事中有少数民族4人，民主党派7人，女理事14人。

理事中有第五届理事会理事36人；新当选理事84人，占新一届理事会总人数的72.3%。

理事来自120个单位，分布情况为：各省、自治区、直辖市及计划单列市35人；大专院校、科研院所31人；国务院有关部委13人；学会秘书处及各分支机构29人；特邀7人，其中香港2人；理事单位推选的理事候选人15人。

第六届理事会理事候选人也发生了较大变化，主要体现在年轻化和理事更换比例高。同时依然注意保留了一批老同志，以保证学会工作的连续性、权威性和稳步发展。会议还表示根据工作需要，对符合理事条件，又热心奉献的人员可以陆续按程序增补到理事会和领导机构中来。

这一届理事会改选换届的一个鲜明特点是依照章程规定，召开会员代表大会，由会员代表选举产生。

第六次全国会员代表大会对章程进行了修改。学会第五届理事会以来，国家的政治、经济和社会生活发生了深刻的变化。党的十六大提出了树立全面、协调、可持续的科学发展观和全面建设小康社会的战略构想；十六届五中全会和十届人大四次会议都明确提出了构建资源节约型、环境友好型社会的发展目标。这些都对环境学会的工作和学会建设提出了新的更高要求。中国科学技术协会印发的《全国性学会召开全国会员代表大会及理事会换届工作办法》第十四条规定“全国性学会章程应按照民政部《社会团体章程示范文本》、参照《中国科协章程》进行规范和修订”。新章程的修订就是按照以上要求进行的。新章程分为8章共57条，主要对结构、体裁、章节进行了较大调整，对部分文字进行了修改。新章程与原章程相比内容更全面，条理更清晰，规定更加具体、细致，可操作性强。2006年6月25日召开的中国环境科学学会第六次全国会员代表大会对学会章程进行了审议并通过实施。

## 三、第六届理事会第二次全体会议

为了发挥理事会的作用，中国环境科学学会于2007年11月21～23日，在天津召开了六届二次理事会全体会议暨六届三次常务理事会扩大会议。王玉庆理事长、朱坦副理事长、陈吉宁副理事长、金相灿副理事长，以及80多位学会理事参加了会议。朱坦等三位副理事长分别主持会议。天津市政府陈质枫副市长、国家环境保护总局科技司胥树凡助理巡视员到会并讲话。11家新闻媒体对会议进行了报道，并对部分理事进行采访。

会上，中国环境科学学会理事长、国务院第一次全国污染源普查领导小组办公室主任王玉庆同志，做了第一次全国污染源普查工作进展情况的报告。报告围绕普查工作的背景、目的、意义、任务、普查对象及内容、技术路线以及目前已开展的工作等方面进行了介绍。这个报告使到会理事对这项基础性、涉及长远的环境保护重大工程有了清晰的了解。

大会报告了《第六次会员代表大会一年多来的工作总结及2008年工作计划要点》，会议进行了讨论。同时就总结和计划中涉及的学术交流、环保产业、技术转化以及参与全国重点项目研究等方面提出了意见和建议。

大会进行了理事咨询建议工作。为了落实六次会员代表大会提出的“拟将一年一度的学会理事会会议办成高层次的决策咨询会议，为我国环境管理和政策制定建言献策”的要求，这次会议征集到理事咨询建议50余篇，其中包括环境管理、环境科技研究与发展、农村生态环境保护、环境与经济、环境与健康等多个方面。朱坦、金相灿、王金南、王灿发、胡敏、郭新彪等六位理事代表在大会上作了咨询建议专题发言，与到会理事进行了讨论与交流。这些建议被编辑为《中国环境科学学会第六届理事会第二次全体会议理事咨询建议汇编》正式出版。会后还将有关专项建议报送了国家环保总局和国务院有关部门参考。

会上还增选理事及常务理事，确定分支机构挂靠单位及负责人，研究了发展新理事的原则意见。

第六届常务理事会第二次会议2006年12月26日在北京召开。重点是总结2006年学会的工作，研究2007年的工作计划，特别是研究六届二次理事会筹备方案，审定分支机构调整方案、分支机构管理办法、分支机构重新申报登记管理办法等。

## 四、分支机构

第六届理事会要求对分支机构进行科学规划、合理设置和必要的调整，特别是要引进竞争机制和动态管理的方式筛选挂靠单位和负责人。为此，环境学会积极探索建立以竞争和流动为核心的分支机构动态管理模式。

组织工作委员会组织专家对分支机构工作进行研究，成立由各个领域具有一定影响力并热心学会工作的专家组成的分支机构建设专家工作组，对分支机构设置进行科学规划、合理设置，对分支机构的组织管理提出有效合理办法，特别是首先探索实施遴选承担分支机构挂靠单位的办法，提出了分支机构设置及调整的原则和具体调整意见，拟定了《中国环境科学学会分支机构调整方案》和《中国环境科学学会分支机构管理办法》。在六届二次常务理事会上，着重讨论了分支机构改革与调整方案，通过了《中国环境科学学会分支机构管理办法》、《中国环境科学学会同分支机构挂靠单位协议书》、《中国环境科学学会分支机构挂靠单位申报登记实施办法》,同意以公开征召的方式遴选分支机构挂靠单位和负责人。会议决定成立三个专家工作组,对申报单位相关材料及拟任负责人资格进行审议,向常务理事会提出审议意见。

2007 年 3 月 12 日发出了《关于公开征召中国环境科学学会分支机构挂靠单位及负责人》(中环学[2007]25 号)的通知。同时以电子邮件、电话联系以及在网站和《工作动态》刊登等方式进行发布,使社会广泛知晓。此举得到了社会积极反响,50 多家单位申报作为分支机构挂靠单位。其中主要是大专院校、科研院所,也有部分企业。六届二次常务理事会确定组织的三组专家对申报单位相关材料及拟任负责人资格进行了审议,经比较权衡,提出了挂靠单位及负责人的建议,提交六届二次理事会审议通过,决定了所设分会和专业委员会的挂靠单位及主任委员。

经中国科学技术协会和民政部审批,中国环境科学学会目前分支机构设置情况为:

7 个工作委员会,即组织、学术、科普、教育、科技与产业发展、国际交流和咨询评估工作委员会。

15 个分会,即环境物理、化学、地学、生物学、环境医学与健康、环境管理、环境经济学、环境法学、水环境、大气环境、固体废物、环境工程、生态与自然保护、国防环境和室内环境与健康分会。

13 个专业委员会,即环境影响评价、环境监测、环境标准与基准、海洋环境保护、生态农业、核安全与辐射环境安全、绿色包装、环境规划、持久性有机污染物、机动车(船)污染防治以及正在审批中的土壤与地下水环境、环境信息系统与遥感、植物环境与多样性专业委员会。

除了采用公开征召遴选分支机构挂靠单位和负责人,加强对分支机构的日常管理和建立考核办法,是实现常态化动态管理的必要手段。为此,重新修订了《中国环境科学学会分支机构管理办法》,并与挂靠单位签订协议书,对分支机构实行双重管理。要求分支机构加强工作规范性和计划性,认真制定年度工作计划,认真总结工作,积极发展会员,认真规范地组织开展活动等。同时年终将对分支机构进行考核评估。针对分支机构的组织建设、活动水平与质量、社会影响、经济实力等方面进行全面、客观的考核评估,主要内容包括:组织建设情况、学会活动情况、对会员的服务情况、完成任务情况、经济状况以及其他工作情况。考核评估结果将作为对分支机构挂靠单位动态管理的依据。

## 五、办事机构

2003年以来，随着时间的推移和形势的变化，为了适应学会工作和发展的新要求，学会办事机构作了新的、较大的调整。调整的主要指导思想和原则是：新机构设置必须适应市场经济的新形势和环境保护工作的新要求，体现学会“三主一家”(学术交流主渠道、科普工作主力军、对外民间交流主要代表，科技工作者之家)的职能和作用，能较好地满足当前和今后一个时期学会改革和发展的需要。具体意见是：一是要加强环保科普工作。根据新颁布的《科普法》和国家环保总局与科技部联合下发的《关于加强全国环保科普工作的若干意见》以及总局领导对学会科普工作的重要指示精神，学会承担着重要的科普任务，需要有专门的机构和人员从事这项工作；二是要加强发展会员和为会员服务的工作，这是学会存在和发展的基础；三是要加强网络信息化工作，这是借助现代信息技术建设现代化学会的必要条件。为此，新成立科普部和会员与网络部；将技术市场与信息部更名为技术咨询与推广部，并重新配置职能；2007年设立了环境损害鉴定评估中心。

目前中国环境科学学会常设办事机构为秘书处。秘书处的日常工作由秘书长负责，秘书长兼社团法人。

秘书处在秘书长领导下，负责学会重大活动的组织实施和办理日常事务。学会秘书处下设办公室、学术交流部、《中国环境科学》编辑部、科学普及部、技术咨询与推广部、国际联络部、会员与网络部和环境损害鉴定评估中心。各部(室)的主要职责如下：

(1) 办公室(人事处、财务处)，负责学会秘书处的日常行政、财务、后勤保障和安全保卫工作。

(2) 学术交流部，承担学会学术工作委员会的日常工作，负责学会的学术交流、编辑学科发展年报、科技评价和环境科技奖励等工作。

(3)《中国环境科学》编辑部，负责编辑出版《中国环境科学》杂志和优秀论文的评选工作。

(4) 科学普及部，承担学会科普工作委员会日常工作，负责学会的环境科普工作。

(5) 技术咨询与推广部，承担学会科技与产业发展工作委员会和咨询评估工作委员会的日常工作,负责学会开展的技术咨询、评估与环保科技成果应用推广工作。

(6) 国际联络部,承担学会国际交流工作委员会的日常工作,负责归口管理学会国际联络与外事活动,组织开展学会国际交流与合作。

(7) 会员与网络部,承担学会组织工作和教育工作委员会的日常工作,负责会员、理事会、常务理事的联系服务,负责对学会各分支机构的管理和与地方学会的联系,负责组织优秀环境科技工作者奖、优秀学会工作者奖、青年科技奖的评审工作,负责学会网站的开发和维护运营。

(8) 环境损害鉴定评估中心,组织开展环境损害及环境健康等方面的科研、调查、评估鉴定和标准规范等工作,承接社会委托开展环境损害鉴定评估与咨询服务。

# 第四章　学会的基本职能和主要工作

中国环境科学学会创建30年来，坚持了科技社团的群众性、学术性和公益性的基本属性。在促进环境科技学术交流、科学普及、科技咨询服务、刊物出版、举荐人才和国际合作与交流等活动中，发挥了重要而独特的作用，取得了较大成绩。作为环境科技工作者之家，努力为广大会员服务，发挥了党和政府联系环境科技工作者的纽带和桥梁的作用。

## 第一节　学术交流

### 一、学术交流的作用、原则和方向

学术交流是中国环境科学学会作为一个科技社团主要的一项社会职能。从科技社团本身发展的角度来讲，学术交流是学会进行学术建设、推动学科发展的主要手段，这是一个学术社团有别于其他社会团体的明显的特征。

不同于其他基础性学科，环境科学是一门跨领域、跨学科的交叉应用学科。环境学科的发展更偏重于为社会解决实际环境问题，为政府的环境保护决策和管理提供咨询服务。成立30年来，中国环境科学学会在开展环境科学的学术交流活动中紧密围绕国际环境科学发展前沿和我国环境问题的实际需求，从环境保护的新理念、环保的法律和政策、环境管理的原则与方法、污染防治技术和生态保护技术，开展多层次的学术活动。通过学术活动，集中广大科技人员的智慧，认真总结实践中的经验教训，进行理论研讨，找出规律性的东西，注意防止纯学术讨论的倾向，为解决实际问题提出方向性的建议。与此同时也活跃了学术思想，推动了环境学术研究和学科发展。此外，也通过举办综合性的学术交流活动，发挥学会跨学科、跨部门、横向联系广泛、人才荟萃的优势，实现学术交流活动为政府决策科学化和民主化服务的职能，使学会真正起到科学智囊团的作用。

在学术讨论中，学会坚持“双百”方针，实事求是，发扬学术民主，提倡不同

学术观点的争论和探讨，活跃学术气氛，树立理论联系实际的学风。

在学术活动中，学会注意推广和传播先进的环境科学技术，促进科学技术转化为生产力，努力提高学术交流活动水平与社会、经济效益。

学会把学术交流活动和发现、培养优秀人才有机地结合起来，有方向、有意识地为优秀中青年科技工作者提供讲坛，培养学科带头人和学术的前沿接班人。

学会充分发挥各学术分会和专业委员会的积极作用，重点培育和保证重点学术交流项目。

学会把学术交流活动和学术成果的整理、收集结合起来。在每个学术会议之前对所征论文进行精选，争取编印成论文集并归档保存。

学会把学术交流活动和学报编辑出版工作结合起来。《中国环境科学》编辑部工作人员直接参加重要的学术交流活动，及时完成优秀论文的征稿工作，以扩大学术领域的信息交流。

通过近30年学术交流活动实践，中国环境科学学会也逐步确立了开展学术交流活动的几个主要的方向：

首先，是结合国情，正确选题，紧密围绕我国面临的主要环境问题开展学术交流活动。当前即围绕着“环境与发展”这个主题，从理论上、工程技术上、管理科学上开展工作，以促进我国环境科学技术和环境保护事业的发展，并为国家制订政策和规划真正起到咨询和参谋的作用。

其次，是为推动建立具有中国特色的环境科学体系开展学术交流活动。具有中国特色的环境科学体系突出特点是，更加强调环境科学的研究要从科学技术、经济和社会三方面通盘考虑，进行综合研究。要结合国情和环境保护事业发展的实际，以期花最小的代价解决环境问题，求得经济的持续发展。环境科学的发展，要求学会的学术交流活动不断深化和改进，不断适应客观发展的需要。

第三，学术交流要具有超前性、预见性，坚持为决策科学化服务。环境保护工作的深入开展，要求环境科学技术必须走在环境保护工作的前面，为环境保护事业服务。要提高学会作为政府决策参谋和助手的水平，除了对政府已经作出的决策开展论证外，还要以超前的科研和论证去协助政府做出正确的科学决策，这是今后深化和改进学术交流工作的方向。要做到这一点，就需要在结合重大国情问题开展研究的同时，根据我国环境保护事业的近期和长远规划，密切与决策部门的合作，加强综合性交叉学科的研究活动，作好学术交流项目的选题，并注意开好重点课题的系列会议，以扩大学术会议的成果，更有效地为政府决策服务。

学术性是学会最鲜明的特点之一。学会在开展学术交流活动、发挥咨询参谋作用时，一定要体现科学性，提出的成果和意见要有科学依据，经得起推敲和历史的验证。

第四，把环保科技成果的推广、应用，作为学术交流活动的重要内容。根据国家经济建设和环境保护工作发展的要求，促进科学技术向生产力尽快转化是学会工作的主要任务之一。为此，学术交流要重视交流治理技术、生态技术的研究成果，互通信息；开展技术合作，合作开发，合作生产，加强技术研发单位、设计施工单位及应用单位的联系，为最佳实用技术和装备的推广、使用创造条件。

作为环境界开展学术交流的主渠道，中国环境科学学会在过去的30年里，团结和依靠学会会员和广大环境科技工作者，总会和分支机构都能积极围绕我国环境科学的前沿和我国环境保护的实际需求开展活动，组织国内学术活动约700多次，参加活动约4万多人次，交流论文3万余篇。

## 二、举办综合性学术年会

中国环境科学学会首届学术年会是在1984年底举办的。从1985～2001年，考虑到这一时期各环境学科建设正处于从无到有、不断发展壮大之中，学会没有再以年会的名义举办过大型的综合性学术研讨会，而是根据各学科发展的不同情况和环保工作的实际需求，开展形式多样的学术和技术专题研讨交流。

进入新世纪以来，随着中国经济的飞速发展，环境和能源问题日益成为经济持续增长的约束。国家提出了以科学发展观为指导，全面推进构建资源节约和环境友好型社会的发展战略，环境保护工作受到了前所未有的重视。中国环境保护事业发展的新形势给中国环境科学学会在推动“科技兴环保”方面提出了新要求。中国环境科学学会决定从2002年开始恢复年会制度。希望通过年会这个平台，发挥多学科、跨行业的科技优势聚集环境科技领域人才智慧，为国家解决环境保护实际问题出谋划策，提供科学的咨询意见。与此同时，也寄希

望能将年会打造成为学会学术交流的高端品牌，重塑中国环境科学学会的学术地位，吸引环境科技领域的著名科学家、学科带头人和高端科技人才积极参与，推动环境科学的发展。从2002年以后，每一届的年会都紧密围绕环境科学发展前沿问题和国家环境保护的重点工作，以及当前热点环境问题进行了精心设计、筹备组织，并邀请了国家领导人、相关政府部门领导，以及包括两院院士在内的高层专家参会并作大会发言和专题报告，每届年会规模都超过500人。以下简单介绍一下各界年会的基本情况：

1. 中国环境科学学会首届学术年会

1984年底，中国环境科学学会举办了首届学术年会。这次综合性学术会议是对学会成立5年来我国环境科学研究和学会工作的一次检阅，是第一次全国环境科技工作者的盛大聚会。

会议期间，李鹏同志接见了部分到会代表和外国专家，并作了重要讲话。联合国环境规划署助理执行主任戈鲁比夫、国际水污染研究和控制协会副主席松本顺一郎教授等外宾参加了会议。年会共收到论文和研究报告644篇，会后编辑出版了《中国环境科学学会首届年会论文集》。学术论文交流的内容涉及到环境战略、环境化学、环境地学、环境物理学、环境生物学和环境医学等多个学科领域，标志着我国的环境科学研究取得了长足的进展，进入了一个新的阶段，对发展具有中国特色的环境科学起到了积极的推动作用。主要表现在：①我国的环境科学已从过去的水、气、渣和噪声等单项治理技术的研究进入到从整体上研究解决经济社会发展与环境保护的关系；②结合我国环境问题的实际，开展了环境科学基础理论和应用技术的研究；③重视了环境管理的研究，在我国环境保护战略、环境技术政策、经济政策、计量及立法等领域取得了一批研究成果，对探索具有中国特色的环境保护道路，起到了积极的作用。

2. 中国环境科学学会2002年学术年会

2002年学术年会于12月10～11日在北京召开，会议的主题是环境安全与可持续发展。全国政协副主席、中国环境科学学会名誉会长赵南起发来贺电，全国政协副主席王文元、国家环境保护总局副局长祝光耀、中国科协书记处书记冯长根出席大会开幕式并讲话。全国人大环境与资源保护委员会主任委员曲格平、中国工业经济联合会会长林宗棠、清华大学钱易院士、北京大学唐孝炎院士、中国工程院王文兴院士、中国工程院冯宗炜院士、中国科学院徐晓白院士、中国工程院潘自强院士等分别作了主旨报告，国务院参事、学会理事长叶汝求主持了开幕式。会议收录论文130多篇。会议期间同时举办了“人类历史上最大灾难BHOPAL事件”国际摄影展。

3. 中国环境科学学会2003年学术年会

2003年学术年会于12月6～7日在湖南长沙召开，会议的主题是走新型工业化道路，实现可持续生产与消费。会议由湖南省人民政府、国家环境保护总局、联合国环境规划署和中国科学技术协会联合主办，中国环境科学学会和湖南省环保局承办。全国政协副主席张怀西，中国科协主席、原全国人大副委员长周光召，国家环境保护总局副局长王玉庆，湖南省人民政府副省长于幼军，全国人大环资委副主任钱易院士，联合国环境规划总署驻华代表处主任夏堃堡，巴黎办公室、亚太办公室的官员等出席了会议，并发表了主旨演讲。另外，国际环保领域的其他官员和知名专家20余人，国内环保方面的院士和专家近30人在会议上作了主旨发言，会议收录论文140余篇。

4. 中国环境科学学会2004年学术年会

2004年学术年会于9月23～24日在辽宁省沈阳市召开，会议的主题是发展循环经济、落实科学发展观。九届全国人大副委员长布赫、国家环境保护总局副局长王玉庆、中国科协副主席左铁镛、辽宁省副省长李万才等领导到会并讲话，东北大学陆钟武院士、中科院孙铁珩院士、清华大学金涌院士等作了主旨报告。会议收录论文300余篇，由中国环境科学出版社出版发行。

5. 中国环境科学学会2005年学术年会

2005年学术年会于6月4～5日在北京召开，会议的主题是“十一五”中国环境保护与经济发展。会议支持单位是联合国环境规划署、全国人大环资委、国家环境保护总局、中国科学技术协会。全国政协副主席阿不来提·阿不都热西提、中国科协主席周光召、国家环境保护总局局长解振华、国家环保总局副局长王玉庆、全国人大环资委副主任钱易院士、联合国环境署驻华代表邵雪民出席大会开幕式并致辞。中国环境科学学会副理事长刘昌明院士、中国工程院陆钟武院士、中国环境监测总站魏复盛院士、中国科学院生态环境研究中心徐晓白院士、中国工程院任振海院士、清华大学中国国情研究中心主任胡鞍钢、天则经济研究所常务理事茅于轼、北京奥组委环境部部长余小萱等作了主旨报告。会议包括1个主会场和7个分会场。会议共收到论文1 000余篇，择优录取500余篇，并由中国环境科学出版社出版发行。

2005 年 6 月，阿不来提·阿不都热西提副主席(右 2)、
周光召主席(右 1)、解振华局长(右 3)参加 2005 年中国环境科学学会学术年会

6. 中国环境科学学会 2006 年学术年会

2006 年学术年会于 7 月 7～9 日在江苏省苏州市召开，会议的主题是建设资源节约型环境友好型社会。九届全国人大副委员长姜春云为大会发来了贺信，总局副局长王玉庆、江苏省人民政府副省长仇和、曲格平、国务院参事叶汝求、总局科技司司长赵英民、总局核安全司司长王俊副、科技部发展司副司长孙洪、苏州市副市长谭颖等主要领导和中国工程院蔡道基院士、张懿院士、郝吉明院士等专家出席会议，并作了主旨报告。会议共收到论文 1 700 余篇，审查后收录 800 余篇，并由中国环境科学出版社出版发行。会议由 1 个主会场和 9 个专题会场组成，共有来自全国各省、自治区、直辖市的环保部门、高等院校、科研院所和企业界的 700 余代表参加研讨。最终形成了会议总结和专家建议，并报送到国家相关部委。

7. 中国环境科学学会 2007 年学术年会

2007 年学术年会于 5 月 24～25 日在北京召开，会议的主题是"十一五"环境保护科技创新。全国人大副委员长蒋正华、国家环境保护总局副局长吴晓青、中国科协副主席符淙斌出席大会开幕式并致辞。会议由中国环境科学学会理事长王玉庆主持。中国工程院院士钱易、中国工程院院士魏复盛、中国工程院院士李文华、中国科学院院士陆大道、国家环境保护总局科技标准司司长赵英民等出席了会议开幕式并作了大会主旨报告。会议共收到论文近1 200篇，审查后收录500余篇。并由中国环境科学出版社出版发行。会议由1个主会场和5个专题会场组成。最终形成了会议总结和专家建议，通过国家环境保护总局以专报信息报送国务院。曾培炎副总理在该建议上批示：对氮氧化物排放快速增长的趋势以及给人类和环境带来的危害不可小觑。要进一步加强排放和监测的研究，条件成熟时应把实施总量控制提到日程上（抄发改委、环保总局）。

8. 中国环境科学学会2008年学术年会

2008年学术年会于5月29～30日在重庆召开。会议的主题是节能环保与可持续发展。环境保护部党组成员祝光耀，全国政协人口环境资源委员会副主任、中国环境科学学会理事长王玉庆，重庆市副市长周慕冰，张全兴院士，蔡道基院士和任阵海院士等出席会议并分别作了主旨报告。会议共收录论文500多篇。参会代表500余人。会议期间，召开了四川汶川地震灾区环境保护与灾后重建专题研讨会，并形成专家建议报送国家相关部委参阅。

2008年中国环境科学学会学术年会在重庆召开，祝光耀副部长在开幕式上致辞

总体来看，经过多年的培养，学术年会越来越受到国家环保部门和政府其

他部门的重视，越来越受到广大环境科技人员的欢迎和社会各界的支持，年会的组织水平、学术交流水平不断提高，影响也越来越大。

### 三、围绕国内重大环境课题的研究举办专题系列研讨会

#### 1. 举办环境经济与区域发展系列专题讨论会

1982年7月，中国环境科学学会、中国自然资源研究会、中国地理学会、中国生态学会和中国国土经济学研究会等5个学会，受国家计委国土局的委托，在北京联合召开了国土整治战略问题第一次讨论会。来自地理学、动物学、土壤学、林业学、水生学、沙漠学、环境学、水利学、经济学的中老年学者以及地质、交通、海洋、电力、煤炭、农林等部门的专家，就我国国土整治的方针、任务、本世纪内达到的目标以及需要抓的重大整治项目，展开了认真的讨论。会议认为，国土整治是关系到"四化"建设、关系到子孙后代的大事，必须有一个适合国情、符合全局和长远利益的总体设想，以利调动各方面的积极因素，有目的、有步骤地逐项实施。会议综合专家的意见，认为国土整治总的战略任务就是要充分而有效地开发利用全国的自然资源和社会资源，合理配置人口和生产力；处理好人与自然的关系，协调适合经济发展与自然资源、生态系统和环境保护的关系；建立有利生产、方便生活、城乡协调的生态系统，良好的生活和生产环境。这次由5个学会联合召开的国土整治战略讨论会是首次以学术讨论的方式，为国土整治献计献策。会议将讨论的成果和意见整理成书面意见，提交有关部门研究、参考。这次会议也是一次促进国土研究与整治相结合、科学技术与社会经济相结合的会议。

1983年12月，中国环境科学学会和中国科学院环委会联合召开了"全国环境背景值和环境容量学术讨论会"。会议认为，环境背景值和环境容量研究是实用性很强的应用基础研究，必须面向国民经济建设和社会发展，必须纳入国民经济计划的轨道。因此在课题的总体设计中，要从整体和全局出发，要从宏观和战略上来考虑。与会代表建议，希望国家有关部门继续把环境背景值和环境容量的研究列入国家重点科研项目，进一步组织全国有关部门的环保科技力量，协作攻关，继续进行全国性的研究工作。由于这一课题研究中的分析测试精度要求高，建议国家适当引进必要的仪器、设备。会议还提出，环境背景值和环境容量的研究，应进行全面规划，统筹安排。根据我国各地自然环境条件，既

要考虑到不同学科和专业分工，同时各学科间又要协同工作，进行综合研究，尽快弄清我国的自然环境背景值和环境容量，使之对经济发展和社会发展提供有价值的信息与依据。

1986年3月，召开首届“区域环境影响评价”研讨会。随着我国经济建设的需要和环境管理工作的深化，环境影响评价研究也在不断的发展，区域环境影响评价已引起人们广泛的重视。中国环境科学学会环境质量评价专业委员会连续召开了三次区域环境影响评价专题学术会。在第一次专题学术讨论会上就指出：我国目前开展的环境影响评价，多数着重建设项目的环境污染影响，应在逐步开展区域性和生态方面环境质量评价研究所做的探索性工作的基础上，把重点放在区域环境评价方面。

1987年6月，召开的“区域规划与区域环境影响评价学术会”建议：为了有效地控制区域性的环境污染，实现污染物总量控制的原则，应该把单项工程环境影响评价与区域环境规划、区域环境影响评价结合起来进行。为开展区域规划与区域环境影响评价的研究，应选择几个有代表性的区域进行试点，以期取得经验，向全国推广，为区域环境影响评价制度化创造条件。第一个区域环境评价的试点工作在甘肃省白银市进行。

1989年4月，召开的“白银市中心区域经济发展环境对策研讨会”，热烈地讨论了北京师范大学、甘肃省环保所和白银市城建环保委员会编写的《白银市中心区经济发展的环境对策研究报告》，为探索我国现阶段社会、经济和环境协调发展的可行途径，做出了努力。第二个区域环境评价试点选在福建省湄州湾。

1990年1月，召开的“湄州湾区域环境评价与规划学术讨论会”对“湄州湾新经济开发区环境规划综合研究”课题所拟建的多项子课题研究进行了广泛的研讨，并认为，随着对进行建设项目环境影响评价所存弊病认识的提高，在正反两方面的经验教训中，已经对要不要做区域环境评价的问题做出了肯定回答。今后的问题是要配合国家环境保护局尽快制订区域环境评价的有关规定和技术规范，把区域环境评价纳入管理制度，全面开展区域环境评价工作。

2004年2月，召开了“西部经济发展与环境保护——百千万人才工程学术技术专题论坛”。

2004年2月，召开“西部经济发展与环境保护——百千万人才工程学术技术专题论坛”
（前排左起第5人起依次是：王文兴、刘昌明、刘宝珺、汤鸿霄、钱易5位院士）

2. 举办农村发展与环境问题系列专题研讨会

三中全会以来，农村经济有了很大的发展，特别是乡镇企业的发展使农村经济结构发生了深刻的变化。“生态农业”是我国农村近期出现的按照自然规律和经济规律经营的农业生产的新形式，是一条比较适合国情的逐步实现农业现代化的路子。另一方面，乡镇企业中污染严重的行业与农业生产本身造成的污染使农村生态遭受破坏。如果不及时处理好农村经济发展与环境保护的关系，势必造成农村生态的不断恶化而最终阻碍农村经济的持续发展。中国环境科学学会从1986年起就我国农村发展与环境问题这一大课题召开了系列研讨会，收到了较为显著的效果，得到中央领导和有关部门的重视。

中国环境科学学会理论专业委员会和江西省环境科学学会于1986年6月联合在宜春市召开了全国乡镇企业经济发展与环境保护“三效益”统一学术研讨会。会议就我国乡镇企业主要环境问题、当时所处的状态、如何从环保政策上引导我国乡镇企业健康发展以及对乡镇企业进行“三效益”分析等问题做了初步的探讨和交流。会议认为，必须正确引导乡镇企业选择合理的行业，使之做出正确的经营决策。在宏观对策上，要拟定地区的区域经济发展规划，其中要作好乡镇企业短期和中期的发展规划。其次要区别工业门类，控制重污染型行业发展，努力发展劳动密集型和资源密集型产业，避免能源消耗高、运输量大、污染严重的行业。对小煤窑、小土焦、小硫磺矿要从政策上严加限制。对乡镇企业除了在行政手段上加强管理外，在技术上要扶持、鼓励实用技术下乡。在微观对策方面，一是充分发挥自然的净化能力；二是废物资源化，开发利用进行再生产;三是母厂带子厂,实现环保一体化;四是发展小型“三废”处理装置,为乡镇企业的中长期发展创造条件。

1986 年 11 月,由中国环境科学学会倡议,与中国农业环保协会、中国生态学会、中国生态经济学会联合在江苏省扬州市召开了“全国农村发展与环境问题学术讨论会”。来自全国 24 个省、市、自治区的科研、教学、管理、业务等部门的科技工作者以及新闻单位的代表出席了会议。会议围绕“生态农业”、乡镇企业、农业资源的开发利用和农村环境建设等内容进行了研讨。为了进一步加强这一课题的研究,中国环境科学学会与国家环境保护局于 1989 年 3 月联合召开了“全国乡镇企业污染对策研讨会”。会议从战略的高度,开展了全方位的对策研讨,对我国乡镇企业发展和环境保护的形势作了估计,并从国情出发,提出了会议的重要成果——《建议书》,供有关决策部门参考。中国环境科学学会根据会议及《建议书》的主要精神,给国务院环委会主任宋健同志呈送了一封信,强调指出我国正面临全面治理、整顿和深化改革的形势,而乡镇企业本身的发展也普遍面临着能源、原材料和资金的短缺。面对以上的新情况,又因乡镇企业高速度发展带来的重大环境问题,应当通过“经济结构调整”予以区别对待而不搞“一刀切”的治理和整顿。主要应该是对那些重污染,布局不合理,物耗、能耗高又无治理能力的乡镇企业,采取果断措施,予以关、停。这些观点同以后中央有关决策部门提出的控制乡镇企业污染重大决策方针是相吻合的。《建议书》受到国务委员宋健的充分肯定,并作了重要批示:“大部分意见是立即可行的,并感谢中国环境科学学会对治理乡镇企业污染,整治农村经济秩序所做出的正确分析和所提建议。”这次学术研讨会具有决策管理和科学研究相结合、中央部门和基层单位相结合的特点,是学会成立以来广开言路,从不同角度为政府部门决策科学化民主化服务的典型事例。

*3. 举办环境管理系列研讨会*

为响应党中央关于开发大西北的重要指示精神,1984 年 9 月,学会理论专业委员会联合新疆环境科学学会,在组织专家、学者对当地进行认真考察的基础上,召开了“干旱、半干旱地区环境战略科学考察和学术讨论会”,就新疆地区的水资源开发、保护和利用,生态建设,城市环境建设等提出了具体的决策咨询建议。

1986 年 7 月,中国环境科学学会与内蒙古环境科学学会联合召开的“草原环境保护学术讨论会”,对控制草场沙化、退化,地下资源、能源的开发利用与草原保护,草原生态的监测和评价方法以及草原类型自然保护区的建设与管理等

方面的内容提出了全面的咨询建议。这些建议都受到了当地环境管理部门的重视,对加强环境保护和环境建设发挥了很好的作用。

在改革、开放、搞活的形势下,开展环境目标管理具有十分重大的意义和作用。它有利于实现环境管理的定性与定量的统一,使之规范化、制度化。为了加强这一课题的研究,国家环境保护总局,中国环境科学学会环境管理、经济与法学分会,国家环境保护局,辽宁省环保局和沈阳市环保局及其环境科学学会联合于 1987 年 9 月召开了“环境目标管理研讨会”。会议就环境目标管理的概念、内容、目的、意义和作用,环境目标管理的体系、程序和方法,环境目标管理的支持和保证系统几个方面进行了研讨。会议提出:环境目标管理是在指标管理的基础上发展起来的新的管理方法,其主要特点是在一定时空限度内为实现定量的环境质量目标、以责任制形式层层落实并具有相应的支持和保证系统的管理过程。为了推动这一课题的研究和实施,会议向国家、地方和综合计划部门提出建议:尽快把环境目标和实现这一目标的投资措施纳入社会经济发展的整体计划并进行监督考核。这次会议对环境目标管理的理论建设和方法进行了初步探索。为在全国第三次环境保护会议上推出的中国环境管理“新五项制度”中的“环境目标责任制”和“城市环境综合整治定量考核制”打下了基础,对形成“中国环境管理制度体系基础框架”,探索和确立我国新时期环境总体战略思想体系和进一步强化环境管理,把握我国未来环境保护事业的发展方向做出了贡献。

1988 年 1 月,组织召开了环境科学研讨会第一次会议,探讨了环境科学的内容、研究领域及发展方向,提出了环境科学只有把有关自然科学和社会科学紧密结合起来,进行综合性研究、探索,才能进一步得到发展,才能满足我国社会经济发展的要求,促进经济建设与环境保护的协调发展。

征收排污费,是法律规定的一项强化环境管理的重要经济手段。1988 年 12 月,由中国环境科学学会和国家环境保护局联合召开了“环境经济学术研讨会”。会议重点研究讨论了我国实行排污收费制度的理论和实践问题,并对这项制度的改革提出了具体的建议。

1997 年,举办“全国首届污染物总量控制学术研讨会”,探讨了实施总量控制政策理论及实际操作问题。

1998 年,学会与中国科学院生态环境研究中心合作,召开了“中国大气污染防治政策研究研讨会”。在国家环保总局污染控制司的主持下,与会专家就我国当前大气污染防治政策和措施提出了咨询意见和有关对策建议。

1999年，召开了“淮河流域水污染防治高级研讨会”。与会专家们既肯定了淮河流域水污染防治工作取得的突出成绩，也指出要充分认识实现淮河水体变清目标的艰巨性和复杂性，并提出了应及时采取的若干紧急措施的建议方案。

为了加大推行清洁生产的力度，吸收国内外先进经验，尽快在我国建立完善的清洁生产管理体制和实施机制，切实为工业污染源稳定达标排放和总量控制目标提供服务，中国环境科学学会、国家清洁生产中心和北京建达咨询有限公司共同联合在昆明召开“全国清洁生产研讨会暨全国清洁生产网络99年会”。会议研讨了推行清洁生产过程的若干政策问题，清洁生产在“一控双达标”中的作用，清洁生产的审核、宣传与培训，清洁生产的评定以及国内外清洁生产的现状和发展趋势等。

1999年6月，由国家环保总局科技标准司主办，中国环境科学学会承办了“环境保护市场化暨环保设施运营企业化管理高级研讨会”，全国政协副主席、九三学社中央常务副主席王文元，国家环保总局局长解振华，全国人大环资委主任委员曲格平以及国家环保总局副局长宋瑞祥先后在开幕式上发表了讲话。全国著名经济学家于光远等做了讲演。与会代表就会议主题“环保市场化与环保设施运营企业化管理”的有关问题展开了研讨，还指出在推进环境保护市场化的进程中应该注意解决好的问题。

2003年，为抗击“非典”，学会及时召开了“防治‘非典’与环境保护专家座谈会”，向国家环保总局和中国科协提交了“防治‘非典’与环境保护专家座谈会专家建议”，并且牵头与中华医学会等国内32家非政府组织联合发出《移风易俗，倡导生态文明》的倡议书。其后还举办了系列活动。为此环境学会分别荣获“抗击‘非典’先进全国性社会团体”及“防治非典型肺炎先进学会”荣誉奖状。

4. 积极参与有关全球环境问题的学术研讨会

1990年4月，中国环境科学学会在中国科学技术协会工程学会联合会的倡议下，与中国轻工协会、中国化工学会、中国制冷学会联合在青岛市召开了我国首次“限制和禁止使用CFC类物质的技术研讨会”。全国化工、轻工、机电、航空航天、商业、矿业、环保等行业与大专院校、科研、设计院所及解放军等116个单位和166名专家、学者和科技人员出席了研讨会。应邀出席会议的还有美国环保局、杜邦公司、英国ICI化工公司、联邦德国MBB公司、日本综研化学株式会社等单位的国外专家。会议广泛地汇集并交流了国内外有关CFC问题的最新经济、科技信息，并就我国限制和禁止使用CFC类物质的相应技术对策进行了

认真的探讨。这次会议的特点是参加单位的代表面广泛，为当前我国 CFC 替代物的生产、研制开阔了新的信息渠道，增强了控制 CFC 类物质的紧迫感，并普遍提高了环保意识。

5. 举办全国环境科学研究生学术讨论会

中国环境科学学会在老一辈环境科学专家、学者的大力支持下，先后举办了第一、二届全国环境科学研究生学术讨论会。会议论文大多数为研究生的学位论文，具有较高的学术水平。

首届全国环境科学研究生学术讨论会于 1986 年 8 月在清华大学举行。来自全国 10 个省、市、自治区的 150 多名代表参加了大会。代表包括 1978 年以来的历届研究生。清华大学研究生院院长吴佑寿，老一辈科学家陶葆楷、顾康乐、李苏及一些研究生导师出席了大会并讲了话。这次学术讨论会的代表的平均年龄只有 29 岁，学术思想十分活跃。会议期间，代表们就环境科学的基础理论、应用、经济与法学以及管理体制等多方面共同关心的问题展开了广泛深入的讨论，并在不少问题上取得了一致的意见。

1988 年 8 月在上海召开的第二届全国环境科学研究生学术讨论会围绕着“中国环境的现状与未来”这一主题，采用专业学科和混合学科分组交流的形式，进行了广泛的研讨，并对中国环境保护的关键在于加强管理，加强环境教育，加速人才培养，加强环境立法、执法以及必须协调发展环境科学的基础学科与应用学科之间的关系诸方面取得了比较一致的看法。

## 四、召开环境保护应用技术研讨会，促进科学技术尽快转化为生产力

环境保护产业是解决环境问题的物质和技术基础，有计划地发展环境保护产业的“硬件”和“软件”既能提高环境保护设施和服务的质量，提高环境保护投资效益，又能引导各行业积极参加环境保护工作，其意义是十分深远的。

环境科学学会和中国环境保护工业协会于 1989 年 10 月联合召开了“中国环境保护产业发展趋势研讨会”。这次研讨会是在国务院颁布了《关于当前产业政策要点的决定》和第三次全国环境保护会议提出发展我国环境保护产业之后召开的。会议中心议题是讨论我国环境保护产业现状和发展趋势，引导环境保护产业健康发展。对我国环境保护产业的战略对策提出了在继续强化环境监督管理的同时，狠抓环境保护产业的发展，促进环境管理、环境科学技术与物质手段

的有机结合，把环境保护产业作为我国工业、农业现代化的重要组成部分等若干建议。会议对促进环境保护技术成果向现实生产力的转化做出了积极努力。

1991年4月，学会在北京召开了"第一届环境污染治理技术、生态技术应用研讨会"。参加这次研讨会的有来自全国23个省、市、自治区在环境保护、医药卫生、能源、冶金、化工、交通、机械电子、轻工、纺织、建筑、航空、航天、物资、军工等部门和系统的专家、教授、经理、厂长及科技人员。研讨会以应用技术为主，主要涉及造纸废水治理技术、高浓度有机废水处理技术、印染废水处理技术、烟气脱硫技术、废渣综合利用技术、噪声减振和隔振技术、汽车尾气和大气污染治理技术及农业生态技术等。会议交流的应用技术反映了国内各部门近期在环境领域的研究成果和在治理环境污染方面的主要经验和技术进展，大部分研究成果已取得国家专利和国家、省、市及部门的奖励。团体会员单位河北省沧县科研所研制的"晶体管高压静电除尘技术"，山西省长治市爱民砖厂的中国新型建材"爱民砖"，核工业总公司苏州国营二六七厂研制生产的"WGY－SI型数字荧光测汞仪"以及"WFX－HI型原子吸收分光光度计"等环保技术、仪器深受与会者的欢迎。

为了研究和推广二氧化硫治理技术，在国家环保总局有关业务司的指导和支持下，中国环境科学学会自1995年以来，先后举办了11次"全国二氧化硫污染防治技术研讨会"。会议期间同时进行了技术与产品展示活动。上述会议的召开对加速我国二氧化硫污染治理技术的发展和两控区污染的控制起到积极推动作用。

"九五"期间，学会还先后组织了两次全国性的"固体废物处理技术交流会"，与会代表介绍了经济、实用、符合我国国情的固体废弃物处理技术和综合利用技术，受到了有关部门的关注。

学会环境工程分会与金属学会联合召开的"电炉除尘会议"，事先曾组织人员调查了100多个工厂，将技术问题进行了归纳，并根据实际问题有针对性地提出建议，既推动了污染治理，又提高了学会信誉。

### 五、学术交流活动推动环境学科不断发展

上述各类学术交流活动，都在不断推进着环境科学的学科发展。尤其是各分支机构开展的专题性学术交流活动，是进行同行交流、共同研究、同行认可的交流平台。环境科学学会创建伊始，是以环境化学、地学、声学、医学、生物学、

大气学等基础学科为主的11个专业委员会积极活跃地开展学术交流。时至今日，环境学会已经拥有了30多个分支机构，在更大的专业领域和更深的层次上，以自身的凝聚力和影响力，组织联系更多的科技人员进行科技交流。这既体现了环境学科的深入发展，同时，也为学术交流构建了更多的交流平台。其中有的如水环境分会交流已经成为了具有相当影响力的品牌活动，不仅为科技人员提供了更好的交流机会，也必将为推动环境学科的深入发展起到不可估量的作用。

## 六、学术交流成果概述

以上列举的仅是学会30年来有代表性的学术活动的一小部分。多年来，环境科学学会组织的各类学术活动基本上每次都提出与本次活动内容相关的具体建议。主要传递建议渠道是：①直接向国务院环境保护委员会或国家环保局（总局）呈送；②向与环境保护有关的部委递呈；③通过中国科协的有关渠道转呈；④向国家环境保护局的主管领导和有关部门递送；⑤向地方政府或主管环境保护的有关部门函递；⑥通过媒体向社会发布。

学术活动结合环境保护工作的实际，为行政部门提出不少意见和建议，促进了环境保护事业的发展。例如，结合农村经济发展与环境保护的重大课题，中国环境科学学会与国家环保局在1989年3月联合召开了“全国乡镇企业污染对策研讨会”。提出了《全国乡镇企业环境污染防治对策建议书》（以下简称《建议书》）。《建议书》受到国务委员宋健的重视。宋健批示：大部分意见是立即可行的，并感谢中国环境科学学会对治理乡镇企业污染，整治农村经济秩序所作出的正确分析和所提建议。中国环境科学学会针对酸雨这个全球性环境问题，联合北京地区的有关科研单位共同召开了“全国第一次酸雨研讨会”，对我国酸雨的现状、趋势、成因、来源、影响和对策进行了全面的总结和交流，为进行国际交流和制定我国对策，提供了参考意见。

环境管理分会举办的多次学术讨论会，也都对环境管理工作提出了有价值的建议。1980年的第一次环境管理学术讨论会，针对我国的环境污染主要是由于管理不善造成的问题，提出的“把环境管理放在环境保护工作的首位”，以及之后在企业环境保护考核指标讨论会上提出的“环境保护考核指标的试行办法”等都受到各地环境管理部门的重视。几次环境管理学术讨论会提出的关于环境管理的理论、原则和方法，大都为管理部门接受和应用。

环境科学学会还与其他学会联合，组织各种学术活动，提出了很多建议。1982年7月，在国家计委的支持下，学会与自然资源研究会、生态学会等5个学会一起联合召开了国土整治战略讨论会，就我国国土整治的方针、任务、本世纪达到的目标以及需要着手抓的重大整治项目进行讨论，为国家制订战略决策提供了参考意见。还与其他学会联合召开污染与环境问题、粉煤灰资源化、固体废弃物利用等学术讨论会，都引起有关部门的重视，并采纳了有关建议。

1984年期间，为了研究我国的环境和环境科学技术现状及对策，在中国科协的统一部署下，中国环境科学学会组织编写了“2000年的中国研究资料”第42集《中国环境现状和科学技术水平与国外差距》一书，并组织开展了“2000年的中国环境科学研究”，受到有关方面的重视，为深入全面地认识研究中国的环境问题，为环境管理服务，为不断繁荣和发展环境科学技术作了理论上的准备。

根据环境保护事业的需要，学会还直接承担了国家环境保护局委托的组织起草《2000年环境保护规划纲要》(以下简称《纲要》)的任务。《纲要》是环境保护事业的重要文件，它阐述了我国2000年环境保护工作的方向、任务、目标与措施，有我国的国情特色，对地方各级政府部门编制环境保护规划和进行科研具有重要的参考价值，荣获中国科学院1988年度的科技进步奖。

## 第二节　科学普及

环境保护是我国的一项基本国策，需要全社会的支持和参与。积极向社会公众普及环保科技知识，提高全民环保意识，促进公众对环境问题的关注及对国家环保政策的理解和支持，是环保工作者的重要任务，是建设社会主义物质文明和精神文明的需要，也是中国环境科学学会的一项基础性工作。

### 一、发挥科技社团的科普职能，搭建社会化的科普服务平台

环境保护科学技术普及工作是环境保护工作的重要组成部分。学会作为环境保护学术团体，始终致力于发挥科普工作的社会力量，为提高全民族的科学文化素质服务。自1978年成立以来，学会充分利用政府政策，整合多种资源，

在面向不同人群开展环保科普工作、围绕各种纪念日进行环保宣传以及创作开发环保科普产品等方面做了许多工作。1989 年获得联合国环境规划署的银牌奖励。

2002 年学会第五届理事会期间，全国人大颁布了《中华人民共和国科学技术普及法》(以下简称《科普法》)，国家环保总局、科技部下达了《关于加强全国环境保护科普工作若干意见》；2006 年，国务院印发《全民科学素质行动计划纲要(2006～2010～2020 年)》。此外，国家还出台了一系列有利于科普事业发展的优惠政策，加大了对科普事业资金的投入，提升了科普在国民经济和社会发展中的地位，科普事业发展呈现出前所未有大好形势，这一切都充分表明国家对环保科普工作的重视提到了新的高度。为顺应形势，更好地开展科普工作，2004 年 6 月，学会成立了科学普及部，加大了环保科普工作的力度。学会的环保科普活动在规模、内容、方法、效果等方面有了明显的进展。2003 年 5 月，学会荣获中宣部、科技部、中国科协颁发的“全国科普先进集体”称号；2005 年 10 月，被中国科协评为“全国农村科普先进集体”。

## 二、与时俱进，利用各种渠道开展形式多样的科普工作

### 1. 以青少年为主要对象开展环保科普活动

环境保护，教育为本。青少年是祖国未来的主人，从青少年开始，启蒙环保意识，灌输环保知识，鼓励他们积极参与环境保护，有利于他们在日后的生活和工作中能自觉履行保护环境的责任和义务。

从 1983 年起，学会先后在秦皇岛、兴城、辽宁抚顺、湖南张家界、福建武夷山、兰州、西宁和内蒙呼和浩特举办了 7 届青少年环境科技夏令营，营员来自中南、华南、华北等地区的优秀青少年共 600 人次。学会结合夏令营内容举办环境知识讲座、作文竞赛、联欢会等，内容丰富，形式新颖，使广大营员接受到生动而深刻的环境教育，提高青少年的环境意识，增强保护环境的自觉性。

1987 年，学会联合中国林学会、《我们爱科学》杂志社在全国范围内举办了“我与大自然”知识竞赛，参赛者是初中及小学高年级学生。这项活动，促使青少年学习环保知识，并通过他们与老师和家长的交流讨论，使环保知识得到广泛宣传。

1988 年 9 月～1989 年 6 月，学会与中央绿化委员会办公室、中国绿化基金

1986 年 7 月，中国环境科学学会举办第四届青少年环境科技夏令营

会、中央森林防火总指挥部办公室、中国林学会、中国林学会森林专业委员会和《我们爱科学》杂志社联合举办了“绿化祖国、保护森林”知识作文竞赛。竞赛之前特请有关专家在天津市、北京市西城区进行了辅导，共授课 6 次，参加人数近万。竞赛共评出一等奖 10 名、二等奖 105 名、三等奖 250 名。该活动使参赛的中小学生对我国的森林状况、环境状况有了进一步的了解。

学会积极参加中国科协、国家环保局等单位主办的“全国青少年生物百项”活动和“国家科学与和平周”活动，1994 年获“全国青少年生物百项活动优秀指导奖”；1995 年获国际科学与和平周中国组委会颁发的“和平使者”荣誉称号。1996 年以后，又先后多次荣获国际科学与和平周中国组委会颁发的优秀组织奖和特别贡献奖。

2003 年 9 月～2004 年 4 月，环境学会举办了“大手拉小手青少年科技传播行动——全国青少年优秀环保论文和环保警示摄影作品评选”活动。全国有 14 个省、自治区、直辖市的环境科学学会和中小学校参与了本次优秀环保作品的组织推荐，共征集到环保论文 1 514 篇，环保警示摄影作品 627 幅。评选出环保论文一等奖 23 篇、二等奖 40 篇、三等奖 60 篇、优秀奖 72 篇，优秀指导教师奖 138 名，环保警示摄影获奖作品 28 幅。同时授予省市环境科学学会和中小学校共 22 家单位“优秀组织奖”称号。

2004年7月13～15日，学会与共青团中央学校部在北京怀柔共同举办了“携手北京现代，共创绿色未来——2004年北京现代 younger. green. car 大学生征文大奖赛暨绿色环保夏令营”。参加活动的90名征文获奖入围者来自祖国各地高校。夏令营期间，大学生们参观了北京现代汽车厂和资源与环境教育与图片展；听取了专家作的“汽车、发展、环保与人类生存”专题演讲；获奖者进行了答辩；主办单位为获得征文一、二、三等奖者颁发了奖状和奖金。

2005年9月～12月底，学会主办了“关注绿色未来——北京农民工子女学校环境保护科普公益系列活动”。为此组织专家编写了《农民工子女学校环保与健康科普知识读本》；举办了8学时《农民工子女环保科普互动课》；邀请北京地球村主任廖晓义为600名北京农民工子女学校的师生们作了环保特别演讲；举办了两场农民工子女学校环保文艺演出；主办了“关注绿色未来——北京农民工子女学校环境保护科普公益活动”捐赠仪式，向北京150名农民工子女学校赠送了3万册《农民工子女学校环保与健康科普知识读本》以及《农民工子女环保科普互动课》、《环保演讲与北京农民工子女学校环保文艺演出》系列光盘200套，并组织捐赠了学习用品、书籍、衣物等。帮助京城农民工子女学校的孩子们树立自尊、自爱、自信、自强的信念，通过活动和科普资料学习了解环保常识，培养环保意识，并借此影响他们的父母。

2. 围绕环境纪念日的主题，向广大公众普及传播环保科学知识

多年来，学会以“六·五”世界环境日、全国科技周、全国科普日及众多环境纪念日为载体，通过开展各种形式的活动，形象、生动地向广大群众宣传环保工作的重要意义。

1）“六·五”世界环境日

它是为纪念1972年6月5日在斯德哥尔摩召开的联合国人类环境会议及发扬会议精神而由联合国大会制定的环境宣传日，也是向公众宣传环境保护重要性的宣传日。学会自1985年以来，通过各种形式，开展了大规模的世界环境日宣传活动。

1985年，学会与中国环境报社、中国环境科学出版社在“六·五”世界环境日期间联合举办了《祖国环境美》有奖竞赛征文，共收到稿件3 000多篇，评选出获奖文章18篇；举办了《祖国环境美》美术摄影、书法、篆刻综合展览，这是我国第一次以环境保护为主题的展览；举办了“保护好我们的家园”歌曲征集活动，应征歌曲、歌词共计312首，评出二等奖5首、三等奖8首、荣誉奖25首；印制环

境保护纪念章和纪念封，组织开展征集《保护环境，造福人民》电影、电视片评选活动，共计征集电影片 12 部、电视片 32 部，评出电影片二等奖 3 部、三等奖 3 部，电视片二等奖 2 部、三等奖 4 部。

1987 年世界环境日前后，学会印制 1 万份世界环境日宣传画，发往全国各地区广为张贴；印制 2 万余份环境保护科普知识材料，分别在中山公园、北海公园、颐和园等公共场所散发。并通过图片展览、咨询、竞赛、猜谜等活动，使广大青少年接受环境教育。

2003 年世界环境日期间，学会在搜狐网站主办了以“防治‘非典’与环境保护”为主题的网上聊天活动，邀请清华大学、中科院、中国环境科学研究院 5 名专家，针对“非典”病毒的传播途径，就保护野生动物、防止外来生物入侵的重要性等问题与网友进行了交流。参与网上提问的网友达 1.8 万人次，上网浏览讨论会页面的网友达 15 万人次。另外，学会会同北京市崇文区科协、石景山区科协，分别在崇文区法华南里小区、石景山八角街道绿茵科普健身园建设施工了太阳能科普展示工程。该工程为两个社区安装了太阳能草坪灯、太阳能庭院灯、太阳能钟表、太阳能科普知识宣传牌等设施，构成了社区环保科普的一大景观和亮点。

2005 年，根据世界环境日的中国主题“人人参与，创建绿色家园”，结合北京

2005 年 6 月 5 日，开展“汽车尾气与环境保护”专题，专家在线科普访谈

机动车尾气排放对首都环境造成污染的状况，学会与搜狐网科学和汽车频道联合推出了以“汽车尾气与环境保护”为主题的专家网上咨询活动。就何为环保型汽车以及如何用车更环保等广大车迷和网友所关心的话题进行了在线解答和详细介绍。此次参与在线提问及上网浏览的网友达 8 300 余人。

学会还利用世界环境日的机会，组织各种类型的环境报告会。如 1985、1986、1988、1989、1990 年和 2004 年，学会围绕各年度环境日主题，举行了多场环境报告会，为提高公众的环境意识起到了推动作用。

为了表彰学会在中国组织世界环境日宣传活动中的突出成绩，由联合国环境规划署助理执行主任戈鲁比夫在北京展览馆剧场召开的 1989 年纪念“世界环境日”大会上，代表联合国环境规划署(UNEP)授予学会一枚银牌。

2) 全国科技周

每年 5 月的第三周是国务院确定的全国科技活动周(简称全国科技周、科技周)。多年来，学会利用自身及所属分支机构的资源，积极参与全国科技周活动。如 2002 年，学会参加了中宣部、科技部、中国科协联合在北京玉渊潭公园举办的科技周大型科普游园活动，在生态与环境保护展区内展示了学会自己编制的 50 块环保科普知识展板，散发了 2 万余份环保宣传资料，组织了 20 余名环境法学、环境医学、环境工程等方面的专家开展环保咨询。

2004 年，学会参加了由中国科协、北京市科协、崇文区政府等单位在龙潭湖公园联合举办的“科学健身、奔向奥运”大型专题科技游园活动。展示了 15 块环保科普知识展板，散发了近 2 000 份环境保护科普宣传资料。此外，学会还邀请了 7 位国内环保专家，对群众提出的有关环境影响评价及清洁生产等方面的问题进行了现场咨询。

2005 年，国家在北京海淀公园举办了“科技以人为本，全面建设小康”的科技周活动，学会组织所属分支机构在“和谐社会与生活保障”展区展出了以家居健康、生物多样性、环境影响评价等内容的科普展板 18 块，散发了价值 3.5 万余元的环保科普书籍、宣传海报以及环保制品；发放了环境影响评价科普知识宣传单约 500 份，环保文化衫 150 件；同时开展了环境影响评价问卷有奖调查活动，共收回调查问卷 280 份。

2006 年，学会组织所属环境教育工作委员会、环境影响评价分会参加了北京科技周组委会在北京朝阳公园主办了“携手建设创新型国家”北京科技周科普游园会，向群众发放了 3 000 多份、价值 2.3 万余元的环保科普书籍、期刊、环保手册、宣传海报以及挂图等,发放调查问卷500份。并展示了以荒漠化为主题的展板4块。

除参与科技周科普游园活动外,学会还积极通过其他方式开展科技周科普活动。如1998年,学会与中国科协等单位在北京自然博物馆联合主办了“爱我家园”环境保护漫画展,由著名漫画家华君武等绘画的100多幅作品参加了展出,影响大,反应强烈。2003年,学会组织召开了“防治‘非典’与环境保护专家座谈会”,邀请了国家环保总局、清华大学、北京大学等多家单位的专家出席。会后,学会向国家环保总局、中国科协提交了“中国环境科学学会防治‘非典’与环境保护专家座谈会专家建议”。2003年5月20日,由学会牵头,中华医学会、中国农学会、中国青少年基金会、中国野生动物保护协会等国内32家非政府组织联合发出倡议,号召公众移风易俗,切实承担责任,大力弘扬生态文明,用科学、健康、环保、文明的生活方式,抵御疾病对人类的侵害。为此获得了中国科协“抗‘非典’先进集体”奖励。2005～2007年,学会承办了由科技部、中宣部、中国科协、卫生部、国家环保总局等部委共同主办的“振兴老区,服务三农科技列车井冈行、延安行、大别山行”活动的环保科普内容。向井冈山、延安和大别山捐赠了价值数10万元的环保科普科技图书、挂图和光盘,并在三地举办了共10场农村环保科普知识讲座。

3）科普日

科普日是在全社会营造相信科学、热爱科学、运用科学的良好氛围,向公众宣传环保知识的好机会。每年的科普日,学会都积极响应,并通过各种形式举办丰富多彩的活动。

2004年科普日活动期间,学会与西城区青少年科技馆合作,组织学生志愿者引导孩子及家长观看并亲身参与互动环保小实验,向他们宣传吸烟有害健康、防止水污染、节约用水等环保小常识。

2005年,学会与中国睡眠研究会科普部联合举办《居住环境与健康睡眠网络调查》活动,在搜狐网上开展调查,同时宣传环境对健康睡眠的影响等相关方面的科普知识。

2006年,学会参加了由中国科协、卫生部、北京市政府等主办的2006年科普日大型主题活动。在互动和体验展区上布置了12平方米的“环保小实验——中国环境科学学会”的展台,组织北京市西城区四根柏小学的师生,为前来参观科普展的小学生、家长及参观群众演示环保小实验,并进行互动式环保知识有奖问答活动。另外,学会在搜狐网站举办了主题为“全国科普日汽车环保与节

能”专家在线科普访谈，特邀请了国家环保总局机动车排污监控中心主任汤大钢和北京汽车研究所汽车排放研究室主任、北京市第十二届人大常委会委员肖亚平两位专家参加了这次科普活动，与网民们进行了一个半小时的交流。当天参与访谈的网友达 12 000 多名。

2007 年，为响应中央政府提出的“节能减排”号召，积极参与国家发改委等 17 个部门组织开展的“节能减排全民行动”，国家环保总局、中国环境科学学会共同主办了“节能减排，共享蓝天”首都公交车厢科普展。21 条精选线路 100 辆公交车组成的“节能减排，共享蓝天”环保科普移动展室，于 2007 年 9 月 15 日～10 月 15 日行驶在北京大街小巷、主要社区、商业街等各类公共场所，向全市 88%以公交车为主要出行工具的市民普及生活中的节能减排知识。据公交部门统计，在一个月的展览时间内，有 297 万人次乘客通过此项活动接受节能减排知识的普及。在科普日主会场北京市高碑店污水处理厂现场有一辆公交样车向参观的领导和群众介绍活动的详细情况，普及节能减排知识。学会展区内还展示了一汽丰田公司生产的混合动力汽车——普锐斯，介绍混合动力型车的优点，宣传节能降耗的理念。此外，展区内的 22 块“汽车环保与节能”展板向公众介绍了怎样购买节能车、用车如何省油等方面的科普知识。

4）国际性、全国性纪念日

受中国科协科普部的委托，自 2003 年 8 月开始，学会承办了中国科协与搜狐网站共同主办的国际性、全国性纪念日科普专题栏目。截至 2006 年底，共有 27 家全国性学会参加了纪念日活动，开展了 44 个纪念日网上科普知识宣传，共编辑文字 77 余万字、图片 600 余幅。2007 年该项目转入专题科普知识宣传，主要科普内容是与百姓生活密切相关的知识，新增纪念日 2 个。通过这项工作，建立起了由专业学会与门户网站联手打造的科普平台，使中国科协所属全国性学会科技资源，科普资源，科技、科普人力资源得到了整合，并加强了全国性学会之间的合作关系。

2005 年 8 月 20～22 日，中国科协学术年会在新疆乌鲁木齐市召开。学会具体承办其中的全国性纪念日科普知识展览，组织中华医学会等 19 个全国性学会参加展览工作，编写国际性、全国性纪念日科普知识展览内容，搜集与其相关的图片资料，制作展板 151 块，编辑文字 5 万多字，编辑制作图片 700 幅左右。涉及世界地球日等 30 个国际性、全国性纪念日的科普知识。本次展览得到了主办单位领导的充分肯定和好评。

3. 承担国家环保总局委托的科普工作，充分发挥科技社团科普主力军的作用

2003年，受国家环保总局委托，学会对全国30个省(区、市)环保局和总局直属事业单位，就环境科普组织机构和设施、环境科普人才资源、环境科普基地、大众媒体、环境科普出版物、环境科普摄影与文艺、中小学环境科普、环境科普活动、环境科普经费、环境科普工作经验以及存在的问题与改进措施等进行了书面调研。该调研是国家政府部门首次对全国环保科普工作现状和资源的调查。在书面调查和现场考察的基础上，学会编写了《全国环境科普工作现状、环境科普资源调查和环境科普基地建设研究》报告，该报告详细阐述了我国环境科普工作的特征与发展趋势、我国环境科普工作已经取得的初步成绩、我国环境科普工作存在的主要问题及原因、加强和改进环境科普工作的对策建议。为国家环保总局、科技部，以及各省(区、市)环保局在今后整合科普资源，制定科普工作政策，推动科普工作等提供了重要参考依据。

为研究探索环境科普基地的建设与管理问题，根据国家环保总局自然生态保护司的建议，学会先后组织专家对辽宁蛇岛老铁山国家级自然保护区和江苏盐城国家级珍禽自然保护区的科普教育场馆设施、展品展示和科普活动开展情况进行了实地考察，并编制了《国家环保科普基地申报与评审暂行办法》，这些工作为国家环保总局、科技部后来开展创建国家环境保护科普基地相关工作提供了重要的技术支撑。2007年3月，国家环保总局下发了《关于开展国家环保科普基地申报与评审工作的通知》(环办[2007]29号文)，在全国范围内正式启动了第一批国家环保科普基地申报工作。受国家环保总局科技司的委托，学会具体负责接收各省、自治区、直辖市环保局上报的环保科普基地材料，对上报的环保科普基地材料进行了汇总和初步筛选。学会还配合国家环保总局科技司，组织召开国家环保科普基地专家评审会。会议根据学会提出的初审意见进行评审。最终评出了第一批国家环保科普基地：北京排水科普展览馆，上海市浦东新区环境监测站、东方绿洲和西溪湿地公园。

4. 设立环保科普创新奖，开展环保科普创新奖的征集评选活动

为了向社会公众普及最新的环保科学知识和科技成果，表彰在环保科普作品创作和环保科普活动中做出突出成绩的集体和个人，鼓励社会更多的人才投入到环保科普活动的组织、管理中来，学会特设立“环保科普创新奖”，并于2006年6月发布了《环保科普创新奖奖励暂行办法》。该奖项包括环保科普作品类、

先进集体类、先进个人类。遵循公开、公平、公正的原则，严格按照规定的程序进行，根据实际情况，每两年评选一次。2006 年 7 月，学会启动了第一届“ERM-环保科普创新奖”的评奖工作。评审委员会共评选出环保科普作品一等奖 3 名、二等奖 5 名、三等奖 9 名、优秀奖 15 名，先进集体 8 名，先进个人 11 名。

2007 年 4 月 19～20 日，在国家环保总局科技司的大力支持下，学会在杭州市组织召开了第二届全国环保科普工作经验交流会，同时举行了第一届“ERM-环保科普创新奖”颁奖仪式。会上，先进集体和个人代表介绍了开展环保科普活动的经验。

中国环境科学学会“ERM-环保科普创新奖”签约仪式

## 三、抓好“千乡万村环保科普行动”，创建农村环保科普品牌

推出品牌科普活动，争取政府加大支持的力度，吸引资金扶持项目，带动全国各省环境科学学会开展环保科普活动，促进环保事业发展，是学会开展环保科普工作的基本定位。“千乡万村环保科普行动”就是学会 2003 年至今，重点开展的特色品牌科普活动。

1. 做好整体部署,协调推进农村环保科普工作

2003 年 10 月,学会向国家环保总局提交了开展“千乡万村环保科普行动”(以下简称“千乡万村”)的立项报告,11 月上报了《关于在全国实施“千乡万村环保科普行动计划”的请示》,原国家环保总局局长解振华作了重要批示,要求总局各方面积极支持学会的这一工作。2004 年,学会在 6 个省(自治区)开展了“千乡万村”试点,并向国家环保总局提交了 6 省(自治区)开展农村环境保护科普活动试点情况报告。2005 年 2 月,国家环保总局下发了《关于进一步开展“千乡万村环境保护科普活动”的通知》(以下简称《通知》),为进一步实施“千乡万村”打下了良好的基础。

2. 开展启动试点工作

围绕党的十六大提出全面建设小康社会的宏伟目标和关于三农工作重点,结合国家环保总局农村环境保护工作的重点,学会进行了一项新的尝试。2003 年 10 月,学会与内蒙古自治区环保局及其环境科学学会合作,在包头进行了第一个试点,启动了“千乡万村”活动。2004 年,在国家环保总局科技司、自然生态保护司的指导支持下,学会又先后与新疆、云南、宁夏、青海省环保局、环境科学学会联合,分别在新疆维吾尔自治区昌吉市,云南省保山、大理等地区启动了“千乡万村”试点。学会在上述 5 省(区)为当地环保干部、农民和农村中小学校学生主办了农村环保知识培训与科普讲座,受众近 7 千人,同时组织制作了 150 块农村环保科普知识展板,进行了巡回展示。并在活动中发放 14 万张(册、套、份)挂图、书籍及光盘等科普宣传材料。除发放科普资料和专家的智力支持外,学会还在资金上大力扶持试点省市开展农村环保科普工作。如学会筹集 6 万元资金,分别支持云南、宁夏、青海三省,用于其开展活动的补贴。各省(区)环保局、环境科学学会也相应安排了配套资金。

3. 在全国范围推广“千乡万村”,交流农村环保科普方法、经验和成效

为使“千乡万村”尽快在全国各地推广实施,学会积极组织地方环境学会总结交流“千乡万村”活动的经验。2004 年 7 月,学会在宁夏银川组织召开了全国农村环保科普现场工作会议。会上,学会汇报了“千乡万村”在内蒙、新疆、云南试点的实施情况。2005 年 4 月,在厦门市召开的第一届全国环境保护科普工作会议上重点交流了农村环保科普工作经验,对率先在本省(区)实施“千乡万村”做出一定成绩的省级学会进行了表彰,并对在全国推广实施“千乡万村”的任务和要求进行了详细部署。2007 年 4 月,在召开的第二届全国环保科普工作经验

交流会上，新疆、辽宁环境科学学会介绍了本省（自治区）开展“千乡万村”示范工作的进展情况和具体做法。

学会还结合地方环境保护现状，积极推动地方环境科学学会开展农村环保科普活动。如2006年6月，学会与河北省环保局及其环境科学学会共同策划筹备了“2006年河北省科技周‘发展循环经济、创建环境友好型社会’暨河北省环境保护‘十百千’宣传教育活动”，3 000余名当地群众参加了这次活动。2007年7月，学会又在新疆喀什与自治区环保局、自治区科协共同主办了大型农村环保科普活动。活动启动仪式上，有关领导向喀什市乡镇及学校代表赠送了环境保护书籍及挂图。活动期间，展示了100多块环保科普展板，开展了环保科普咨询活动，邀请自治区知名环保专家分别为喀什市各中小学校师生、喀什市各乡及街办基层干部、农三师四十一团干部及职工600余人举办了三场环保科普专题讲座。

4. 在部分地区开展“千乡万村”示范工作

针对我国农村特点，学会在理论和实践结合的基础上，研究探索出普遍适用于农村的环保科普活动内容、运行机制和活动方式，并在全国推广应用，以便科学有效地指导省一级环境科学学会实施“千乡万村”活动。根据学会《“十一五”环保科普工作规划纲要》的具体目标和任务，结合一些地区开展这项工作的基础和积极性，2006年10月，学会将云南、新疆、宁夏、青海、浙江、辽宁6省（自治区）作为“十一五”期间“千乡万村”示范省，并下发了《关于在部分地区开展“千乡万村环保科普行动”示范的通知》，具体提出了4项示范内容、5项具体要求，示范期限为3年（2007年1月～2009年12月）。6省（自治区）根据各自情况制定了示范计划，并在中国环境科学学会网站上进行展示和交流。

5. 联合北京10所高校团委共同发起和启动“大学生志愿者千乡万村环保科普行动”

我国农村地域辽阔，农民人口占全国13亿总人口的2/3，农村经济发展水平较为落后，农民受教育的程度普遍低下，开展农村环保科普工作很难，需要调动和组织全社会各方面的力量积极参与，创造有利于农村环保科普的社会环境。在国家环保总局和中国科协科普部的支持下，2007年3～12月，学会联合北京大学、清华大学等10所高校团委发起并共同开展大学生暑期社会实践志愿者“千乡万村环保科普行动”，充分发挥高校大学生志愿者的作用，积极开展农村环保科普工作。10所高校共组建农村环保科普小分队370余支，3 000余名大学生志愿者奔赴全国31个省、市、自治区，1 100多个村庄开展环保科普活动，活动覆盖面北至黑龙江，南至海南，中西部地区远到新疆、西藏。志愿者们向村干部、农民、中小学教师发放了 3 000 余套(4 张/套)农村环保科普挂图，广泛宣传了环保知识，受到当地干部群众的普遍欢迎，同时也为吸引大学生参加农村环保科普活动积累了经验。“大学生志愿者千乡万村环保科普行动”入选为由大众科技报和中国公众网共同主办的“2007 年中国 10 大科普事件”。

## 四、精心组织创作环保科普宣传品

高质量的环保科普宣传品是广大人民群众学习了解环保科学知识的有效渠道。充分利用环保宣传品这一媒介，用通俗易懂的形式和语言向公众宣传环境保护知识及其重要性是学会科普工作的又一重要内容。多年来，学会精心组织创作了一批高水平的环保科普宣传品。

1987 年，学会科普工作委员会与中国科普研究所联合主编了《中学生环境保护作文评选》，精选了一批高考获奖作文、环境保护正文和优秀科学小论文，并加以讲评，既为青少年出版了一本较好的参考读物，又推动了环境教育工作。

1988 年，为配合青少年环境科技夏令营，学会科普工作委员会编制了《青少年环境科技夏令营手册》，内容包括环境小知识和夏令营之歌，还有夏令营日记，深受广大营员的喜爱。同年，学会与中国环境报社合作，在举行环境科普漫画有奖竞赛活动的基础上编辑了《环境科普漫画册》，以漫画的艺术形式，批评破坏环境、自毁家园的愚昧之举，唤醒人们的环境自觉性。

2002～2004 年，为配合科技周、世界环境日、中央文明办开展的四进社区、《科普法》纪念日等活动，学会编辑制作了 80 块环保科普知识展板。内容涉及大气、水、固体废弃物、噪声、海洋、生物多样性、自然保护区、环境影响评价、环境监测、核环境安全以及与老百姓衣、食、住、行相关的环保知识。

2004～2007 年，为配合“千乡万村环保科普行动”，学会与国家环保总局自然生态司合作编写了《农村基层干部环境保护知识读本》，配套制作了图文并茂的农村环境保护知识科普展板 25 块，编写制作了农村环保科普知识挂图，制作了《有机食品讲座》光盘 1 500 盘；编制印刷《让农民喝上放心的水》挂图 5 000 余套，《国家农村小康环保行动计划》、《国家级生态村创建标准(试行)》宣传挂图各 10 000 张，《创建环境优美，文明生态的乡村》3 000 余套，《农民身边的环保科普知识》宣传册 60 000 余册，《农民身边的环保科普知识》挂图 10 000 套，并在农

村环保科普活动中免费发放。

2005年,为使三江源地区农牧民认识到草场退化和沙化造成水土流失、生态恶化的恶果,提高他们对退牧、休牧育草及生态移民搬迁政策的理解和认识,积极配合当地政府顺利完成搬迁任务,学会与青海省环境科学学会共同编制印刷了《三江源地区生态环境保护科普知识》挂图2 000套。

为配合北京农民工子女学校环保科普公益活动的开展,学会编制印刷了《农民工子女学校环保与健康科普知识读本》30 000册,制作《环保科普互动课》光盘150套,《农民工子女学校环保科普文艺演出》光盘150套。赠送给北京150所农民工子女学校。

围绕国家节能减排的重点工作,2006年8月,学会启动汽车环保与节能科普公益活动。在《车人周刊》上开辟专版(每周一版),进行汽车环保与节能知识科普、解读国家汽车环保与能源政策和标准、开展车主互动活动和答疑等,共制作发行23个版面。同时,学会编制了《汽车环保与节能科普知识》宣传册、《汽车环保与节能》科普知识展板,在北京部分高校和社区进行展示和发放。2007年,为积极参与国家发展与改革委员会等17个部门组织开展的"节能减排全民行动",学会编制《节能减排共享蓝天》公益广告牌8块,装饰在北京21条线路100辆公交车上进行为期一个月的展示宣传。据公交部门统计,在一个月的展览时间内,有297万人次乘客通过此项活动接受节能减排知识的普及。

2007年9～10月,学会承担并完成了"第一次全国污染源普查办公室"委托的"第一次全国污染源普查宣传挂图"设计任务。11月,按照"第一次全国污染源普查办公室"确认的设计方案,印制了30万套宣传挂图,向全国各地共390个单位寄送。

## 五、定期召开全国性科普工作会议,及时总结环保科普工作经验

定期召开全国性的科普工作会议,相互交流,总结经验,相互学习,是学会推动和促进环境科普工作、提高我国环境科普水平的重要手段。

1986年在古都西安,学会召开了首次全国环境科普工作研讨会,来自全国22个省、自治区、直辖市以及8个城市的环境科学学会主管科普工作的同志出席了会议。会议传达了中国科协学会工作座谈会精神并讨论《科普工作条例》及《"七五"科普工作规划》。代表们就环境科普工作的意义、重点、内容、形式、

队伍、机构等方面的问题进行了深入讨论。

1989 年 5 月，学会在重庆召开了第二次全国环境科普工作研讨会，主要总结交流第一次会议以来，各地环境学会科普工作的经验，并研究如何使环境科普工作迈上新台阶。

2005 年 4 月 8～10 日，在国家环保总局的支持下，学会在厦门市组织召开了第一届全国环境保护科普工作经验交流会。科技部、环保局、中国科协、福建省环保局、厦门市市政府以及部分省市环保局、科技处等有关领导出席了会议。与会代表就环境保护科普工作面临的问题和如何更好地开展科普工作展开了热烈讨论。

2006 年，学会组织制定了《中国环境科学学会“十一五”环保科普工作规划纲要》(以下简称《规划纲要》)。《规划纲要》总结了“十五”期间环保科普工作取得的成绩和存在的问题，提出了“十一五”期间环保科普工作的思路，明确了“十一五”期间学会开展环保科普工作的 6 项主要任务：开展国家环保科普基地申报与评审工作；建立完善环保科普奖励和表彰制度；配合社会主义新农村建设和“全国农村小康环保行动计划”，进一步实施“千乡万村环保科普行动”；建立环保科普知识资源库，创作一批环保科普产品；针对公众关注的环保热点开展科普活动；继续开展“大手拉小手”环保科技传播行动。

2007 年 4 月，中国环境科学学会举办第二届全国环保科普工作经验交流会

2007年4月，学会在杭州组织召开了第二次全国环境保护科普工作会议，介绍了《规划纲要》编制与实施进展情况和开展“千乡万村环保科普行动”示范工作的进展情况，交流了农村环保科普工作经验和具体做法，对在全国推动环境科普工作深入发展发挥了积极作用。

## 第三节 环境教育

教育是实现现代化建设的战略重点，环境教育是贯彻保护环境这一基本国策的一项基础工程，是中国可持续发展能力建设的一个主要内容，是发展环境保护事业的重要保证。环境教育是一项全民性全程性的教育，也是学会的重要社会功能之一。中国环境科学学会成立之后，以自己的努力成为推动我国环境教育发展的重要力量。学会呼吁建立和完善我国环境教育体系，并于1980年成立了环境教育工作委员会，多年来在推动我国环境教育事业的发展方面，做了大量卓有成效的工作。

### 一、积极向政府提出建议，呼吁重视环境教育

依据《中华人民共和国环境保护法(试行)》第三十条规定的“要有计划培养环境保护专业人才，教育部门要在大专院校有关科系设置环境保护必修课程或专业，在中小学课程中，要适当编写环境保护的内容”，中国环境科学学会教育工作委员会在1979年召开的第一次会议上，介绍了国内外环境教育情况，研究和交流了有关环境教育问题，提出了在国务院环境保护办公室设立环保教育机构、在大学非环境专业开设环境课的建议。还提出在大专院校设立环境概论课，并组织编写教材；交流大学设置环境专业的经验；在中小学和幼儿园进行环境教育试点；举办全国环境保护干部培训班等。在经过充分讨论的基础上，会议通过了“环境教育工作条例”。该条例对我国环境教育工作发展起到了推动作用。

1981年11月，教育工作委员会在举行第二次会议期间，正值五届人大四次会议召开。会议通过人大代表中的环境学会理事提出了建议，呼吁国家重视环

境教育。借鉴国际上视环境教育为全民教育和全程教育的情况，建议我国也应该建立从幼儿园、小学、中学的基础教育到大专院校的高等教育完整的教育体系，进行环境教育的全程化。其目的不仅仅是传授环境科学知识，更重要的是培养国人的环境意识，增强对环境质量变化的敏感性和责任感，激发其保护环境的自觉性，树立对环境资源的价值观和道德观。后来通过大、中、小学和幼儿园环境教育试点的经验表明，开展全程教育不但必要，而且也是可行的。

根据国务院(1981)27号《关于在国民经济调整期间加强环境保护工作的决定》第六条"环境保护是一项新的事业，需要大量具有专业知识的人才，要把培养环保人才纳入国家教育规划。中小学要普及环境知识，大学和中专的理、工、农、医、经济、法律等专业，要设置环境保护课程，有条件的院校要设置环境保护专业，各地区、各部门在培训干部时，要把环保教育作为一项重要内容"的精神，会议还提出如下具体建议：

(1) 环境科学是一门综合性很强的学科，环境教育又是一项全程教育，国家教育部门能有一个专门统筹管理环境教育工作的机构，保证环境教育全面纳入国家教育计划，使之有领导、有计划地全面开展起来。

(2) 大专院校，无论是自然科学还是社会科学，都应增加或加强环境科学的内容。除把《环境保护概论》作为必修或选修的公共课之外，凡有条件的院校均应设置环境保护专业，培养各学科的环境保护专业人才，以适应经济社会发展的需要。

(3) 对于环境科学的普及教育，应在学前和学校教育中，全面灌输和渗透环境科学的基本知识。在教学大纲、教材的编写中应给予一定的位置。对中等环境保护人才的培养，一方面应在现有的中等专业学校中增设环境保护专业，同时也应结合教育体制改革在新增的职业高中设置环保专业班，为企业输送初级环保科技人员。

(4) 各地区、各部门对职工进行教育时，增加环境保护课。随着环境学会和社会各界的不断努力和教育体系的不断完善，各高等院校相继成立了环境系、环境学院以及有关的教育机构，并建立了环境教学与科研体系，成为培养我国环境保护人才的重要途径。中小学环境教育也得到发展，全程性环境教育的目标正在逐步实现。

## 二、培养环境保护管理干部

在学会成立之初，环境保护还是一项新兴的事业，且科学性和技术性很强，需要大量既有专业知识，又熟悉业务的领导干部和科学技术人才。当时的环保队伍无论是数量还是质量都不适应工作的需要。据 27 个省、市、自治区环保部门的统计，4 400 名环境管理干部中，受过高等教育的占 28%，受过中等专业教育的占 12%，中学以下文化程度的占 60%。技术干部队伍也同样存在着人员不足和技术水平低的问题。在科研、监测机构的 8 700 多人中，受过高等教育的占 37%，受过中等专业教育的占 10%，中学以下文化程度的占 53%。在受过高等教育的人中，"文革"之前的毕业生占 2/5，其余的 3/5 中，大部分都不能独立开展工作，而且大部分业务骨干集中在北京、天津、上海等大城市及省会城市，有 128 个站(所)没有一个"文革"前的毕业生。另一方面，环保战线的干部大多数是从其他部门转过来的，缺乏系统的环境科学的基本理论知识，不能适应环境保护事业发展的需要。

为了改变这种状况，环境科学学会和国务院环境保护领导小组办公室一起，1979～1982 年先后在大连、庐山、呼和浩特、西安、南京、长沙等地，举办了 11 期环保干部培训班，共培训干部 1 400 多名，这些干部迅速成为环保战线上的骨干力量。1983～1990 年期间，继续采取各种方式举办培训班，为环保事业培养管理、监测、技术人才。

在培训干部的最初时期，一没教师，二没教材，三没固定场所。环境教育工作委员会组织专家、教授编写了《环境保护概论》，解决了教材问题。为解决师资问题，组织北京师范大学、北京大学、清华大学、北京政法学院、南京大学、中山大学、中国科学院声学所、上海经济研究所、中国医学科学院卫生研究所、冶金部建筑研究院、国家海洋局、渤海环境监测中心站、山西省环境保护局、北京市环境保护科学研究所、北京市环境监测站、沈阳市环境监测站等单位，派出了专家、教授授课，这些单位为培训环保干部做出了贡献。

学员在环境管理干部学习班上比较系统地学习了《环境保护概论》。通过学习，使学员不仅搞清了许多环境保护基本概念，而且还弄清了污染源的发生原理、污染物的迁移转化规律以及防治污染的途径。联系到我国环境日益严重的现状，学员进一步认识到解决环境问题的紧迫性，深感作为环境保护工作者的责任之重大。

学员们认识到人类的生产和消费活动就是人与环境之间的物质和能量的交互过程,我国环境污染和破坏主要是由生产活动引起的。从而,认识到搞经济建设必须要有生态观点,否则,一旦生态遭到破坏,则需十几年,几十年甚至上百年才能得到恢复。要在经济建设中保持生态系统的平衡,防止破坏。生产部门,尤其是综合部门,要做到全面规划,合理布局,把资源开发利用同保护环境密切结合起来,贯彻"以防为主、防治结合,以管促治"的方针。加强对环境保护的全面管理,既体现了《环境保护法》规定的检查、监督的职能,又符合我国的实际。实践证明,这是搞好环境保护工作的正确途径。为了强化环境管理,必须采取行政的、经济的、法律的手段,正确处理管与治的辩证关系。

通过培训培养的一大批环境保护管理干部,成为环境保护的骨干力量,基本缓解了我国环境保护初期的人才压力,为环境保护管理工作的开展奠定了基础。

### 三、积极开展中小学环境教育

青少年是国家的未来,人民的希望,环境科学学会十分重视对中小学生的环境教育。

在国务院环境保护领导小组办公室副主任苏民的倡导和支持下,1980 年 6 月,教育工作委员会刘培桐、刘天齐、刘瑞莲等在北京组织了一次由北京、天津地区部分师范和中小学教师参加的环境教育座谈会。会上刘培桐介绍了中国环境科学学会教育工作委员会第一次会议以来,广东、上海的一些中学开展环境教育的情况,以及甘肃师范大学幼儿园开展环境教育的试点经验。刘天齐副秘书长重点介绍了中小学教师的环境教育培训、教学参考资料编写、中学教学计划的修订等情况。天津市教育局十分关心和重视环境教育,在该局的支持下,东方红中学在生物学的"生物与环境"课中,充实了"人与环境"教学内容,结合天津市环境污染的实际对学生进行环境教育,这是贯彻德、智、体全面发展教育方针的需要,也是向学生进行"两个文明"教育的需要。

1985 年 9 月,学会会同国家环保局、国家教委办公厅在辽宁省昌图县联合召开了"全国中小学环境教育经验交流及学术讨论会",总结全国中小学开展环境教育的经验。会议认为,这是一次对我国开展中小学环境教育的检阅,也是

一次相互学习的机会。通过讨论，会议肯定了辽宁昌图、广东潮州等地开展环境教育的经验。会议对今后如何更好地开展中小学环境教育，提出了重要的具体建议，主要有：要提高在中小学和幼儿园开展环境教育工作重要性的认识；环保部门和教育部门相互支持，通力合作，是搞好环境教育的保证；根据中小学的实际情况，环境教育不宜单独设课，可采取多种形式、多种渠道寓环境教育于课外活动之中；根据本地实际情况，编写参考教材；搞好师资培训；抓好典型，以点带面，逐步展开。

昌图会议之后，我国中小学环境教育由少数学校试点，逐步向面上扩大；教学内容逐渐深入和提高；教学方法多种多样。此后的几年中，中小学环境教育的成绩显著。但由于我国是一个11亿人口的大国，中小学生2亿多人，各省的发展也不平衡，开展环境教育还需要作出很大的努力。

1988年11月，在国家环保局、国家教委和中国环境科学学会的共同关心和支持下在广州召开了“部分省市中小学生环境教育座谈会”，对如何更好地开展工作，提出了具体建议：要进一步明确中小学环境教育的目的、作用和任务；加强组织领导，使中小学环境教育制度化、规范化和经常化；大力提倡全社会资助中小学环境教育，疏通经费渠道，保证经费来源；采取灵活机动、多种多样的形式进行中小学环境教育；积极稳妥地开展师资培训工作，提高中小学教师的环境科学“三基”(基本理论，基本知识，基本技能)水平；组织力量编写适合于教师自学的教学参考教材和学生课外读物。在环境教育中，要大力推广学校已采取的“渗透法”、“结合法”等行之有效的方法和经验(“渗透法”是将环境理念随机渗透到课堂教学中去；“结合法”是指课外活动中结合进行环境知识教育)。

广东省潮州市是全国开展中小学环境教育的先进地区之一。早在1980年底，潮州市环境保护办公室和市环境科学学会同教育局协商，成立了环境学会科普教育专业组，在中小学试点开展环境教育，之后普及到市区30多所中小学和幼儿园，逐步扩展到农村的学校、幼儿园。教学内容从被编入在初一物理、化学、地理、生物四个学科中，逐渐普及到各个年级的绝大多数学科；从课堂教学，逐步渗透到各种课外教育活动中；从开展一般性活动和传授知识，逐步做到通过环境教育把发展学生智力同培养创造型新一代的目标联系起来，自觉地进行环境教育。环境学会及时抓住了这一先进典型，于1987年赴潮州市进行考察，除了向全国进行推广外，还经国家环境保护局向联合国环境规划署作了推荐，获得了联合国环境保护“全球500佳”之一的光荣称号。潮州市的先进经验充分体现了环境科学学会在培训环境教育骨干、传递环境科学信息、提供有益的参考教材和资料等方面的积极、独特的重要作用。

## 四、针对环境保护职业化要求进行专业培训和继续教育

随着我国环境教育体系的逐步完善和环境教育专业机构的形成，环境学会注重配合环境保护工作重点，适应基层工作的需要，针对环境科技人员和科技工作的需要组织专业培训和继续教育。主要方式是组织专题培训班、环境科学知识讲习班、专业讲座、学历培训等，针对不同的对象进行培训教育。

(1) 结合环境保护工作需要举办培训。分析监测专业委员会与四川省环境保护科研监测所联合，于 1989 年 9 月在峨眉县举办了“环境空气监测质量保证”培训班。参加培训班的学员绝大多数是来自四川省各地、县(市)三、四级环境监测站的青年技术骨干和工矿企业主管环境保护工作的技术干部。通过系统学习，学员普遍反映讲课理论联系实际，解答了实际工作中的难题，效果良好。培训班受到地方环境保护部门有关领导的重视和表扬，认为是几年来举办的规模最大、效果最好的一个培训班。

1989 年 11 月，由联合国教科文组织资助，中国环境科学学会与海南省经济计划厅和环境资源厅在海南省联合主办了“海南省环境教育与管理干部高级培训班”，邀请专家和学者就协调海南省经济特区的经济开发和环境保护的关系开展培训，提高地方环保干部的环境科技水平和环境意识，对促进当地的环境保护工作有很好的效果。2001 年 4 月 25～27 日，理事长叶汝求带队一行 5 人，应黑龙江省生产力学会的邀请，在黑龙江省宝泉岭农垦分局，就有机农业与我国农业可持续发展、环境保护与国际贸易等问题举办了专业培训班。来自农垦系统的 13 个农场领导和相关的人员 100 余人参加了培训学习，还就如何做好生态示范省等环保问题交换了意见。

(2) 举办高级讲座培训领导和骨干。1989 年 4 月学会与中国人民大学、中国管理科学研究院联合举办了《环境与发展》高级讲座班，主要对象是全国环境保护系统的各级管理干部、科研和事业单位的科技干部。该讲座聘请了国内外知名的管理专家和有关学者，内容从中国的环境政策与环境管理、西方环境经济学、决策科学、人口学、未来学、农业现代化、城市发展、系统科学、生态哲学、企业学等方面探讨环境与发展的关系，得到了社会的热烈反响，取得了很好的

效果。

2004年，为响应党中央树立科学发展观，倡导循环经济的号召，组织了多次循环经济与企事业高级研修班，培训企事业单位管理者达1 500多人次。

(3) 学历教育也是培训教育的方式。如2000年7月，学会完成了与北京大学研究生院联合举办的《环境规划硕士进修班》培训结业工作，共51人获得结业证书。

(4) 此外，学会多年来主办、承办了各类环境教育的培训班数十次，内容涉及资源综合利用政策、室内环境与健康及检测评估技术、环境风险评价、环境管理与清洁生产等。

(5) 同时，学会还注意配合国家环保政策法规的出台举办培训班，如举办了汽车污染控制培训班，全国几十个单位的技术人员受到培训；举办《中华人民共和国大气污染防治法》培训班，全国环保系统及有关企业人员共220多人参加了培训；举办"全国环境监测技术培训研讨班"，来自全国环境监测方面的业务干部和部分环境监测仪器研制的国内外厂家代表，近200人参加。还有环保总局委托组织的培训，如举办"建设项目竣工环保验收监测技术人员培训班"12期，来自全国省(自治区)、直辖市、计划单列市以及地市环境监测(中心)站的1 059名技术骨干参加了培训，为确保建设项目竣工的环保验收质量起到了积极作用。

## 五、开展对外合作，参与教育专业认证，开拓环境教育新领域

随着环境教育形式和任务的新变化，环境科学学会也在不断探索和开拓新的工作领域。

其中一个项目是开展对外合作，对基层女干部进行妇女与环境教育培训。

中国环境科学学会在参加1995年在中国举行的第四次世界妇女大会以后，就积极组织进行妇女与环境培训工作。1996年在联合国环境署(UNEP)支持下举办了两期妇女与环境培训班。其后在联合国开发计划署(UNDP)的资助下，在学会副理事长唐孝炎院士的领导下，开展了为期3年的《可持续发展进程中女市长、女乡镇企业管理人员能力建设》项目。此项目由全国中小城镇妇女与环境现状调查、编写两本《妇女与环境》教材、举办妇女与环境师资培训班、举办全国范围内12个妇女与环境培训班、召开国内外妇女与环境研讨会等一系列

活动组成，目的是研究妇女在环境中的地位和作用，通过培训，提高妇女干部的环境意识，并在日常工作和生活中为环境保护工作作出积极贡献。

自1999年开始，开展了为期3年的妇女与环境培训，12个班培训学员逾千人。妇女与环境培训班引进了国外先进的参与式教学模式，利用幻灯、图片、游戏、讨论等多种方式开展教学活动，发挥学员自己的主观能动性，对一些环境问题进行探讨，发表自己独特的见解，让学员在轻松自然的状态下，了解和掌握环境保护知识，增强环境保护意识，得到了广大学员的认同和称赞。

2001年，中国环境科学学会专家运用参与式教学方式
对地市级妇女干部进行妇女与环境培训

通过培训培养了一大批乡镇妇女骨干力量，为今后的地方环境保护和地方环境决策提供了有生力量。同时，通过培训涌现出一批老中青相结合的师资队伍，其良好的素质、对教学方式改革的热情以及成功的教育实践，使其成为后来开展环境教育的骨干力量。妇女与环境项目是环境学会开展环境教育新模式的成功范例，无论是项目合作形式，还是教学成果以及后续成果，都说明在新的形势下，探索环境教育的新领域、新方式的重要性，为开展环境教育做了一次有益的尝试。

另外一个新介入的工作领域是参与环境工程教育专业认证试点项目。

由于我国环境高等工程教育专业认证的制度和体系仍然处在试点和探索阶段，尚未形成完备的体系和制度，因此有必要参照国外的实践模式，学习其先进经验，积极探索如何建立既适应我国国情又与世界接轨的高等环境工程教育认证制度，使我国高等环境工程教育的质量得到国际同行的承认，所培养的高等环境工程技术人才获得通行世界的证明。根据教育部高教司[2007]156号函《关于对2007年度工程教育专业认证试点专业入校考查的通知》精神，中国科学技术协会组织开展试点，积极探索和建立既适应我国国情，又能与国际接轨的高等环境工程教育专业认证制度。受中国科协技术协会邀请，中国环境科学学会积极参与了这项工作。副理事长郝吉明院士担任教育部高等环境工程教育专业认证委员会主任，秘书长任官平作为评审委员参加了此项工作。参与的主要目的是为了逐步将我国高等环境工程教育专业认证与国际高等环境工程教育接轨，组建权威组织，协调认证活动，参与国际交流，培养能将科学技术转化为生产力的高级工程科学技术人才，促进我国多层次、多类别的高等环境工程教育体系的建立。

根据30年的探索与实践，环境科学学会认为对环境教育工作需要围绕全民教育、终生教育来考虑；根据对象的不同应包括学前教育、学校教育（大、中、小学校）、成人教育、社会教育，正式教育、非正式教育等；还要有发展观念和辩证意识，因地制宜，从地方性、国家性、地区性和国际性的观点来探讨主要的环境问题。

## 第四节 科技咨询服务

技术咨询与推广服务是学会组织动员广大环境科技工作者为实现环境与经济协调、可持续发展的重要工作内容。主要体现在两个方面的服务：一是为政府部门的重大决策提供咨询建议，大多是以通过学术交流或论证咨询活动形成意见和建议，向有关部门提出的方式进行；二是为社会服务，特别是根据需要为开发建设、污染治理以及解决企业环境保护实际问题服务，进行科技评价和科技成果推广。中国环境科学学会成立30年来依靠和发挥人才优势，通过进行政策、技术咨询，组织技术交流、成果推广，开展国际间的科技交流等来积极推进这项工作，不断探索咨询服务工作的方式和内容。根据其特点和侧重点的不同，技术咨询与科技推广服务工作可分为三个阶段：一是1982年成立咨询服务中心开展咨询服务工作；二是 1991 年以后至 2004 年之前，秘书处设立咨询部和技术市场信息部开展咨询服务工作；三是 2004 年 6 月以后，学会秘书处相继成立了技术咨询与推广部和环境损害鉴定评估中心，拓展和强化了咨询服务工作范围和工作力度。

## 一、成立咨询服务中心，组织进行咨询服务工作

20 世纪 80 年代初，随着环境保护事业的发展和环境咨询工作的需要，为了发挥学会优势，实现为社会提供技术咨询服务的职能，1982 年 9 月中国环境科学学会成立了咨询服务中心。该中心成立后，作为良好的平台，为学会开展咨询工作创造了条件。这一时期主要以项目咨询和环境评价工作为主要内容：

(1) 咨询服务中心除了自身积极开展服务工作外，还组织、协调全国地方学会的环境咨询服务工作。与各地共同合作，组织专家进行调研考察，协助有关部门和地区制定环境保护规划、技术政策，参加技术咨询活动，进行咨询工作理论研究，推动全国的环境咨询工作。

1987 年 8 月，咨询服务中心在新疆乌鲁木齐市召开了“全国环境咨询理论与政策研讨会”。会议对咨询工作的性质、功能、人才结构、收费标准、工作程序、组织建设等问题进行了探索和研究。在此基础上，咨询服务中心汇编了《环境咨询初探》一书。中心还与国家环保局开发司共同汇编了《建设项目环境保护管理法规汇编》一书。同年，咨询服务中心编辑出版了《全国环境学会咨询机构名录》。

咨询服务中心 1985 年以后两次组织全国环境咨询工作先进集体和个人的评选工作。1986 年在《中国环境报》上刊登了光荣榜，以推动全国的环境咨询工作。1985 年 2 月，召开咨询工作总结表彰大会，国家环保局局长曲格平向第一届咨询工作委员会成员和咨询项目专家颁发了聘书。1985 年 11 月，咨询服务中心在深圳召开了全国环境咨询工作会议。22 个省、市学会的代表出席了会议。会议总结了开展“优质咨询服务活动”的情况，表彰了 11 个先进集体和 25 名先进个人，推动了全国咨询工作的开展。

(2) 重视联合与协作。1983 年 2 月，经中国科协批准，中国环境科学学会咨询服务中心成为中国科协科技咨询服务部的直属分支机构，因而拓宽了工作领

域，同时可以参加中国科协的有关活动。如1983年，咨询服务中心参加了中国科协技术咨询服务中心组织的内蒙古准噶尔矿区综合开发煤、电、运同步建设和内蒙古自治区西部重化工建设方案的论证工作。咨询服务中心完成了《准噶尔能源基地的环境影响分析及环境保护工作的意见》。

1990年，为扩大咨询服务范围，逐步建立健全咨询服务与信息协作网络体系。根据国家环保局对《中国环境科学学会办事机构"三定"方案》批复的精神，以及咨询工作的重点转移到组织全国环境咨询服务协作网和信息网的总要求，在中国科协的指导下，咨询服务中心起草了《全国环境科技开发咨询协作网章程》，并于1990年5月成立了由37个设计、科研、工程建设、生产厂家组成的协作网。学会还曾经探索设立"中深环境科技咨询中心"，作为与深圳市科委在经济特区进行环境技术开发的一个窗口。

(3) 努力开展科技咨询和环境影响评价工作。由于作为环境保护管理工作的重要举措——环境评价制度在全国的实行，1988年7月4日，中国环境科学学会咨询服务中心与燕山石化总公司环保所联合成立"中国环境科学学会评价部"，并领取了由国家环境保护局颁发的评价资格证书，开展了建设项目的环境影响评价。例如1988年，受江西九江炼油厂委托，对该厂增建年产30万吨合成氨和52万吨尿素装置工程进行环境影响评价工作，按照评价大纲的要求，完成了评价工作，提交了环境影响评价报告书。1989年，受江西合成洗涤剂厂的委托，由中心负责协调与江西环保所共同承担了该厂3万吨三聚磷酸钠扩建工程的环境影响评价，提交了环境影响评价报告书。1991年，完成了新疆有色金属公司"阜康有色金属冶炼中心环境影响评价"项目。

除了组织进行环境评价，还完成了其他很多环境咨询项目，如1986年，承接北京二七机车车辆厂污水处理方案及工程设计项目。该项目完成后，实现了大部分污水回收利用，专家给予了效益良好的结论意见。再如1990年，完成了武汉钢铁公司"铜渣应用于地基情况的安定性实例调查和其情况分析及评价"项目。

1982～1989年，咨询服务中心累计开展咨询项目74个，完成合同额150万，创收24万元。其中，环境科学学会与燕山石化公司联合完成了十几项环境影响评价工作。

由于咨询服务中心的工作取得了显著成绩，1988年，中国科协授予咨询服务中心"金牛"三等奖。

## 二、秘书处先后设立咨询部和技术市场信息部开展工作

1991年后，由于国家环保局环评工作的新要求，环境科学学会停止了环境影响评价工作。同时根据社团工作形势的变化和学会工作开放搞活的需要，为适应市场经济体制，重点在环境科技咨询与科技成果转化方面开展中介服务工作，因而对咨询服务工作机构也作了新的调整，于1991年在秘书处设置咨询部，取代了原有的咨询服务中心；1994年又将咨询部调整为技术市场信息部，负责开展咨询服务工作。

### 1. 为政府环境保护工作提供咨询服务

1998年，学会承担了国家环保局科技发展计划项目"中国产业发展中的环境保护政策"研究，着重从理论上对产业发展的环境影响，以及产业发展政策制定和实施的环境效应进行了较深入系统的研究，并就如何建立和完善我国环境与产业发展综合决策制度进行了广泛探讨，为我国产业发展中的环保政策制订提供了服务。

1998年协助组织完成了"环境污染治理工程运行监督装置"产品质量认定技术标准的制定。国家环保总局科技司于6月3日主持召开了审议会，并通过了审定。

2005年2月，向中加清洁生产办公室申请到小额资金，其中一部分用于支持国家环保总局科技司标准处完成生态工业园区评价指标体系研究报告。

2005年，组织进行了"铬渣无害化、资源化实用技术筛选评审"工作，经过对18个申报项目的评审，筛选出一批技术基本成熟、经济相对合理、适宜组织实施的处理技术，并组织专家编写了《铬渣无害化、资源化实用技术筛选评审工作报告》。2005年国家发改委参考这份报告内容，制定了有关铬渣无害化处理、推动铬盐行业清洁生产的政策，并投入相当大的资金解决铬渣污染问题。

### 2. 持续开展环境科技成果的评价与推广

此间，环境科学学会为很多环保企业进行了技术或产品评审和推荐推广，为企业开发新技术和产品服务，为解决环境问题服务。如2000年，为北京格绿环保公司研制的格绿脱硫塔脱硫技术组织了专家评审；为山东淄博动力机械制造有限公司研制开发的"全自动纸浆模塑餐具生产技术"组织了专家评审和推广；对北京为多生物工程研究中心研制的天正蓝餐洗液进行了评审，客观地评

价了该产品对环境保护的积极作用，并提出了尚需改进意见和建议。2001 年 6 月 29 日，在北京国际饭店召开了《CECO 城市垃圾处理综合集成系统》专家评审会。CECO 城市垃圾处理综合集成系统是在计算机网络平台系统的操控下，根据垃圾物料的物理化学性质，运用各种分选设备，对其进行分选，再分别进行堆肥、回收利用、焚烧发电、炉渣制砖等处理，从而实现对垃圾的彻底处置和对资源的充分利用。2002 年，组织专家完成了北京华德环能技术研究所等开发研制的醇基清洁燃料及其炉(灶)具的推广应用评审工作。

为了增强环境科技成果推广的力度，根据企业的需要还组织召开专门的推广会进行社会推广，推动技术合作。如 1998 年，学会分别与北京凯蒂王公司和 JT 系列消烟节能煤燃烧炉专利持有人签署了燃煤锅炉脱硫和中小燃煤炉窑消烟除尘技术推广合作协议，着重为中小老式炉窑改造和两控区脱硫提供服务。与中国工程物理研究院神工实业总公司签署了“城市垃圾无害化处理技术推广”合作协议。2000 年 5 月，为北京京鑫技术开发有限公司开发的 99×XGWYL－O 型液化石油气(LPG)汽车专用装置进行了推荐和组织推广。2000 年 9 月，在大庆市组织召开了“全国酸碱性废水自控中和排放技术”和“水中微量油去除技术”应用推广现场会。此项技术是大庆北盛有限公司开发的新技术，其应用性强，环境、经济效益明显。2000 年 8 月，主持召开了秦皇岛开发区环保公司“软稳”静电除尘技术创新评议会，促成该公司与首钢的技术协作。2000 年 11 月，为北京恒福利家具制造有限公司生产的绿色环保家具组织了专家评审会，为推动家具生产的环保化起到一定示范作用。2001 年 4 月 17～18 日，学会在北京主持召开“造纸黑液资源化利用技术现场推广会”，对内蒙古蒙宜造纸黑液资源化利用有限公司在造纸黑液的资源化利用方面的成果进行推广。该成果于 2000 年 10 月 16 日通过了国家环保总局主持的成果鉴定。来自全国各地的政府官员、企业代表、专家学者等 100 多人参加了会议。会议对本项技术进行了推广，并赴河北作了现场参观。2001 年 5 月，对广州朗洁环保科技有限公司生产的“朗洁 LGCFC 静电油烟净化设备”这一环保产品向社会推荐。

学会注意不断创新科技成果推广的方式，提高咨询服务工作的效果。1999 年以后组织开展了“全国用户信得过环保产品评选”。为了集中推广环保科技成果，2000 年 4 月 16～19 日，学会与北京新万通科技中心合作举办了《全国环保技术成果和信息发布及技贸洽谈会》。会议共收到 39 个科研院所、大专院校和企业提供的 232 项新环保科技成果，其中有 20 多项当场在会上达成了合作意向协议。2000 年 9 月，与北京蟹岛度假村结合，组建了北京市蟹岛绿色生态园度假村有限公司，为推动城市郊区生态建设和可持续发展发挥一定的示范作用。2000 年，与中国保护消费者基金会合作，共同组织《中国绿色产品》推广宣传活动，着重对已获得“环境标志”产品、国家环保总局认定的推广产品、获“有机食品”或“绿色食品”称号的产品，以及获国家有关法定认证机构认证的绿色产品，本着自愿原则，不定期分批在《中国环境报》、《环境保护》杂志、《中国消费者报》、《中国消费者网》等报纸杂志登载产品商标广告，使更多的用户了解和选用这些产品。此间还开展过饮品企业环境质量管理审核工作。

3. 建立网站，探索实现电子化、信息化的服务功能

2000 年 10 月，中国环境科学学会与有关单位合作创建“中国国际环保网”。内容包括商务专区、生活、科技、绿色联盟等 4 个频道。以此为基础，2003 年中国环境科学学会独立建立并正式开通了网站（www. chinacses. org）。该网站的建立可以提高学会服务功能，全面反映学会的历史、发展、现状和未来，增加工作透明度、推广促进办公自动化，增进会员之间的沟通交流，加强学会对外形象的宣传和推广，方便开展同国内外学术团体的合作与往来，使网站成为社会各界了解环境学会的平台，并向关心中国环保事业的各界人士提供大量的实用信息。更重要的是为学会利用电子化方式为社会提供咨询服务奠定了良好的基础。

## 三、成立技术咨询与推广部，拓展和增强科技咨询服务工作领域和工作力度

随着学会改革的深入和与时俱进调整工作目标，2004 年 6 月，学会秘书处将技术市场与信息部更名为技术咨询与推广部，并重新配置职能；2007 年设立了环境损害鉴定评估中心。技术咨询与推广部的主要职能是负责学会的技术咨询、科技评估、成果转化、技术产品推广等。重点进行实用环保技术的评选推广、组织绿色产品的展示交流、环保新产品技术评估、推荐等工作，为环保科研成果的转化、环保新技术的推广、环保产品推荐宣传等活动牵线搭桥。

20 世纪初的 20 年是我国经济、社会发展的重要战略机遇期，“十一五”时期又是全面建设小康社会进程中承前启后的关键时期。党和国家相继做出落实科学发展观，构建和谐社会，建设资源节约、环境友好型社会和推进生态文明等重大战略决策。为促进国内外交流与合作，为推广国内外节能减排先进技术和管理模式服务，环境学会采取了构建“绿色财富”论坛、举办环境保护展览、召开系列

环保技术交流会、进行环境友好型技术与产品评审和推荐等方式进行工作。

1. 促进"官、产、学、研"相结合,创建集"绿色财富"网络、刊物、论坛于一体的综合性技术交流平台

从2005年起至今,学会已召开三次由政府管理人员、科学家、科研单位和企业人士参加的绿色财富论坛,发行《绿色财富》内部杂志13期,开通了"绿色财富"网络。特别是绿色财富论坛,作为融合环境经济、金融、法律、产业等领域进行学术与产业相结合的交流平台,得到了社会各方的关注和支持,并逐步走向成熟。每届论坛都紧密结合国家环境保护工作的重点确定主题。如2005年,在党的十七大报告提出的加强能源资源节约和生态环境保护,增强可持续发展能力,加大节能减排力度的政策背景下,为响应国务院关于建设资源节约与环境友好型社会的号召,2005年12月在北京举办了"首届中国绿色财富论坛暨构建资源节约与环境友好型社会高峰会"。第二届中国绿色财富论坛于2006年11月16日在云南玉溪召开。论坛把建设和谐社会下的科技创新与可持续发展列为重点研讨议题。会议得到了全国人大环资委、国家发展和改革委员会、商务部、建设部、全军环保绿化委员会、联合国工业发展组织等有关单位的支持与协

2007年,第三届绿色财富(中国)论坛开幕式,顾秀莲(左7)副委员长和吴晓青(右7)副局长出席

助。本届绿色财富论坛与会代表近300人，大家进行了充分的交流，并提出了积极的意见和建议。绿色财富论坛的影响力也得到了进一步的扩展。2007年11月17日在北京召开的第三届中国绿色财富论坛，主题为“节能减排与企业家的社会责任”。全国人大副委员长顾秀莲、国家环保总局副局长吴晓青、中国科协宋南平书记，中国科学院孙鸿烈院士、刘昌明院士，中国工程院丁一汇院士、金涌院士等领导、院士、经济学家、企业总裁出席了开幕式。论坛取得了积极成果，得到社会更大的关注。2006年，将各行业专家发表的文章由中国环境科学出版社出版了《绿色财富论坛文选》一书，对宣传绿色财富理念起到积极作用。

2. 举办环保科技展览会，更广泛地进行科技成果交流推广

中国环境科学学会多年来不断利用展会方式进行科技成果交流推广工作。1985年5月，组织全国首届环保、节能技术成果交易会作为首届全国技术交易会的分会场，有146家厂矿、设计、研究单位参展，参观人数达8万人次。举行了10次技术讲座，有100多位专家参加了咨询活动。2000年前后中国环境科学学会在上海主办水处理展览会。展会不断发展，规模不断扩大，逐步得到业界的认可，尤其是2006年以后发展得更快。2006年4月，“第七届中国国际环保科技展览会暨高新技术成果研讨交流会”召开，展览面积近12 000平方米，参展企业达600余家。针对我国水污染的新技术、新成果，参展单位与来自海内外代表利用5天时间进行了充分的交流、洽谈和展示。“EPTEE 2007第八届中国国际环保展览会”参展企业567家，参展观众2万余人，展览面积达22 000平方米。2008年4月27～29日，第九届展会定名为“中国国际环保展览会与中国国际给排水水处理展览会”，吸引了来自25个国家和地区的近689家国内外参展商，其中有290多家海外企业，7个海外国家展团前来参展，展览面积达30 000平方米，其中国际展览面积达1/3。

此外，2007年7月，在新疆乌鲁木齐市支持举办了“2007中国(乌鲁木齐)节能环保产品(技术)暨水处理设备博览会”，参展企业80余家。会上召开了“2007中国(乌鲁木齐)节能环保产品(技术)暨废水、脱硫除尘与废气治理技术、设备应用交流与工程项目信息发布会”。2007年9月主办了“第二届中国广州环保产业、资源利用博览会”，参展企业200余家。

3. 组织专题性环境技术交流与推广，搭建稳定的技术交流研讨与咨询服务平台

为从管理体系、水资源利用、大气污染控制、能源利用、综合利用技术等方

面入手，研究我国重点行业的节能、减排技术应用，加大学会技术咨询与推广力度，环境学会举办了循环经济、生态补偿、水体污染控制、土壤修复、铅污染与监测、持久性有机污染物防治、危险化学品污染与治理等一系列技术交流研讨会，并将延续开展下去，取得了较好的效果和社会反响。会议提出的建议都报送有关部门作为参考。

期间举办的技术交流会主要有“全国铅污染监测与控制治理交流研讨会”、“全国水体污染控制、治理、生态修复技术与突发性水污染事故应急处理体系建设高级研讨、交流会”、“生态建设补偿机制与政策设计高级研讨、交流会”、“全国土壤污染监测与控制修复、盐渍化利用技术交流、研讨会”、“全国水土保持及生态恢复建设技术交流研讨会”、“生态建设补偿机制建立、政策设计与立法研讨、交流会”、“持久性有机污染物监测与防治技术交流、研讨会”等。

4. 开展环境友好型技术与产品评审推荐

为进一步加强科技成果的转化，环境学会于2005年开展环境友好型技术与产品评审与推荐工作，对环境科研技术、产品等成果进行评审和推荐。

2005年6月，邀请相关行业专家、学者、管理者通过调研和评估制定了“环境友好型技术与产品评审和推荐管理办法及评估导则”，规范开展对重点行业企业技术与产品涉及整个生命周期的科学评价。主要做过的项目：对福建环科集团三明市高科橡胶公司“高品质精细轮胎再生胶”新技术、产品进行评价；2005年，对云南格瑞环保工程有限公司“利用糖蜜酒精废醪液制作有机肥料工艺技术”进行了评审，专家认为该技术在治理污染和资源利用方面具有创新性，值得推广；2006年6月8日，组织专家对北京移远通电子技术有限公司“UIC环境突发事件处理系统”举行了专家论证评审；2006年6月20日，组织专家对日本ミナキアドバンス株式会社“水之魂”应用技术进行专家论证；2006年11月9日，对河南鑫源丰实业有限公司500千吨/年串联法氧化铝项目工艺技术举行专家论证；2007年6月6日，对北京云辰天环保科技有限公司研发的“油墨印刷中多组分有机废气循环利用技术及成套设备”（活性炭纤维有机废气回收装置）进行论证等。

作为专项评估，环境学会还进行了“环保型人居工程评估”工作，对北京天鸿、江西城开、天津泰达、深圳宇宏等一些知名房地产商开发的项目、住宅产品的环境质量给予了客观、公正的评价，通过和颁发了推荐证书。

此外，为发挥学会优势，促进高校、科研机构和相关环境技术中心的科研成果有效应用并实现产业化，2006 年 6 月，环境学会与北京志峰环保设备有限公司合作建立了“中国环境科学学会北京志峰水污染防治研发中心”主要从事水污染防治的技术成果转化、产品创新研发、成果推广等工作。2008 年 5 月，中国环境科学学会与北京志峰环保设备有限公司合作建立了“中国环境科学学会北京云辰天环保科技有限公司有机废气污染防治研发中心”，联合业内专家、科研院所和企业进行有机废气污染防治的创新研发、技术成果转化推广等。

## 四、开拓环境与健康新领域，进行环境损害评估鉴定工作

进入 21 世纪以来，在国家提倡用科学发展观统领发展全局、全力构建和谐社会的新形势下，关心民生问题也许是中国未来发展对于各行各业、各学科提出的一个最大的挑战。环境与健康问题是环境科学的前沿问题，也是环境保护工作关系公民切身利益的重大民生问题。从 20 世纪的 1998 年开始，中国环境科学学会就从室内空气污染调查入手，开始关注环境与健康问题，并从组建专家队伍、组织专题调研、开展学术交流、进行相关知识普及等方面积极开展工作，推动环境与健康领域的相关工作。

1998 年，中国环境科学学会联合中国人类生态学会、获得 BAT 中国公司赞助，与澳大利亚健康建筑公司和北京市环境保护科学研究院率先在我国开展了“中国室内空气质量测量测试分析研究”，通过对北京不同类型建筑物室内空气质量的测试和分析研究，为我国有关部门制定室内空气质量标准、实施政策以及开发适用的室内空气净化设备提供了依据。

2000 年 9 月，学会组织举办了我国环境保护系统第一个“室内环境污染监测分析与健康影响评估培训班”，并编制了环保系统第一套室内环境与健康的培训教材。

自 2001 年来，针对我国室内环境污染日益严重的新形势，广泛联系室内环境相关领域的国内外科学家，成功地举办了三届“室内环境与健康”为主题的系列国际专题会议，并在 2001 年底组建了“中国环境科学学会室内环境与健康专家委员会”，于 2004 年开始筹建“中国环境科学学会室内环境与健康分会”，吸收了包括我国环境保护、环境医学、预防医学、建筑学、劳动保护以及暖通领域的知名专家参与。“中国环境科学学会室内环境与健康分会”筹备委员会于 2005 年成立后，学会支持专家们 2006 年 9 月在烟台、2007 年 7 月在湖北宜昌召开两

届“室内环境与健康分会学术年会”。学会有关室内环境与健康专家研究撰写了“关于制定《室内空气净化产品性能测试规范》的建议报告”，上报给国家环境保护总局。上述工作积极推动了室内环境与健康相关学科的建设发展。这个时期，学会还成立了“中国环境科学学会室内环境与健康研究中心”内设机构，开展室内污染治理技术推广工作，收到了良好的效果。

2005年，为配合国家环保总局加强环境与健康工作的需求，中国环境科学学会承担了总局法规司下达的《中国环境主要污染健康效应概述》的文献综述工作。同年8月，国家环保总局为落实国务院领导关于广东省上坝村污染致癌反映批示精神，委托学会组织专家完成了《广东省上坝村环境污染及其致癌问题调查报告》，确认了相关事实，为解决实际问题提供了科学依据。

2006年初，中国环境科学学会承接了国家环保总局与世界卫生组织的首个合作项目“中国农村室内环境污染与健康调查课题”，完成调查地点选择、方案设计、人员培训等工作，2007年上半年完成课题。

2008年1月，学会刘志全副秘书长率团赴日本进行环境与健康考察，并与水俣病受害者合影。

2008年1月，刘志全副秘书长率团赴日本进行环境与健康考察，
与水俣病受害者合影

2004年9月，中国环境科学学会第五届理事会第五次常务理事（在京）会议

讨论通过了学会成立环境损害评估鉴定机构的议案。常务理事们对于学会开展环境损害鉴定评估工作进行了充分的讨论，认为，环境与健康问题是我国环境保护的新领域，也是国家环境保护总局新的工作方向，具体意见如下：

第一，由于刚刚起步，有关环境与健康的研究和管理制度还有待加强和完善，急需大量的调查研究。开展环境健康损害受理、评估和鉴定工作，可以通过健康损害事件中的环境因素调查，摸索和积累经验，为促进形成科学严谨、积极有效的环境健康调查工作机制、完善的环境健康损害受理评估和判定工作程序、合理的环境补偿机制、完善的法律体系等奠定基础，从而有利于环境健康工作的开展。

第二，随着人们法律和环保意识的增强，因环境问题引发的群体性事件以年均29%的速度递增。由于我国相关的法律、法规尚未制定或不完善，为维护群众的环境权益，环境损害鉴定评估已成为当前解决环境纠纷、环境诉讼与环境调解的客观需要。

第三，我国环境问题复杂，环境损害事件具有综合性和复杂性等特点，迫切需要集环境监测、环境医学、经济、法律、社会学等多学科专业人才为一体的机构进行研究和鉴定，而中国环境科学学会具有组织多学科、跨部门专家协作工作及鉴定机构所必须具有第三方中立性的特点，能有效解决环境损害涉及多学科交叉性的问题，可以保证鉴定评估的科学性和公正性。

2005年5月，中国科协同意中国环境科学学会设立“环境损害评估鉴定研究中心”(科协学发[2005]043号)，据此，学会着手组建环境损害鉴定评估中心，并同时向最高人民法院司法鉴定中心申请，于2005年5月完成了对外委托司法鉴定机构的备案工作。2006年10月，经国家环保总局批复同意(环函[2006]398号)，中国环境科学学会正式成立“环境损害鉴定评估中心”。

环境损害鉴定评估中心的主要职能是：组织开展环境污染损害及环境健康等方面的调查、评估鉴定工作；承接社会各方委托，开展环境损害鉴定评估的咨询与服务工作；组织开展环境污染损害与环境健康等方面的科学研究、标准规范制定等工作；组织开展环境污染损害与环境健康等前瞻性技术与标准的交流与培训工作等。2007年2月，成立了环境损害评估鉴定和环境与健康专家委员会，建设了开展环境损害评估鉴定业务专家库，并拟定了学会环境损害评估鉴定机构的内部管理体制、业务流程及规章制度。

环境损害鉴定评估中心成立以来，接受社会委托，完成“黑龙江省穆棱市某村居民氟污染导致氟骨症的环境损害鉴定”、“山东省某电厂排放二氧化硫对林

木造成损害的因果关系鉴定”等5项鉴定工作。并有2个环境损害鉴定已被法院采纳。

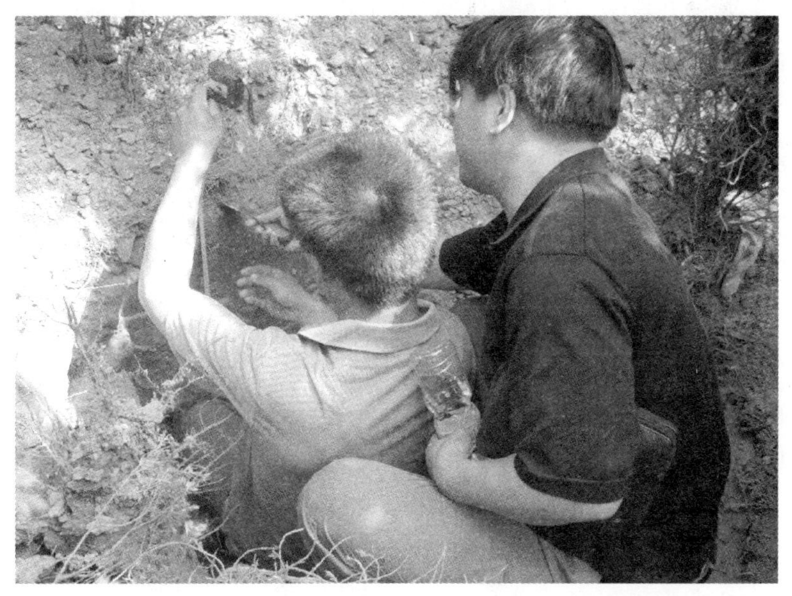

中国环境科学学会专家为开展环境损害鉴定进行现场取样

环境损害鉴定评估中心成立以来，开展了多项基础科研工作，如2006年度国家环保公益性行业科研专项《环境污染损害鉴定评估技术规范研究》、“环境污染健康损害事故的预防、预警和应急体系”研究、“环境污染事故与纠纷相关健康损害”研究、“环境保护科研项目及成果库”研究、“环境污染损害健康纠纷调查与对策建议”研究、“环境污染事故与健康应急机制及对策”研究等，同时，制定了《环境影响评价技术导则——人体健康》标准、《废铅酸蓄电池收集和处理污染控制技术规范》、《废家电处理回收利用污染控制技术规范》等，为今后的鉴定工作打下了基础。

## 第五节 科技刊物及图书出版

### 一、创办期刊

环境保护科技期刊是开展学术活动的园地，进行国际学术交流的工具，储存学术文献的宝库，宣传国家环境保护工作方针政策的重要阵地。为了加强国内外学术交流、提高学术水平，环境科学学会第一次代表大会后，成立了编辑工作委员会，推动环境学会创办环境保护科技期刊。1981年《中国环境科学》作为会刊正式创刊，1983年张爱萍为该刊题写刊名；1981年与广东省环境保护局共同主办科普性刊物《环境》(2004年以后不再作主办单位)；1984年创办了《中国花卉盆景》科普刊物；2001年与北京理工大学合作创办了《安全与环境学报》；2007年独家创办了《环境与生活》科普刊物；还与江苏省环境保护局合办了综合性中级科技刊物《环境导报》。中国环境科学学会分支机构也与其他单位合办了一些期刊，主要有《中国环境管理》、《环境化学》、《环境工程》、《噪声与振动控制》等。此外，作为内部刊物，编印《中国环境科学动态》和《绿色财富》杂志。这些刊物中有高级学术性刊物、中级技术性刊物，也有科普性刊物，初步满足了管理部门、工业生产部门、科研和教育部门以及人民群众对环境知识的需要，及时反映我国环境科技的成就和水平。全国性高、中级刊物能在本学科范围内围绕我国的重大环境问题开展学术研究与讨论，经常总结和报道环境科学领域内的研究成果，有力地促进了环境基础学科的发展；地方性刊物则围绕本地区的重

中国环境科学学会动态

中国环境科学学会主办的刊物

要环境问题或特殊环境问题开展研究活动，为国家、地方管理部门提供环境保护战略建议，对制定环境保护政策起到了咨询作用。各类刊物还广泛进行污染控制技术交流，推动污染控制技术推广应用。早期的刊物还介绍国外(美国、日本等国)的环境保护法及环境管理工作。《环境与生活》科普期刊在提高全民族的环境意识，普及环境科学知识，引领绿色生活等方面发挥着积极作用。《绿色财富》倡导绿色理念，促进产、学、研结合，推动绿色经济、绿色产业的发展。

## 二、中国环境科学学会会刊——《中国环境科学》

中国环境科学学会会刊——《中国环境科学》创刊后，紧紧围绕环境科学的前沿领域和我国重大的环境问题，开展学术研究和讨论。包括环境自然科学基础理论，区域性环境污染的综合整治，环境战略思想，环境管理的理论与方法等。自1981年创刊到2007年，共出版162期，刊登3 164篇有关环境生物、环境化学、环境医学、环境工程、环境地学、环境管理、环境经济和环境法学等领域的论文。这些论文基本上反映了我国环境科学技术领域的发展方向、水平和最新成就与突破性进展，对活跃学术研究、促进环境学科发展发挥了积极作用。

中国环境科学学会学报——《中国环境科学》

1990年是《中国环境科学》创刊10周年，回顾过去，展望未来，编委会从环境生物、环境化学、环境医学、环境工程及环境影响评价、环境管理和经济及环境法学等方面组织编写了5篇综述性文章，纪念创刊10周年。1989年将第3期作为纪念学会成立10周年的专刊，对学会10年历程作了简要的回顾和展望，刊登了一些历史照片，同时发表了曲格平局长的专论《世界环境问题的新发展及我国的对策》。在以后几期又开辟了环境科学新进展栏目，为广大国内外读者提供了我国环境科学方面的最新信息。

1998年，《中国环境科学》在主编王文兴院士的指导和支持下，对刊物进行了全面调整，改进刊物印刷质量，增加版面，增加国外交换、赠阅刊物量，全面调整了刊物排版格式和计算机排版系统等，以利检索系统的收录、检索和扩大刊物信息量及缩短稿件刊出周期。

2006年12月26日，《中国环境科学》编辑委员会进行换届改选，成立了第六届编委会。考虑到我国环境科学的迅速发展和地区与专业的代表性，经反复磋商，第六届编委委员专业覆盖面扩大，人数显著增加，地区代表性进一步增强。主编为王文兴院士，副主编为魏复盛院士、郝吉明院士、孙铁珩院士。编委会共有54位编委，分别来自重点高校、科研院所及海外的专家学者。专业覆盖了大气污染与控制、水环境与水处理、固体废物、噪声、大气化学、水化学、环境监测、土壤化学与地球化学、环境生态、环境医学、环境管理、环境法、环境评价等学科。为了满足环境保护科技工作者的需求，2008年《中国环境科学》由双月刊改为月刊。

2006年12月，在北京召开《中国环境科学学会》第六届编委会成立会议

按照中国科技部信息研究所的要求，《中国环境科学》加入了Chinainfo网。1999年第1期开始执行了《中国学术期刊〈光盘版〉检索与评价数据规范（试

行)》。2001年度,《中国环境科学》编辑工作走上了电子化、网络化建设的轨道,奠定了编辑工作程序电子化的基础。2007年9月,购买了北京玛格泰克科技发展有限公司的期刊稿件采编系统软件。2008年1月28日,正式开通《中国环境科学》编辑部网站(www.zghjkx.com.cn)。2008年3月1日,正式启用网上投稿、审稿系统。

经过坚持不懈的努力,《中国环境科学》不断取得良好的成绩。据中国科学技术信息研究所分析中心公布的中国科技论文统计结果:1998年,《中国环境科学》总被引频次为341,影响因子0.417;2002年,《中国环境科学》总被引频次为1 022,影响因子为0.677,他引总引比为0.96;2003年,《中国环境科学》总被引频次为1 260,影响因子为0.793,他引总引比为0.96;2004年,《中国环境科学》总被引频次为1 343,影响因子为0.808,他引总引比为0.97;2005年,《中国环境科学》总被引频次为1 714,影响因子为0.978,他引总引比为0.95;2006年,《中国环境科学》总被引频次为2 045,影响因子为1.062。《中国环境科学》被国外数据库EI、CA、ASFA等十几个检索系统收录,被全国检索刊物体系的数十个数据库、文摘刊物的收录系统收录。在全国各高等院校和科研机构(包括国家重点实验室)均被列为A类核心刊物,也是各高校环境科学和相关学科硕士生、博士生发表论文的指定重点核心期刊。《中国环境科学》在国内外环境界产生了较大的影响,受到广大环境科技工作者的关注和欢迎。

上述成绩得到了中国科协和国家新闻出版总署的肯定和支持。1997～2002年、2004年和2005年,《中国环境科学》获得中国科协学术期刊专项资助经费。2007、2008年连续两年获得中国科协精品科技期刊工程项目资助。2002年《中国环境科学》荣获中华人民共和国新闻出版总署2003年1月10日颁发的第二届国家期刊奖提名奖。同年还获得中国科协颁发的“第三届优秀科技期刊一等奖”。2004年荣获中华人民共和国新闻出版总署2005年2月22日颁发的第三届国家期刊奖百种重点期刊奖。荣获此奖,标志着《中国环境科学》杂志进入了全国精品期刊行列。

为把《中国环境科学》办成精品学术期刊,促进科技人才成长,《中国环境科学》编辑部自1987年起每年评选出上一年度的优秀论文。评选出的优秀论文作者中有教授,也有刚毕业的博士生、研究生、本科生,反映了我国环境保护科学技术事业欣欣向荣的局面。1987～2007年已评选出优秀论文145篇,其中一些优秀论文在中国科协的优秀学术论文评选中获奖:

2003年第4期祁士华等撰写的《拉萨市城区大气和拉鲁湿地土壤中的多环芳烃》荣获2004年第二届中国科协期刊优秀学术论文奖。

2004年第2期马世震等撰写的《青藏公路取土场高寒草原植被的恢复进程》荣获2005年第三届中国科协期刊优秀学术论文奖。

2006年第5期孙丽撰写的《沼泽湿地 $N_2O$ 通量特征及 $N_2O$ 与 $CO_2$ 排放间的关系》荣获2007年中国科协颁发的第五届中国科协期刊优秀学术论文奖。

## 三、编辑出版环保科技类图书

中国环境科学学会结合学术活动、咨询服务、科普教育等持续不断地编辑出版环境保护科技书籍、论文集及科普教育教材，荟萃科技成果，推动学科建设，服务环保工作，普及科技知识。

1984年，编写了2000年中国环境研究资料第42集《中国环境现状和科学技术水平与国外差距》，为深入全面认识和研究中国的环境问题、为环境管理服务、不断繁荣和发展环境科学技术作了理论上的准备。1984年召开中国环境科学学会首届学术年会后，编写了《中国环境科学学会首届学术年会文集》。内容涉及环境化学，环境生物、环境医学、环境工程、环境评价，环境地学、环境物理学、环境战略学等学科领域。

根据学会第二届编辑工作委员会期刊编辑工作会议的精神，为了总结记录我国环境科学成就，促进科学技术的发展和增进国内外学术交流，编辑出版了《中国环境科学年鉴》(以下简称《年鉴》)，以中国环境科学学会创建以来的主要学术交流活动的成果为主，兼容国家环境科学研究的主要动向。该《年鉴》的出版有利于积累环境科学的历史资料，总结推广经验，促进我国环境科技事业的发展。

会议论文集是学术交流成果的凝集，为了扩大学术交流的成果，学会陆续组织编辑出版了一系列会议论文集。第一次全国酸雨研讨会对我国酸雨的现状、趋势、成因、来源、影响和对策进行了全面的总结和交流。为了更好地进行国际交流和提高该课题的研究水平，编辑出版了《酸雨文集》。为纪念中国科协成立30周年，19个学会联合召开了《全国环境与发展学术讨论会》。会议就社会、经济与环境，农林、生态与环境，地理资源与环境，气候、工程与环境等问题

进行了讨论，并提出相应的对策，会后出版了具有重要参考价值的《经济发展与环境》论文集。此外还有《中美环境法学术讨论会论文集》、《环境科学理论讨论会文集》、《环境监测分析文集》、《中国酸雨发展趋势及控制对策》、《中国环境管理制度论文集》、《环境保护设施管理与治理技术》、《环境保护综合利用技术》、《环境污染治理技术与实践》、《推行清洁生产控制工业污染论文集》、《中日环境问题研讨会文集》、《辐射环境管理论文集》、《资源环境与持续发展》、《中美环境法学术讨论会论文集》、《室内环境与健康》、《环境与健康》、《中国环境科学学会优秀论文集》等。这些文集既反映了我国环境科学的水平与进展，又为实际工作提供了科学理论与方法。文集的出版，使广大环境科技工作者的劳动成果得以汇总、保留、延伸，扩大了学术会议成果和交流范围，得到了广大作者与读者的欢迎。

另外，学会还与所属各分会、专业委员会陆续编写了《论环境管理》、《论工业环境管理》、《论环境经济》、《环境质量评价指南》、《环境工程论文选编》、《污灌与环境》、《环境科学战略研究报告》、《中国环境现状和科学技术水平与国外差距》、《环境科学技术发展年报》等专业书籍。这些书既反映了我国环境科学的水平和进展，又为实际工作提供了科学理论和方法。

20 世纪 80 年代，在大百科全书出版社的组织下，学会参与组织科技工作者编写了《中国大百科全书 · 环境科学》。1983～1989 年，学会组织专家、学者，编、译、著了一批环境保护书籍，有《公害管理人员考试指南》、《环境预测和评价》、《水污染控制与处理技术》、《发展中国家环境影响评价实例》、《香港环境》、《环境影响评价运用指南》、《酸雨手册》以及国内专家自己编写的第一本适合国情的环境评价实用手册《环境影响评价手册》等书。协助国家环境保护局出版了《建设项目法规汇编》、《咨询服务机构名录》。为了促进环境咨询理论和政策的研究工作，编写出版了《环境咨询初探》，收集了国家环境保护局局长曲格平对环境咨询工作的意见，选录了《全国环境咨询理论与政策研讨会》的部分论文，介绍了国内开展环境咨询工作的组织体系、性质、程序、收费标准、政策以及管理工作等方面的理论和实践的经验，为开展环境咨询服务工作，从理论上和政策上提供了依据和保证。这些书籍为环境咨询、环境评价、治理污染等方面工作提供了国内外最新的技术和方法，为培训环境保护技术人员提供了教材和资料。

学会还组织编写了环境教育培训教材。早期创编了《环境科学概论》、《环境保护概论》、《环境保护通论》、《工业企业环境》等，用于培训环保干部队伍。后来编有《妇女与环境》和《农民工子女学校环保与健康科普知识读本》等培训教材，为提高全民族的环境意识和环境科技知识水平服务。

为科普宣传的需要，学会也出版了很多科普书籍，如《呼唤》、《话说环境》、《环境漫画集》、《汽车环保与节能科普知识》、《农民身边的环保科普知识》、《三江源地区生态环境保护科普知识》等一大批科普读物、手册和挂图。与此同时，还与有关单位合作组织编辑了专题出版物。学会与环境文学家结合，促进了环境文学的发展。

鲍强秘书长与环境文学家黄宗英（左 2）、张抗抗（右 1）合影

## 第六节 国际及区域间的合作交流

中国环境科学学会是我国国际及区域间的环保交流合作领域一支重要的生力军。作为我国民间国际及区域间环保科技交流与合作的重要窗口，中国环境科学学会自 1978 年成立以来，在主管部门中国科学技术协会和挂靠单位国家环境保护总局（前身为国务院环境保护办公室、国家环境保护局）领导和支持下，在以下方面努力开拓，为会员、环境科技工作者创造机会，积极开展相关的环境保护科技的国际及区域间的交流与合作，取得了很好的成果。

一是积极开展同国外及地区大学、科研机构以及环保科技企业的合作研究，为中国环境科技工作者参与全球环境问题的科学研究创造条件，同时，也为引进国外智力，提高我国环境科学研究水平而开辟更多的渠道。

二是加强与国际环境保护学术组织的联络与合作，组织我国环保科技工作者参与国际环保学术交流，支持和推荐我国环境科学家在国际环保学术组织中任职，提升我国环境科学研究在国际环境科学研究领域的地位。

三是不断增强参与国际环保科技交流合作项目能力，利用国际资金，支持中国科技工作者参与国际环保学术交流，开展合作项目研究。

四是通过与台湾环保科技界开展区域间学术交往，积极为和平统一服务。同时，积极发展与港、澳地区环保学术交流合作。

五是通过举办规模不等、形式多样的的国际环保学术会议、国际环保技术专题会议、国际环保技术展览会，为国内外环境科技成果的交流与推广提供服务平台。

中国环境科学学会成立30年来，已经与众多的国际环境保护学术组织和地区的环境机构、环境保护学者建立了广泛的联系渠道，采取了多种交往的方式，在吸收国外先进的环境科学技术、管理经验以及对外宣传我国环保工作方面，做出了自己的贡献。

## 一、开展形式多样的对外交流，促进国内环境保护科技事业的发展

利用民间渠道，开展国际环境交流活动的一个重要目的是交流信息，引进资金、技术和人才，解决国内的环境问题，促进环境保护事业的发展。学会在对外交往活动中，始终利用各种机会，为中外环境保护科技工作者架起桥梁，坚持为我国环境保护事业和环境科技工作者服务。

### 1. 积极获取国外环境保护书刊杂志

利用各种渠道，收集有关环境保护的国际新动态及先进技术信息是一种花费少、获益大的交流方式。

学会现在每年定期或不定期收到IUCN、IAW（IAWPRC）、IUAPPA、UNEP、WWF、日本水质污染研究会、瑞典皇家科学院、香港生产力促进局等国家、地区或国际性的环境保护机构和组织定期或不定期出版的环境保护书刊杂志，共计十几种。此外，还收到来自美国、英国、加拿大、丹麦、香港等地一些环

境保护机构、企业的研究报告或技术信息。1989 年年底，学会加入了“亚太地区非政府环境组织网络”，与日本、韩国、澳大利亚、马来西亚、新西兰等十几个国家的民间环境保护组织建立了资料交换关系，几乎每个月双方都交换有关的信息。这个网络交流的范围正在逐年扩大。此外，学会还利用外国环境保护专家来访和我国环境保护人员出访的机会索取有价值的环境保护资料。

2006 年来，学会分别与俄罗斯《生态与生活》杂志、美国《环境健康展望》建立了联系，进行杂志交换，并探索合作办刊。

2. 开展对等互惠环境保护交流

1986 年 11 月，中国环境科学学会与加拿大土木工程学会签署了交流学者的协议书。1987 年 6 月，该学会派两位学者来华进行学术交流，针对污水处理、有毒有害废弃物处理、环境影响评价等问题作了学术报告，并进行了座谈。通过交流，双方增加了了解，对各自的环保状况和技术水平有了较深的认识，为今后的进一步合作奠定了基础。

学会还与东欧、苏联及东南亚的一些国家采用对等互惠的方式进行学术交流。1990 年 4 月和 8 月间，经科协介绍，学会同(苏联)全苏化学学会进行了“重金属污染处理”的学术交流。双方互派由四名科学家或专家组成的代表团，进行了为期 10 天的交流，收到了很好的效果。在交流中，双方还就进一步合作达成了意向。

3. 积极举办国际会议，组织中外学术交流

多年来，学会在国内组织了各种类型的国际学术会议、技术交流展示会议 50 余次，为中国环境工作者提供了与国外环保人士交流的机会。

如 1981 年 9 月，在北京召开的中美环境科学讨论会，获取学术资料 59 份，使我们对美国的区域环境综合规划、土地利用、大气质量评价和地下水污染的研究方法有了比较系统的了解。1983 年 10 月召开的中日环境法学术讨论会，双方就环境法体系、环境影响评价制度、建设项目“三同时”管理制度补助金和排污收费等专题进行了全面讨论。1983 年，学会支持福建省环境科学学会举办了“沿海城市发展与海洋环境保护国际学术讨论会”。

1989 年 5 月，在北京主办了由中美两国大气化学家发起的“国际全球和区域大气环境化学会议”。这次国际学术交流会是在国际社会共同采取行动防止全球性环境问题的历史潮流下召开的。联合国、世界环境保护组织、气象组织等国际机构在对酸雨、臭氧层破坏和温室效应的研究方面采取一致的行动以谋

求解决全球变暖的世界环境问题。会议主要内容为臭氧层破坏、温室效应和酸雨问题。会议代表来自18个国家和地区，从事全球环境问题研究的世界知名专家和学者到会作了学术报告。

1990年8月，学会与哈尔滨建工学院联合，以"IAWPRC中国委员会"的名义主办的"经济节能废水处理技术国际学术研讨会议"，有26名外国专家参加了会议。1991年11月，环境科学学会（IA—WPRC中国委员会秘书处）与国家环保局、上海市环保局和上海市共同承办由国际水污染控制与研究协会（IAWPRC）主办的"第三届亚洲地区发展与水污染控制国际会议"，中外代表400多人出席了会议。

1992年6月，学会参与"第三届中国国际环境保护展览会暨环境保护技术研讨会"组织工作。该展览会展出面积15 000平方米，参加展出的中外环保企业500余家。

1995年，学会在NGO论坛中国组委会和国家环境保护局的领导和支持下，经过一年多时间的准备，于1995年9月上旬由学会组织的19名成员参加了联合国在北京召开的第四次世界妇女大会，并在非政府组织论坛中成功地举办了"妇女与环境"专题研讨会。"妇女与环境"专题研讨会于1995年9月1日下午举行。会议由中国工程院院士、中国环境科学学会副理事长唐孝炎和中国工程院院士、清华大学教授钱易主持，重点讨论了妇女在环境保护中的特殊作用，以

1997年7月，联合国开发计划署主任多德斯维尔女士会见环境学会
钱易（右5）、刘静宜（左5）、江小珂（右4）、陈吉棣（右3）、江绍真（右2）等女专家

及如何努力为可持续发展作出更大贡献。NGO论坛期间中国环境科学学会组织与会人员参加各种论坛活动100多场，并多次参观联合国妇女发展基金举办的展览，积极与外国朋友交流，广泛建立了联系。会中散发各种宣传品共计6 000份，深受中外代表的欢迎。中国环境科学学会组织参加世界妇女大会的19名同志受到了全国妇联和NGO论坛中国组委会的表彰。

2001、2003年和2005年，针对我国室内环境污染日益严重的新形势，学会广泛联系室内环境相关领域的国内外科学家，成功地举办了三届“室内环境与健康”为主题的系列国际专题会议，开创了新的环境科学学术交流领域。

2004年11月，参与由中国科协、中国工程院和上海市政府联合举办“2004世界工程师大会”(世界各国工程师共4 000人参会，其中外宾2 000人)组织工作，因组织环境分会场工作突出受到中国科协表彰。

学会还经常利用国外环境保护学术团体访华之机，组织各类型的中外学者环境学术交流会。如从1983年开始，学会每年都利用接待中国科协组织的“美国民间环境保护访华团”(由美国人民友好交流团组织)的机会，组织中美环境保护学术、技术交流会，规模一般都在40人左右。会上，中美专家不但交流了信息，而且还建立了联系，为今后进一步的合作提供了条件。学会还组织国外大型国际会议的“会后访华团”来国内进行交流。如1988年12月，学会组织接待了“88年香港Polmet城市污染防治国际会议会后环保访华团”。

4. 与国外机构举办系列会议

与国外环保机构合作，就某些重大课题联合举办系列学术研究会，这种基于对等交流原则的方式既可保证交流的连续性，便于取得实际成果，也可从某种程度上解决经费紧张的困难。学会与美国科罗拉多大学联合举办每两年一次的“中美环境法学术系列讨论会”就是一例。1987年8月，美方派团来北京参加环境科学学会筹办的“首届中美环境法学术研讨会”。1989年10月，学会组团赴美国参加美方筹办的“第二届中美环境法学术讨论会”。这一交流为我国环境法体系的建立，起到了一定的推动作用。

再如，2001年9月，作为“2000年中德环境合作大会”的后续行动，受国家环保总局委托，在国务院新闻办牵头组织的“德国柏林中国周活动”期间，学会与德国环境技术促进会在柏林举办了100人参加的“中德环境技术合作论坛”，中德双方环境部长出席了会议。2002年11月，同样作为中德合作的后续项目，在德国经济合作部和中国驻德国使馆的支持下，学会与德国亚洲经济协会在德国

达姆斯塔特举办了“中德环境技术合作会议”，中德双方有100多名代表参加了会议。中国驻德国使馆公使和德国经济合作部官员出席了会议。任官平秘书长就“中国环境保护市场”作了大会发言。

2002年9月，学会代表国家环保总局与日本新能源促进机构联合举办了“CTI气候变化技术转让亚洲国际研讨会”，亚太地区100多名中外代表参加了会议。

2004年10月，由国家环保总局、美国环保局、日本环境省和加拿大环保署主办，环境学会承办的“持久性有机污染物削减和控制国际研讨会”在杭州召开，有来自10个国家和国际机构的专家、官员、企业界人士出席了会议，这是我国在该领域首次召开的政府间合作会议，推动了我国对斯德哥尔摩公约履约工作的开展。

2007年8月，学会与日本全球环境战略研究机构(IGES)在成都成功举办了“亚太环境与发展论坛第二阶段第三次全体会议”环保总局李干杰副局长、四川省黄彦蓉副省长、环境学会王玉庆理事长出席大会开幕式并致词。韩国国会议员、前环境部长金明子，联合国环境署亚太地区主任苏兰德拉·施瑞斯塔，日本IGES特别研究顾问森岛昭夫等16位委员出席会议。此外参加会议的还有NetRes成员代表、有关国家的观察员，总计60人。

5. 邀请国外有关专家参加国内重大学术会议

学会在对外交往活动中，还邀请有关专家学者自费来华参加国内重大学术会议。这样，既可使我们了解国际上环境保护的最新动向，也可及时对外宣传我国的环境保护政策及发展状况。

1979年3月，学会成立大会上邀请了联合国环境规划署助理执行主任撒切尔及助手李我炎以及闵家荣博士到会并作了学术报告。

1984年12月，学会在召开“首届学术年会”时，邀请了联合国环境规划署助理执行主任戈鲁比夫、原IAWPRC副主席松本顺一郎、原日本公害研究所所长近藤次郎、朝鲜自然保护代表团等国外专家以及香港地区环境保护处官员聂德博士到会，并提交论文和研究报告10篇。会议期间，当时任国务院副总理的李鹏同志接见了部分与会代表和国外专家，并作了重要讲话。

1990年4月，学会联合中国轻工协会、中国化工学会等单位共同举办的我国首次大规模“限制和禁止使用CFC类物质的技术对策研讨会”，邀请了美国环保局、杜邦公司、英国ICI化工公司，联邦德国MBB公司、日本综研化学株式会社、日本工业大学、陶氏化学太平洋有限公司等13名专家出席会议并作了专题报告。会议广泛地汇集并交流了国内外有关CFC问题的最经济和最新的科技信息。

1999年12月,学会组织了由国家环保总局主办的"二氧化硫污染控制国际会议及展示",会议邀请了美国、德国、日本、比利时的国家的10多家脱硫技术公司参加会议,国内代表400多人出席会议。

2003年11月,学会结合2003年年会,在湖南长沙成功举办了"2003年可持续发展与绿色技术国际论坛",邀请美国、英国、法国、巴西、德国等国家30名环保专家参加了学会的年会。

6. 利用各种渠道选派有关人员参加国际环境保护活动

学会利用科协组团、国家环境保护局组团、自己组团及与其他兄弟单位联合组团的形式,安排环境科学家及相关工作者出国访问,参与国际环境事务交流。经学会挑选派出参加交流的人数占学会总出访人数的90%以上。

1985年,学会派代表参加了由国际环境联络中心支持召开的"环境与发展"全球大会。同年,派代表出席在东京召开的亚洲地区人类生活废弃物学术讨论会。

1986年,派代表出席了在巴西里约热内卢召开的"第十二届国际水污染与研究学术年会",派代表出席在新西兰惠灵顿市召开的"东南亚及太平洋地区工程联合会(FEISEAP)环境委员会的研讨会"。

1986年,参加了在日本京都市举办的"国际水污染研究与控制协会(IAWPRC)第十五届年会"。同年,应日本公害对策同友会的邀请,中国环境科学学会环境评价和水质预测代表团访问了日本,主要目的是对日本的区域环境评价及环境影响评价中的水质预测和水质模型的应用进行交流和考察。

1987年6月,根据科协交流计划,环境学会派徐庆华对美国环境保护局进行了为期50天的访问和学术交流。同月,学会又派罗典荣、王如松、任阵海同志出席了在日本名古屋举行的"太平洋沿岸国家民间环境保护国际会议"。

1989年4月,学会选派大学生刘爽(北京对外经济贸易大学经济法系一年级学生)参加了"北极冰上行国际学生环境保护考察活动"。

1989年10月,应美国科罗拉多州法学院的邀请,经国家环保局批准,学会组团赴美参加了第二次中美环境法交流学术会议。

1992年7月,经国务院批准,由国家环保局组团并责成中国环境科学学会

牵头，组成了以谢启美（原中国常驻联合国代表）为团长、陆雨村副理事长为副团长的中国非政府组织代表团，赴巴西里约热内卢参加联合国第二次环境与发展大会。期间举行了“92 环球论坛”活动。中国代表团积极宣传我国环境保护方针政策和环保事业取得的成就。通过广泛交流扩大了影响，广交了朋友，得到了国务委员宋健的肯定和表扬。

此外，1993 年以来，在国家环保总局国际司和中国科协国际部的指导和支持下，先后多次组织环境保护国际考察团，赴美、加、欧洲、日本、澳大利亚、南非、东南亚等参加环境技术交流和考察活动。与此同时，学会秘书处同志还先后分别参加了“公民参与环境保护代表团”访美，赴韩国出席忠清南道“97 国际环境论坛”，赴日本出席“第二届中日环境论坛”，出席“第四届海峡两岸国家公园与保护区研讨会”，参加赴美国科技社团工作考察，参加在香港召开的“城市污染控制技术国际会议”等。截至 2007 年底，总计组织出访 50 余次，参与境外环境技术交流考察的国内环境科技和管理工作者 400 余人。

## 二、积极争取国际援助，促成务实有效的合作

积极争取有关国际组织和国际金融机构的资助，促进国内环境保护事业的发展，是开展民间国际交往的一个重要任务。多年来，学会争取得到资助金额超过 200 万美元。受资助的项目包括举办国际会议和培训班，免费参加国外会议、进行信息交流和开展环境问题调研等项目。

民间国际交流要重视交流的连续性，联合举办系列研讨会议是一种保证交流连续性的较好的形式。此外，双方签署一些协议或意向书也为今后进一步的合作提供了可能性。学会已同加拿大土木工程协会、全苏化学会、美国依阿华州立大学签署了合作交流协议书或意向书。另外，选择对双方都有吸引力的项目进行合作，是使交流产生实际效果的关键。如 1984 年底至 1985 年，受国家环境保护局的委托，由学会出面联合中国动物学会、北京市科委等单位组成的“中国麋鹿引进小组”与英国乌邦寺公园主人塔维斯托克侯爵经过多次协商和艰苦的准备，终于使麋鹿这一中国特有的珍贵物种，经过很长一段时间的“销声匿迹”后返回了家园。现在，麋鹿已由当初引进时的 20 头发展到了可喜的规模。

1989 年 5 月，香港普力生公司通过中国环境科学学会向中国环保事业馈赠摩托车仪式在北京香山饭店举行。该公司赠送了台湾生产的“三阳牌”摩托车

38 辆。香港普力生有限公司、台湾三阳工业股份有限公司和台湾省摩托车运动协会的有关人士出席了仪式。

1989 年 11 月，学会在海南省通什市举办了“海南省环境管理与环境教育高级培训班”。该班得到联合国教科文组织和当地政府及国家环境保护局的资助。筹备期间，学会克服困难，完成了与联合国教科文组织的联络、谈判和协议的签署。海南省所属 19 个县、市的县长、市长、环境资源局局长及有关厅、局处以上干部 49 人参加了培训。该班在海南省引起了很大反响，对协调海南省经济发展和环境保护产生了积极的作用。

1992～1993 年，在联合国环境规划署亚太办公室的资助下，学会参与“亚洲非政府组织环境信息网项目工作”。

1994～1995 年，学会参与由日本环境厅发起的“促进亚洲地方政府环境保护合作项目”，争取国际援助，组织苏州、抚顺、云南三省、市主管环保副市长和环保局长多次赴日本与其他亚洲国家交流，探讨合作，并代表中国在项目启动大会上作了题为“中国环境保护政府管理体制”的大会发言。

1994～1995 年，学会和加拿大美联环境公司合作，争取加拿大发展署经费资助，开展了《河南平顶山矿煤矸石自燃防治技术》的项目研究。

在日本第二大零售企业佳士可资助下，分别于 1993、1995、1997 年主办了第一、第二、第三届“中日环境高层论坛”。日本前首相海部俊树两次到会并发表演讲。1993 年 10 月 29 日，江泽民主席在中南海会见了海部俊树一行。3 届论坛期间，组织了中日专家，分别对辽宁省抚顺市和山西省阳泉市进行了调研考察。编写了《抚顺市环境保护问题与对策》和《阳泉市环境保护问题与对策》两份专家调查报告。1996 年 5 月，作为第二届中日环境问题高层论坛的后续，在日本资助下，组织抚顺市有关人员赴日本东京参加“中日联合环境问题(抚顺)调查报告会”。同样，作为中日第三届环境问题该层论坛的后续，在日本资助下，组织了阳泉市环保局一行 5 人赴日本进行了环境考察和有关培训工作，学习了日本的一些成功的环保经验和有关污染防治技术，同时就进一步开展阳泉市与日本有关城市间的环境合作进行了洽谈。

1997 年，在美国通用电气、高盛、日本三菱等公司的赞助下、主办了“97 中国环境论坛”会议。澳大利亚、丹麦、挪威三国前首相到会。李鹏总理和邹家华副总理分别出席了开、闭幕式。

1998 年，获得 BAT 中国公司赞助，学会与澳大利亚健康建筑公司和北京市

环境保护科学研究院开展了“中国室内空气质量测量测试分析研究”，通过对北京不同类型建筑物室内空气质量的测试和分析研究，为我国有关部门制定室内空气质量标准、实施政策以及开发适用的室内空气净化设备提供了依据。

2006～2007年，在世界卫生组织资助下，联合北京大学医学部完成了国家环保总局和世界卫生组织合作开展的“中国农村室内空气污染及健康影响调研”项目。

2006年7月，召开中美烟气污染物排放控制、水处理和清洁燃料技术会议

## 三、坚持宣传我国的环保方针政策，努力提高我国国际地位

### 1. 利用各种机会，积极宣传我国环境保护的方针政策

保护环境是人类的共同愿望。在国际环境事务中，我国一向持积极态度，按照责任共同但有区别的原则，愿意承担合理的国际义务，作出应有的贡献，通过广泛的国际合作，共同寻求解决全球问题的有效途径。中国环境科学学会在开展对外交流中，一直把宣传我国对全球环境问题的立场作为主要任务之一。比如，1985年5月2～8日，国际性的非政府组织“环境联络中心”在内罗毕举办了“环境与发展全球大会”。学会组团赴会，并在会上介绍了中国环境保护事业

的发展和中国政府对改善世界环境的观点，以及环境学会所起的作用，受到了大会的高度评价。

联合国开发计划署主任莱特娜在西安接受少年儿童的环保作品

一年一度的世界环境日，是全世界从事环境保护的人们集中思考环境问题，并采取实际步骤的重要节日，也是提高全民环境意识的日子。1985年，学会和国家环境保护局一起在全国范围内开展"六·五"世界环境日纪念活动，邀请联合国环境规划署助理执行主任戈鲁比夫参加活动，同时也宣传了我国的环境政策和成就。从此以后，学会每年都要组织一个"六·五"环境日科学报告会。届时邀请国际组织的官员（主要是UNEP的官员）与会发表演说。

"普格瓦什运动"是世界著名科学家们进行的一个和平运动，在世界上十分有影响。1988年8月，学会派北京大学法学系程正康参加了在苏联达哥美期举行的"普格瓦什运动及三十八届年会"。他介绍了中国政府近年来重视环境保护的情况，尤其讲述了中国政府对解决全球环境问题的积极态度。与会者对中国政府的努力给予了高度评价。程正康被推选为"人类环境研究和行动小组计划"的固定成员。

1989年5月，学会利用联邦德国联合电视广播公司专题摄制组采访"国际全球和区域环境化学会议"之机，安排他们就中国能源政策和氟利昂替代物等问题专访了曲格平局长以宣传我国的立场。这次专访的内容已作为电视专题片《能源与环境》的一部分通过欧洲卫星向全世界播放。

1992年7月，经国务院批准，由国家环保局组团并责成中国环境科学学会牵头，组成了中国非政府组织代表团，赴巴西里约热内卢参加联合国第二次环境与发展大会和"92环球论坛"活动，积极宣传我国环境保护方针政策和环保事业取得的成就，广泛交流，广交朋友，发挥了良好的作用，得到了国务委员宋健

的肯定和表扬。

2007 年 8 月和 11 月，为宣传将于 2009 年 11 月在我国举办的第十三届国际湖泊大会，学会组织武汉市、中国环科院等国内主办单位有关人员先后赴瑞典参加了国际水周活动，赴印度参加第十二届国际湖泊大会，宣传了我国湖泊环境保护领域的成果和相关政策。

2. 积极参加国际民间环境学术组织，努力提高我国在国际环境事务中的地位

中国环境科学学会先后加入了国际自然和自然保护同盟(IUCN)、国际水污染控制和研究协会(IAWPRC)、世界工程师联合会环境委员会(WEFEC)、联合国环境规划署亚太地区办公室发起的亚太地区非政府组织——环境科技信息联络网(RENN－A/P)、“亚太环境与发展论坛”(APFED)、亚太可持续发展研究机构区域网络成员组织(NetRes)等国际民间环保组织。学会还多次派专家参加世界工程师组织联合会(WFEO)工程与环境委员会、国际科学联合会环境委员会的会议及活动。经学会推荐，清华大学黄铭荣教授作为学会的代表被推选为该委员会的中国第一任副主席。学会派徐厚恩教授出任了国际科学联合会环境委员会中国委员。

学会参加国际组织有几个成功的例子：

一是参与 IAWPRC 活动。国际水质污染防治协会(IAWPRC，国际水治协会 IAW 的前身)是国际水环境保护领域较有影响的学术组织。1985 年，经国家科委批准，学会以“IAWPRC 中国委员会”的名义加入了 IAWPRC。哈尔滨建工学院王宝贞教授经环境学会推荐进入该会理事会。从此以后，学会每次都派代表团参加该会的双年会及理事会。1988 年在巴西召开的 IAWPRC 十三届理事会上，王宝贞当选为该协会科技转让委员会委员。1990 年 7 月，在日本京都召开的 IAWPRC 十五届年会及理事会上，刘淑琴被推选为 IAWPRC 技术转让委员会委员。

“IAPWRC 中国委员会”于 1990 年 12 月在北京正式成立。来自全国 20 个单位的 33 位专家学者当选为第一届委员，曲格平被选为第一任主席。秘书处设在中国环境科学学会。

二是参加国际湖泊环境理事会(ILEC)的工作。国际湖泊环境理事会是由世界各国湖泊环境保护管理和科学研究的相关机构和人士发起于 1987 年正式成立的国际学术性组织，总部设在日本。该委员会主要由世界各国湖泊、水库

资源管理与保护领域内的知名专家组成，其主要活动组织了“世界湖泊大会”的系列国际会议，在国际湖泊环境保护领域有较大影响，至今已经举办了12届。学会现任副理事长金相灿研究员担任国际湖泊环境理事会科学委员会中国委员。在金相灿研究员的积极运作下，学会和中国环境科学研究院获得了由国际湖泊环境理事会发起的第十三届国际湖泊大会主办权，该会已将于2009年11月1～5日在武汉举行。

三是学会参与“亚太环境与发展论坛”(APFED)工作。“亚太环境与发展论坛”简称APFED，是亚太地区环境部长们于“2001亚太环境会议(ECO ASIA)”倡议举行的区域性论坛。该论坛成立以来，一直致力于推动亚太地区的环境保护与可持续发展的政策对话与实务工作，论坛秘书处设在日本全球环境战略研究机构(IGES)。论坛采取委员会制，委员代表是各国或地区在环境保护和可持续发展方面的高级官员和著名专家。学会理事长王玉庆于2006年底接替曲格平担任了“亚太环境与发展论坛”机构中国委员。学会也代表中国参加了该论坛下属的亚太地区可持续发展研究机构区域网络成员组织(NetRes)。除2007年8月学会成功举办了“亚太环境与发展论坛第二阶段第三次全体会议”外，作为NetRes成员，学会也开始履行其作为APFED中国示范环保项目的管理机构。目前监管的项目是清华大学国家废物管理中心执行的“电子垃圾回收利用示范工程项目”。

2007年，在成都召开的“亚太环境与发展论坛第二阶段第三次全体会议”上，王玉庆理事长与日本IGES新任理事长浜中裕德举行会谈并签署合作协议

### 四、积极开展海峡两岸的民间环境保护学术交流，为祖国和平统一作贡献

学会逐步开展了与台湾地区民间环境保护组织交往。比如 1989 年 4～5 月间，学会通过与台湾、香港有关机构联合举办青年摩托车拉力赛活动，促成了香港普力生公司通过中国环境科学向中国环保事业赠送价值几十万元的台湾“三阳”摩托车。1989 年 10 月，学会邀请台湾都市研究会总干事伍宗仁先生参加了“首届环境与旅游学术研讨会”。通过与伍先生的联系，促成了一项大陆与台湾地区环境保护合作项目。1990 年 6 月，经中国科协介绍，学会接待了台北自然环境保育协会会长、中国台北奥委会主席张丰绪先生一行 6 人(其中包括《中国时报》记者两人)。张先生返台后致函学会:“对大陆科技发展及研究与生态保育情形，印象深刻，获益良多”。

学会成功开创了海峡两岸环境科技人员的交流平台，得到广大两岸环境工作者的认可。至今为止，学会在内地、香港、澳门和台湾成功举办了 4 届海峡两岸环境保护论坛，参加交流的人员总计达到 700 余人。有关的交流工作得到了国家环境保护总局领导的肯定。

开展民间国际学术交流是中国环境科学学会的一项重要社会职能。自 1979 年以来，学会共组织参与了环境保护对外交往活动 150 余次(其中出访 50 多次)，接待海外环境保护学者约 1 000 多人次。组织了学术、技术交流会 100 余次，参加交流的人数超过 7 000 人次。迄今为止，学会已同 12 个国际组织建立了联系，并在 2 个国际组织的理事会中占有席位。学会还和近 20 个国家和地区的全国或地区性环保民间组织建立了联系，与加拿大、美国、苏联、蒙古等国的有关机构签署了合作交流的意向书和协议书或备忘录。所有这些活动对扩大我国的国际影响，提高我国在国际环境事务中的地位，密切环境领域内的合作与交流产生了积极的作用。

当前，国家正在深化政治体制改革，大力推动社会建设的新形势下，中国环境科学学会作为发展环境保护事业的一支重要社会力量，应充分发挥其民间环保科技国际交流合作的职能，为构建我国和谐社会贡献力量。

## 第七节　人才举荐

举荐人才、表彰先进是学会的一项重要任务。中国环境科学学会根据中国科协的要求,多次参加遴选向中国科协推荐两院院士候选人的工作,并推荐中国科协优秀科技工作者和青年科技奖候选人。1989 年 9 月,经二届九次常务理事会议研究决定正式设立中国环境科学学会“荣誉奖”、“优秀环境科技工作者(包括青年环境科技工作者和学会工作干部)奖”。1997 年开始单独设立了中国环境科学学会“青年科技奖”。后经分解、增加,将优秀环境科技工作者奖、优秀学会工作者奖和青年科技奖简称为“三项奖”,自 1999 年开始每两年进行一次评选。2000 年,又进行了“优秀环境科技实业家”的评选。2003 年设立了国家最高级别的年度奖项——全国“环境保护科学技术奖”,每年评选一次。

## 一、推荐两院院士候选人

自 1991 年开始,根据中国科协要求,中国环境科学学会按照中国科学院、中国工程院院士遴选标准,组织本会院士和专家开展两院院士候选人推荐工作。此后,于 1991、1993、1995、1997、1999、2001、2005、2007 年分别组织推荐两院院士候选人。30 多位在环境科学领域作出突出业绩的学科带头人被学会推荐为

2007 年 3 月,中国环境科学学会组织召开两院院士候选人推荐工作会议
(左下起:刘鸿亮、王玉庆、郝吉明、王文兴;右下起:魏复盛、金鉴明、唐孝炎、汤鸿霄)

候选人参加遴选。直接通过中国环境科学学会推荐的候选人中，中科院地理所研究员章申于1993年当选为中国科学院院士，中科院生态环境研究中心研究员汤鸿霄于1995年当选为中国工程院院士，中国环境监测总站总工程师魏复盛于1997年当选为中国工程院院士。还有很多陆续入选两院院士的专家，也曾经被中国环境科学学会多次推荐。

## 二、向中国科协推荐中国青年科技奖候选人

自1988年，中国科协组织开展了中国青年科技奖推荐工作。该奖是中央组织部、人事部、中国科协共同设立并组织实施，面向全国广大青年科技工作者的奖项。旨在造就一批进入世界科技前沿的青年学术和技术带头人，表彰奖励在国家经济发展、社会进步和科技创新中做出突出成就的青年科技人才。每届表彰不超过100人。中国环境科学学会根据推荐条件要求，认真组织、积极推荐，于1997、1999、2001、2003、2005年先后进行了5次评选，推荐了一批杰出青年环境科技工作者作为候选人。其中贵州黄国和荣获第二届中国青年科技奖，沈阳化工综合利用研究所工程师、研究室副主任唐齐超荣获第三届中国青年科技奖，北京大学张世秋荣获第六届中国青年科技奖，哈尔滨工业大学陈忠林教授荣获中国科协第十届中国青年科技奖。

## 三、“三项奖”创建与发展

根据中国科协鼓励进取、表彰先进的精神和广大会员的要求，学会决定在成立10周年之际开展一次表彰活动，将它作为学会成立10周年纪念活动的一项重要内容。1989年9月，经二届九次常务理事会议研究决定正式设立中国环境科学学会“荣誉奖”、“优秀环境科技工作者（包括青年环境科技工作者和学会工作干部）奖”。荣誉奖授予为创建中国环境科学学会做出突出贡献的老一辈科学家。优秀环境科技工作者奖授予在学会活动中涌现出来的优秀环境科技工作者，热心科普工作的活动家及为学会各项建设做出贡献的优秀学会工作干部。为此，从1989年3～12月，学会正式组织进行了这次评优活动。

1989年12月14日，在北京召开中国环境科学学会成立10周年纪念大会，同时正式宣布表彰决定。授予费孝通等13人荣誉奖，授予江小珂等134人优秀

环境科技工作者奖。黄华、费孝通、康克清、高镇宁等出席大会，向他们颁发获奖证书和奖品。

经学会三届九次常务理事会研究决定，1995年组织第二届中国环境科学学会优秀环境科技工作者奖和优秀学会工作者奖评选，经三届十一次常务理事会（在京理事）会议审议通过，决定授予戴乾圜等132人为第二届优秀环境科技工作者奖，授予李冷冰等55人为第二届优秀学会工作者奖。

1997年，开始单独设立中国环境科学学会青年科技奖，希望表彰优秀青年科技工作者，促进青年优秀环境科技人才的成长。首届青年科技奖评选工作于1997年10月～1998年1月进行。通过基层评选和推荐，中国环境科学学会组织专家审议提出获奖建议名单，经学会第四届常务理事会（在京理事）会议复审批准，决定授予黄霞等79人为首届中国环境科学学会青年科技奖。同时根据专家评审组投票结果，将其中的前5名：黄霞、王金南、张世秋、吕永龙、蔡凌推荐为第六届中国青年科技奖候选人参加中国科协的评选。

1999年8～11月，中国环境科学学会组织了第三届优秀环境科技工作者奖、优秀学会工作者奖和第二届青年科技奖评选活动，经第四届第十一次常务理事会（在京理事）会议审议批准，授予王子健等126人第三届优秀环境科技工作者奖，授予江小珂等41人第三届优秀学会工作者奖，授予余刚等74人第二届青年科技奖。同时提名王子健等12人作为向中国科协推荐的优秀科技工作者候选人，提名余刚等10人作为向中国科协推荐的中国青年科技奖候选人。

2001年，中国环境科学学会进行了第四届优秀环境科技工作者奖、优秀学会工作者奖和第三届青年科技奖评选，后经第五届二次常务理事（在京）会议复审通过，决定授予曲久辉等88人第四届优秀环境科技工作者奖，授予陈克平等29人第四届优秀学会工作者奖，授予张统等46人第三届优秀青年科技奖。同时提名曲久辉等10人作为向中国科协推荐的优秀科技工作者候选人，提名张统等6人作为向中国科协推荐的中国青年科技奖候选人。

同时授予北京市环境科学学会等18个地方学会、环境技术分会等7个分支机构和中科院生态环境研究中心等14个团体会员单位“组织奖”，授予北京市环境科学学会等14个单位“优秀推荐奖”。

2003年，中国环境科学学会开展第五届优秀环境科技工作者奖、优秀学会工作者奖和第四届青年科技奖评选工作，经常务理事（在京）复审通过，决定授予李耀阳等149人第五届优秀环境科技工作者奖，张燕茹等50人第五届优秀学

会工作者奖，王文杰等102人第四届青年科技奖。同时确定王文杰等6人荣获本届青年科技奖特别提名奖，李耀阳等11人荣获本届优秀环境科技工作者特别提名奖。

同时授予北京市环境科学学会等26个省、市、自治区、直辖市及计划单列市环境科学学会、环境技术分会等11个分支机构和武汉安全环保研究院等8个团体会员单位“组织奖”，授予山东省环境科学学会等14个单位“优秀推荐奖”。

2003年，叶汝求理事长（左二）等领导在学术年会上为“三项奖”获奖者颁奖

2005年，中国环境科学学会开展第六届优秀环境科技工作者奖、优秀学会工作者奖和第五届青年科技奖评选工作，经常务理事会复审通过，决定授予王晓昌等124人第六届优秀环境科技工作者奖，授予张国徽等32人第六届优秀学会工作者奖，授予田洪海等50人第五届青年科技奖。同时选拔确定田洪海等7人荣获本届“特别推荐奖”，作为向中国科协推荐中国青年科技奖候选人；王晓昌等4人荣获本届“特别推荐奖”，作为向中国科协推荐的优秀科技工作者奖候选人。

同时授予北京市环境科学学会等26个省、市、自治区、直辖市及计划单列市环境科学学会、环境技术分会等10个分支机构和中日环境友好保护中心等11个团体会员单位“组织奖”，授予陕西省环境科学学会等11个单位“优秀推荐奖”。2006年6月24日，在北京召开的中国环境科学学会第六次全国会员代表大会上,向获奖者颁发了证书。

上述奖项对举荐人才、鼓励和促进人才成长发挥了很好的作用,受到了学会会员、环境科技工作者特别是青年科技工作者的关注和欢迎。

## 四、开展环境保护科学技术奖评选活动

为了促进环境科学技术研究和科技创新,开发环保新技术和新产品,在2003年首次设立了国家最高级别的年度奖项——“全国环境保护科学技术奖”。该奖每年评选一次。

全国环境保护科学技术奖的评选面向全国所有从事环境科学技术研究工作的人员,主要用于奖励那些在环境保护科学技术进步工作中做出突出贡献的组织和个人,其研究成果具有前瞻性、创造性和可行性,具有较高的学术理论价值、推广应用价值或对政府综合决策具有重要的参考价值,其环境、社会和经济效益显著。该奖项的设立旨在充分调动环境科学技术工作者的积极性和创造性,促进从事环境科学技术研究的单位与个人提高研究的质量与水平,为环境保护事业的发展提供坚实的科学理论和技术支撑,并且发现和培养环保科技人才,加速环境科学技术进步,加速科技成果的转化,推动环保事业发展,提高可持续发展综合国力。

环境保护科学技术奖组织机构设奖励委员会、评审委员会和奖励办公室。奖励委员会负责对中国环境保护科学技术奖励工作进行宏观管理和指导。评审委员会实行聘任制,每届任期3年。评审委员下设奖励办公室,奖励办公室设立在中国环境科学学会,是环境科技奖的常设机构,负责奖励日常工作。

各省、自治区、直辖市环境保护行政主管部门,国务院有关部委、工业总公司、行业协会环保机构及国家环境保护总局直属单位负责推荐项目的初审,并报送环保科技奖励办公室。由评审委员会进行最终评审。

所有申报项目需经过奖励办公室形式审查后,作为参评项目提交评审委员会。评审委员会根据环境技术类项目和环境管理类项目两大类进行评审。在考虑专家专业熟悉领域和主审评委及副主审评委回避本单位参评项目原则的前提下,由奖励办公室负责为每个参评项目指定一名主审专家和两名副主审专家,请每个项目的主审专家填写主审员审查意见表。

环境保护科学技术奖采取分组初评、全体会议评审和项目异议三个步骤。

环境保护科学技术奖实行名额限制，确定每个获奖项目的等级，超过名额限制的投票无效。一等奖获奖项目应获得会评委总票数 2/3 以上的票数，二、三等奖获奖项目应获得会评委总票数 1/2 以上的票数。若达到票数的项目超过名额限制，应按得票多少依次裁减。获奖项目实行名额限制：一等奖获奖数量不超过申报项目总和的 5%，二等奖获奖数量不超过申报项目总和的 15%，三等奖获奖数量不超过申报项目总和的 20%。

根据环境保护科学技术奖的规定，由评审委员会评议产生的一、二、三等奖结果，在《中国环境报》和国家环境保护总局的网站等媒体上公示。自公示之日起 60 日内为项目异议期。对获奖公示项目有异议的单位和个人，可向评审委员会提出异议，由评审委员会视需要召集有关专家确认。

经过项目异议后，对无争议或已澄清的项目，报环境保护科学技术奖奖励委员会批准，正式公布当年环境保护科学技术奖获奖项目，颁发奖励证书及奖金。

自 2003 年至今，连续 5 年的环境保护科学技术奖评选工作，共有 166 个优秀环保科技项目获奖，其中一等奖共 8 项，二等奖共 35 项，三等奖共 123 项。这些项目都是学术水平较高、实用价值较大的科研成果，为解决我国重大环境问题、提高环境管理和环境科技水平做出了突出贡献，促进了环境科研工作和环保事业的发展。

根据多年来的奖励工作实践经验和形式的需要，在 2007 年 3 月又对《环境保护科学技术奖励办法》中的部分内容进行了修改，调整和完善了一些内容，并且在 2008 年初完成环境保护科学技术奖申报系统及环保科技奖评审系统服务平台，开始实行网上申报，把奖励评审工作电子化，以满足奖励工作不断深化的需要。

环境保护科学技术奖得到了杜邦公司的赞助和支持，和中国环保界一起举办中国环保领域最高奖项的评选，不仅可以推动中国的环保科技界多出成果、多出人才，推动中国环保科技方面的进步，而且可以把杜邦先进的环保理念传递给中国的企业，促进中国环保事业的发展。

## 第八节　会员服务

中国环境科学学会是党和政府联系环境科技工作者的桥梁和纽带。学会是科技工作者依据宪法赋予的权利自愿组成的社会团体，是由会员所组成，实行会员制。会员是学会的主体，是学会存在的基础和意义，学会是科技工作者之家。学会的性质和任务决定了必须把发展会员、联系会员、服务会员作为工作的重点和基本要求。学会要坚持以会员为本，积极探索新形势下联系和服务会员的方式方法，与时俱进地做好会员发展和会员服务工作。

## 一、会员的发展与管理

中国环境科学学会非常重视会员发展工作。根据国家社团管理的规定，中国环境科学学会创立以后就在章程中明确规定了会员的类别、条件、权利、义务，以及入会手续。同时，根据客观需要，每届理事会都对会员的有关条款不断做出必要的修订和调整。

学会成立之初，会员设有个人会员和团体会员两个类别。怀着对中国环境保护事业的关心和对新创建的中国环境科学学会的认同，环境科技工作者积极申请入会。到第二届理事会召开时共发展 2 万多名个人会员，19 个团体会员。

第四届理事会建立了高级会员制。会员类别分为高级会员、普通会员和团体会员三类，发展高级会员 230 名。第五届理事会期间，个人会员设有普通会员、高级会员、荣誉会员、外籍会员四类；同时设有团体会员。为加强会员工作，实现把学会真正办成环境科技工作者之家的目标，第五届理事会后期，环境学会秘书处增设了会员与网络部，使会员工作得到组织和人员保证。第六届理事会根据实际情况，会员种类又调整为普通会员、高级会员、团体会员三类。为使会员工作规范化，还制定了《中国环境科学学会会员管理办法》。

个人会员入会须由本人申请，经学会批准成为正式会员。随着现代化信息手段的普及，利用先进的网络技术，采取更为灵活的手段发展会员，入会手续也不断得到改进和便捷。现在中国环境科学学会使用“中国科协全国性学会个人会员管理系统”发展会员。申请者可通过中国环境科学学会网站（www.chinacses.org）的中国科协个人会员管理系统直接申请，并自动进入中国科协统一的会员管理系统中，实现会员网上申请入会。学会理事会授权学会组织工作委员会审核批准，即成为个人会员，并颁发全国统一编号的会员证。申请者被接收为会员后，该系统可以登记会员的相关信息，实现会员类别管理、活动类别

管理、分支机构管理、个人会员管理、团体会员管理、会费管理、论著管理，发送电子邮件、参加学术活动、发表论文论著等一系列功能，为会员服务的能力和水平有了新的提高。

外籍和定居国外的中国籍环境科技工作者愿意加入中国环境科学学会，也可以由本人提出申请，由常务理事会审批。针对机构和组织，中国环境科学学会还设有团体会员。

中国环境科学学会发挥各级学会组织体系的作用发展、管理和服务会员。采取总会、分支机构、地方学会之间的联动与合作发展会员和服务会员。

中国环境科学学会目前拥有个人会员 41 955 人，团体会员 183 个。根据中国科协关于会员证统一编号的规定，中国环境科学学会 2005 年发出《关于规范中国环境科学学会会员登记号的通知》，还通过培训要求各地环境科学学会重新登记会员，统一制作新的会员证。

## 二、民主办会

中国环境科学学会的最高领导机构是全国会员代表大会。工作中必须尊重会员权利，依靠广大会员，坚持开门办会、民主管理的办法，体现学会的学术性、群众性这一社会团体的基本属性。

重视会员权利的重要体现之一是理事会进行改选换届都要经过会员的推荐选举程序。历次换届时，都首先由会员基层组织(分支机构、地方学会等)选举推荐代表和理事候选人。然后运用通讯方式或直接召开全国会员代表大会，无记名投票选举产生理事会。然后由全体理事选举常务理事、理事长、副理事长和秘书长。

理事会是全国会员代表大会的执行机构，每年召开一次。常务理事会是理事会闭会期间的执行机构，每半年召开一次。这些机构代表广大学会会员，实现对学会工作的领导，实现会员权益。

学会根据学科发展需要，充分考虑会员意愿，设立和组建分支机构。分支机构是学会的基础，是会员进行学术交流工作的需要。由于环境科学作为交叉学科，具有横向联系和涉及面广的优势，中国环境科学学会根据学科发展和会员需要不断调整和新增分支机构，特别注重新兴学科及交叉学科的发展及学术组织的建立。中国环境科学学会在 1979 年成立大会时建立了 3 个工作委员会和 14 个专业组。发展至 2006 年第六次会员代表大会时，决定设立了 30 多个分支机构。这些分支机构的组建，为广大会员提供了开展学术交流的宽阔平台，增强了对会员的吸引力和凝聚力。

学会除了制定章程外，还拟定了各种条例、办法等工作规则，并不断补充、修订。这些规则健全了领导机构议事和日常各类工作制度，做到有章可循，为学会的规范运作和实现民主办会提供了制度保障。

中国环境科学学会正在积极进行学会办事机构职业化建设，力求适应现代化需要，工作更加规范化、科学化，坚持“民主办会”，更好地为会员服务，把学会办成真正的“会员之家”。

## 三、会员服务

学会的全部工作都是围绕着为会员服务这个核心进行。为会员服务一方面要满足他们自身发展的需要，同时也需要给他们提供为社会服务的机会。会员服务包括以下几个方面：

(1) 创造条件，积极搭建各类学术交流活动平台，满足会员学术发展的需要。注意不断增加学会活动数量，提高质量。通过学术年会、专题研讨会、培训班等形式，交流环境科技新动向、新成果，沟通信息、更新知识。这些活动既提高了会员自身的学术水平，也为会员发表学术见解、展示才华、发挥专长提供了舞台。同时还可以结识同行、获取同行认可，并为促进合作提供了条件。

(2) 鼓励广大会员和科技工作者运用智力优势为我国经济建设和环境建设建言献策，利用和发挥学会桥梁纽带作用，通过一定的渠道向有关机构和部门报送。多年来，环境学会报送的一些意见和建议得到了有关部门和中央领导的重视、批示和采纳。

(3) 组织会员参加课题研究，国际交往、人才推荐、咨询服务、科技评价、教育培训等工作，为社会提供服务。学会建立专家库，根据会员的特长安排他们参加相关活动，为他们提供了为社会服务和展示自我的机会，同时也为体现学会职能发挥了作用。

(4) 积极向社会举荐人才。环境学会积极参加两院院士候选人推荐，向中国科协推荐青年科技奖等候选人，组织开展优秀环境科技工作者奖、优秀学会工作者奖、青年科技奖以及科普奖的评选等。以此促进会员自身发展，促进环境科技人才脱颖而出。

(5) 编辑出版学术期刊和学术论文集，为会员发表学术成果提供条件。进行环境科学技术奖评审，鼓励环境科技创新。

(6) 积极为会员提供信息。定期向各类会员赠送《学会动态》等刊物，帮助会员了解当前国家环境政策，掌握学会活动情况。开展继续教育工作，为广大会员提高自身业务素质和工作水平创造条件。建立"中国环境科学学会"和"中国环保科技网"两个网站，为会员提供更加快捷和及时的信息服务。

(7) 对团体会员除了可以提供以上条件外，还可以根据需要有针对性的提供技术支持、技术推广和咨询服务。

(8) 经常研究学会工作，提高服务水平。秘书处坚持每年召开一次全国环境科学学会秘书长会议和分支机构工作会议，以"沟通情况、交流经验、研讨工作、密切协作"为主题，探讨学会如何坚持"三主一家"的宗旨，发挥群众团体的优势，开展行之有效的活动，努力开展会员的发展与服务，增强学会的吸引力和凝聚力。

# 大事记

# 大 事 记

## 1973年

8月5～20日　国务院召开第一次全国环境保护会议，通过了中国第一份环境保护文件《关于保护和改善环境的若干规定》。

## 1978年

5月5日　中国科协发出(78)科协字010号文《关于审批成立新建学会的通知》："全国科协审批同意成立中国铁道学会、中国邮电通信学会、中国遗传学会、中国环境科学学会。"全国性环境科技方面的专门学会——中国环境科学学会，正式批准成立。

8月　国务院环境保护领导小组和全国科协联合以(78)国环字15号、(78)科协字065号文发出《关于筹备召开第一届中国环境科学学会代表大会的通知》。通知中明确指出，中国环境科学学会是在中国共产党领导下，团结全国环境科学技术人员、组织环境科学学术活动的群众性团体，是全国科协的组成部分。通知确定第一届中国环境科学学会代表大会于1978年底或1979年初召开。

11月26～30日　中国环境科学学会筹备委员会经中国科学技术协会批准，召开了第一次会议。国家建委副主任兼国务院环境保护领导小组办公室主任李超伯主持了会议。会议主要议程是讨论环境保护工作的方针、任务、重大环境科研课题以及第一届环境科学学会代表大会的筹备工作。

## 1979年

1月　在广州召开全国环境声学学术讨论会，150人参加了会议，收到论文约200篇，编印了《全国环境声学学术论文摘要集》。

3月21～30日　中国环境科学学会第一次全国代表大会在成都召开，参加人员300人，选举产生第一届理事会。理事长为李超伯。副理事长有马大猷、过祖源、刘东生、曲仲湘、李苏、陈西平、郭子恒、曾呈奎、秘书长为陈西平(兼)。副秘书长是王子石、刘天齐、张云岗、郭方、舒惠芬。

5月　中国环境科学学会办事机构——学会办公室在北京成立。

6月　与国务院环保领导小组联合召开第一次全国大气污染与防治学术交流会，222人参加。交流讨论了3年国民经济调整时期大气环境保护工作和环境科技工作的任务与方向，还讨论了沈阳市大气污染防治规划设想。

7月　在大连市举办全国第一期环保干部培训班，黑龙江、吉林、辽宁、天津、全军环办等地方和部门的有关干部、科研人员参加了学习。

10月　在无锡召开环境与生命(生命元素与健康)学术讨论会，有50人参加。会议从不同的角度，利用各种方法探讨了环境与人类生命的关系。

环境生物学专业委员会在韶山召开环境生物学学术讨论会，参加人员61人，收到论文50余篇，交流讨论了科学院昆明动物研究所的农药敌枯双诱发赤麂染色体畸变，在国内首次建立的赤麂二倍体细胞株及上海细胞所研究出的致癌物防老剂等问题，为解决生产实践中的问题提供了科学依据。

环境质量评价专业委员会在南京召开环境质量评价专业委员会会议，有100人参加，收到论文60篇。会议成立环境质量评价专业委员会，还制定了《环境质量评价方法提要》一书的编写提纲及编写计划。

接待美国旧金山人类环境研究所环境规划专家詹姆斯、罗伯兹博士来北京和上海就环境影响评价问题进行专题讲座。有200人次参加。

11月　接待加拿大州际公司环境访华团18位专家，就大气污染控制技术问题进行座谈，参加座谈的中方人员有80人。

环境教育工作委员会在保定召开第一次会议。建立组织机构，讨论和通过工作条例，交流环境教育经验，制定工作计划。会上还介绍了国内外环境教育情况，充分研究了开展我国环境教育工作的有关问题。

12月　在北京召开全国第一次环境科学普及工作会议。讨论了加强环境科学的宣传普及工作的方针，提出了开展环境保护科普宣传工作的意见，选举产生了科普工作委员会组成机构。

## 1980年

1月　海洋环境专业委员会同中国海洋环境学会在北京联合召开海洋环境科学研究座谈会，参加人员46人。座谈会介绍了美、英、日等国海洋污染研究概况，交换了开展我国海洋环境科学研究的意见，并商讨召开我国第一次海洋污染研究学术会的有关事宜。

2月　正式成立了“全国环境管理、经济与法学分会”，分会同中国技术经济研究会和中国管理现代化研究会在太原联合举办全国环境管理、经济与法学学术交流会，115人参加。收到论文71篇，讨论了科研规划。

3月　科普工作委员会举行第一次全国环境保护宣传月活动，配合国务院环境保护领导小组办公室(称简国环办)开展环境保护宣传活动。

6月　在庐山与国务院环境保护领导小组办公室联合举办全国第二次环保干部培训班。

7月　在沈阳与农学会联合召开全国污灌与环境学术讨论会，有86人参加。讨论会总结了我国污灌的经验，指出了存在的问题，并原则通过了“对我国今后污灌环境工作的建议”，发送有关部门参考。

美国哈佛大学朱立安格雷瑟来华访问，协助在北京举办环境法讲习班。参加人员80人。

在北京、上海组织日本三洋化成工业公司来华进行技术交流，内容为高分子絮凝剂废水处理技术。

接待以纽曼博士为团长的美国环境与营养旅游访华团，进行了大气化学、大气物理、环境监测分析技术方面的座谈。参加人员有中方50人，外宾17人。

8月　与国务院环境保护领导小组办公室在呼和浩特市，联合举办第三次全国环保干部培训班。

11月　环境分析监测专业组在北京召开环境分析监测专业组第一次会议。有110人参加。会议交流了大气、水质、生物、土壤等监测分析的新方法、新技术，提出了开展环境监测质量保证的重要性。

12月　与中国科学院环委会在南宁联合召开水生态与环境微生物学术会

议，参加人员169人，收到论文180篇。会议就水污染生物学评价、污染处理中微生物学、高等院校环境微生物学教学与教材问题进行了专题讨论，还交流了氧化塘净化农药的机理及其净化废水的效果。

环境化学专业组和中国科学院环化所在桂林联合举办污染源治理中的化学问题学术讨论会，参加人员64人。主要探讨了污染源治理中的化学问题，包括污染源治理及分析的新技术、新方法和新材料研究以及环境化学研究基础方面的一些成就和进展，收到论文72篇，会议还对利用我国丰富的天然物质作废物处理剂的前景提出了建议。

固体废物污染控制组在青岛召开固体废物污染控制专业组首届年会，有70人参加。会议交流了固体废弃物污染治理的经验，并提出了《关于固体废弃物污染控制的几点建议》。

## 1981年

1月　同中国科学院环委会在石家庄联合召开环境科学理论问题讨论会，参加人员46人。会议就我国环境科学理论研究的进展，我国环境保护与科研工作的经验、教训进行了交流。并讨论了我国环境保护工作的方针、政策、道路及采取的措施。会上正式成立了环境科学理论问题研究组。

3月　在济南召开中国环境科学学会环境工程学会成立大会，173人参加，收到论文201篇。会议选举产生了组织机构，开展了学术交流活动。会议拟定了1981、1982年学术活动计划，并就环境工程的发展方向、原则和技术政策提出了5项建议。

同海洋湖沼学会、中国科学院环境科学情报网在广州联合举办海洋湖沼环境污染学术讨论会。会议讨论了我国近海海域、江河湖泊环境污染的现状，并就解决污染提出了若干建议和对策。

5月　在北京召开第一届第二次常务理事扩大会议，参加人员47人。汇报学会工作情况，讨论工作计划；调整了设立了4个工作委员会；调整专业组并改称为“专业委员会”。会议委托环境工程学会试办环境咨询服务工作。

6月　环境工程学会召开在京常务理事扩大会议。决定成立环境工程科技咨询服务部，通过了《环境工程科技咨询服务部试行章程》和组成人员名单。

同中华医学会在泰安共同举办第一次全国环境医学学术交流会。会议交流了环境医学的有关科研成果，讨论了环境医学发展的若干问题。

环境标准专业委员会在青岛召开成立会暨环境标准学术讨论会，参加人员110人，围绕我国环境标准体系及标准的制定原则和方法问题进行了讨论。

在秦皇岛召开海洋污染学术讨论会，60人参加，收到论文70篇。讨论交流了近年来我国海洋污染情况，并对今后海洋污染的防治提出了建议。

7月　在北京召开第一届第三次常务理事扩大会议。报告学会成立以来的工作情况，讨论了1981年和1982年的活动计划。会议还通过了与吉林省环境保护局合办《环境管理》杂志的问题。

环境管理、经济与法学分会在镇江召开第二次环境经济讨论会，72人参加。会议就环境保护纳入国民经济计划的指标体系、环境保护经济效果的理论与方法、排污收费的性质与实施中的若干问题进行了讨论。

10月　环境地球化学及污染化学地理专业委员会在贵阳召开全国环境地球化学及污染化学地理学术讨论会，参加人员45人，收到论文45篇。会议研究了环境地学方面的发展状况，提出了今后开展以下方面的工作研究：①区域背景值；②污染在环境中的形态研究；③污染物在地质大循环和生物小循环以及全球循环；④主要污染物在环境中的迁移机理及规律。

英国皇家学会在英国伦敦举行石油污染对海洋生物种群、群落和生态系统的长期效应讨论会。吴宝铃参加会议，提出中国海洋污染研究报告。

同国环办在北京联合主办中美环境科学讨论会，参加人员45人。会议讨论了区域环境综合规划、土地利用大气质量评价和地下水污染的研究方法。

11月　环境质量评价专业委员会在贵阳召开中国环境质量评价学术讨论会，参加人员200人，收到论文200篇。会议讨论了环境质量评价方法和研究的新领域，决定编写《中国环境质量评价论文集》和《评价方法指南》。

环境化学专业委员会与中国科学院环化所在长沙联合举办第三次污染化学学术讨论会，收到论文98篇，135人参加。反映了我国环境化学研究工作已初具规模，有些研究已达到世界先进水平。会议提出针对我国实际情况进行环境化学、污染化学研究，并建议加强有机污染物、大气污染化学方面的研究。

环境工程分会在浙江召开首届噪声控制专业组会议，参加人员56人。按照学会常务理事会的决定，成立了环境噪声控制工程专业学术组，讨论了活动计划和今后设想。

环境管理、经济与法学学会同中国技术经济研究会在北京共同举办全国排污收费专题座谈会，参加人员90人，讨论了排污收费及综合利用的问题。

环境教育工作委员会在秦皇岛市召开环境教育工作委员会第二次会议。总结工作,研究工作计划及《环境科学概论》、《环境保护概论》的出版问题。会上展出教材、教学计划、教学大纲 95 种,代表们给五届四次人大发出建议书,呼吁加强环境教育工作。

12 月　同中国土壤学会、中国科学院环境保护委员会在杭州召开全国土壤环境化学学术会议,出席 132 人。介绍了国外环境化学研究动态,并进行了交流座谈。

环境工程分会在山东召开全国电炉渣应用技术交流会,参加人员 90 人。

## 1982 年

1 月　由中国科协统一安排,在人民大会堂广西厅举办“中国环境科学学会迎春座谈会”。陈西平主持会议,国家建委主任韩光、副主任李景昭以及中国科协副主席裴丽生等出席。

2 月　在北京召开科普工作委员会第二次会议,肯定了工作成绩,制定了环境科普工作的方针,制定了 3 年内的工作规划,确定举办《全国环保设备技术交流会》,调整机构建立专业组,增补新委员。

3 月　环境管理、经济与法学分会在湖南召开工业企业环境管理和环境法学讨论会,参加人员 140 人,收到论文 34 篇。会议讨论了工业企业环境管理体制、理论与方法以及环境管理指标体系的原则与方法。

与中国电机工程学会在昆明联合召开粉煤灰资源化学术会议,148 人参加,收到论文 106 篇。总结了多年来粉煤灰资源化工作的成绩和经验,指出在该项工作中存在的问题,进一步探讨了粉煤灰资源化的途径。

4 月　环境工程分会等 5 个单位在北京联合召开炼钢电炉烟气净化技术讨论会,参加人员 110 人,收到论文 32 篇。进行了各种烟气净化方式的比较。

环境工程分会在九江召开全国重金属废水处理学术会议,参加人员 79 人,收到论文 46 篇。交流了处理重金属废水的各种方法。

环境工程分会在上海举办环保设备、环保仪器技术交流会。接待了 140 个单位的技术咨询,并承包了 10 多项工程。

5 月　与上海环境科学学会、上海机电公司环保服务部在上海联合举办 1982 年全国环保设备、仪器技术交流会,参展厂家 221 个,参观人数 10 万人次。交流会内容组织了环保仪器、产品的展出,参展展品 589 件,进行了设计招标攻关，技术咨询，并进行了环保专题讲座13讲。

环境管理、经济与法学分会和北京市环保所在北京同美国密执安大学R·格罗斯教授就环境法问题进行座谈。

6月　在北京举行中美环境法学术交流会，参加人员33人。会上，双方就环境立法和司法、环境经济、城市规划、土地利用规划和综合利用等领域的学术问题进行了交流和讨论。

7月　同中国自然资源研究会筹备组、生态学会、中国国土经济研究会、中国地理学会等5个单位在北京联合举办国土整治战略问题讨论会，参加人员40人。就我国国土整治的方针、任务、本世纪内达到的目的，以及需要着手抓的重大整治项目进行了讨论。

8月　环境工程分会在秦皇岛召开大气污染控制学术交流会，参加人员30人。会议交流讨论了新成果、新动向，并成立了大气污染控制专业组。

9月　环境工程分会和环境声学专业委员会在黄山联合召开环境噪声及控制工程学术会议。参加人员163人，收到论文119篇。交流城市噪声监测方法和控制措施；总结我国70个城市噪声测试结果；提出一系列控制噪声的方法。

环境管理、经济与法学分会在抚顺召开全国粉煤灰综合利用环境经济学术会议，参加人员45人，会议收到论文21篇。

10月　环境工程分会召开全国水污染和水质、水资源管理学术会议，参加人员100人，收到论文27篇。会议以水污染控制对策为中心进行讨论，探讨了解决水污染、水源保护和水再利用的途径。

11月　环境分析监测专业委员会在无锡召开水污染分析监测学术交流会，参加人员80人。会后编辑出版了会议报告汇编。

与中国林学会在成都联合召开植物与环境保护学术讨论会，参加人员106人。对植物与环境保护之间若干问题有了新的认识。

环境工程分会在北京组织美国环境科技代表团来华访问，访问期间座谈了有关水处理技术等问题，有300人次参加。

12月　环境管理、经济与法学分会在石家庄召开全国工业企业环境保护考核指标讨论会，参加人员45人，收到论文20篇。会议讨论了关于纳入国家工业企业经济效果指标体系中的环境保护指标问题。

在广州召开了国外环境经济学术讨论会，参加人员45人，收到论文20篇。会议就国外的环境经济问题进行了学术交流，同时对于我国如何借鉴国外的经验，寻求适合我国国情的环境经济问题进行了座谈。

## 1983年

1月　在北京友谊宾馆召开一届四次常务理事扩大会议。听取1982年学会工作的汇报；审议关于“为开创环境保护新局面做贡献”的报告；汇报中国科协组织工作会议情况和筹备学会二次代表大会的设想；审议1983年工作计划，听取开展环境科技咨询服务工作的情况汇报。

环境管理、经济与法学分会和北京市环保所在北京与美国俄克拉荷马大学L·W·坎特教授座谈环境影响评价，参加人员27人。

3月　在沈阳召开学会工作会议，各分支机构负责人，各省、市、自治区环境学会秘书长等50多人参加。会议研究学会如何为开创环境保护新局面发挥作用、1983年学会工作重点、二届理事会改选方案及修改会章等问题。

环境管理、经济与法学分会和北京大学法律系聘请日本东京都大学法学部环境法民法学者野村好弘教授讲学，内容为环境法。

4月　在常熟召开了“开创环境保护新局面”学术讨论会，参加人员60人。会议研究讨论了环境保护与经济建设同步前进、协调发展的战略问题，为制定适合中国国情的技术政策，提出了一些重大建议。

5月　与美国环境规划团在北京进行学术交流，参加人员66人。讨论水质规划、废水的回收与再利用、沿海地区的管理以及新兴城市规划的效应等问题。

澳大利亚联邦科学工业研究组织在澳大利亚悉尼举行多毛类学术会议，参加人员90人。会议内容主要是多毛类小头虫污染指标种问题。派吴宝铃参加大会，并提出两篇论文。

与沈阳市环保所在沈阳共同举办日本环境分析测定技术交流会，100人参加。

组织日本横滨国立大学加藤龙夫来华讲学，先后在北京、沈阳、西安、南京进行，参加人员100人。加藤龙夫介绍了环境科研与环境分析技术现状、色质联用分析技术在环境分析上的应用以及其他环境分析研究专题。

6月　在北京召开一届五次常务理事会，参加人员25人。审定第二届理事会选举办法；汇报中国科协进行“2000年的中国研究”和学会对此的设想意见，汇报科普工作会议情况和参加在莫斯科召开的世界工程与环境委员会会议情况等。

7月　在北京召开咨询工作委员会成立会议，正式成立“中国环境科学学会咨询服务中心”。

在北京召开2000年中国环境问题研究会议。回顾与总结十年来我国环境科学的成就，预测2000年中国环境科学可达到的水平。会议决定，成立联络小组和《我国环境科学技术的发展——十年回顾与2000年展望》编写组，由国家科委环境规划组与学会共同领导；确定编写计划；会议还特邀一些专家为年会撰写论文。

环境质量评价专业委员会、环境监测专业委员会同中国环境监测总站在昆明联合主办中国环境质量现状及趋势分析学术讨论会，参加人员80人，收到论文45篇。会议围绕中国环境质量状况及趋势进行了学术讨论与交流，探索了解决中国环境质量问题的途径和道路，提出了中国环境质量状况及趋势的总观点和建议，并制定了《中国环境质量分析》一书的编写计划。

科普工作委员会在秦皇岛组织举办了中国环境科学学会首届夏令营。举行环境科普讲座5次，进行了环境考察，普及环境科学知识。

8月　环境化学专业委员会在承德召开环境化学专题报告与学术讨论会，116人参加。会议介绍了环境化学主要是污染化学方面的国内外动向，并结合我国工作实际，着重在应用基础理论和研究方法方面进行了讨论，使之初步形成了学科队伍和学科思想体系。

9月　环境管理、经济与法学分会在江苏吴县召开全国第七次环境经济学术讨论会，70人参加，收到论文35篇。通过实例探讨我国考核环境投资效果的指标体系和计算方法，探讨通过技术改造提出的环境经济效果的理论和具体途径。

环境管理、经济与法学学会在四川省峨眉召开环境法学学术讨论会，参加人员50人，收到论文25篇。讨论了环境立法体系和基本理论，总结了环境法执行的经验，为进一步实施环保法提出了建设性意见。会议还对环境的立法问题提出了参考意见，对执法机构的设立和法律责任进行了研究。

10月　科普工作委员会在北京举办“青少年爱科学”活动，组织西城、崇文两区9所中学的72名学生部分教师参加环境监测活动。

教育工作委员会在郑州召开环境教育工作委员会第三次会议。总结10年来特别是本会成立4年来环境教育工作的成就、经验教训和存在的主要问题，制定了开创环境教育工作新局面的计划。展出教材29种，教学计划、大纲7件，论文14篇。

在沈阳举行环境污染综合防治学术讨论会，参加人员115人，收到论文60余篇。交流总结了重点城市、地区环境污染综合防治的经验和老厂改造的经验；提出对环境污染综合防治的技术路线及具体措施、立法等。

环境工程分会在杭州举行低能耗污水处理及利用学术讨论会，84人参加，收到论文46篇。交流了低能耗污水处理技术的研究。

环境管理、经济与法学分会在北京大学举办中日环境法学术讨论会，参加人员25人。会议讨论了环境保护法律体系、环境影响评价、"三同时"制度、补助金和排污收费政策，以及自然保护法律等。

组织美国环境训练团来华在北京进行学术交流，内容主要是环境教育和水处理技术两个方面，参加人员60人。

10～11月　进行第二届理事会通讯选举，选出第二届理事会理事122人。

11月　环境医学专业委员会在北京召开我国环境污染与人体健康影响的现状和预测讨论会，参加人员40人。讨论会总结分析了10年来已掌握的环境污染对人体健康影响的数据，对环境污染如何控制提出了富有战略性的意见。

组织日本三浦环保代表团来华在北京进行给水与废水处理的分离新技术交流，日方还进行了实地试验。参加人员16人。

12月　环境生物专业委员会在昆明举行生态学术讨论会，参加人员130人。会议探讨了各种生物净化方法和实际应用经验，交流和研究了保护生态环境问题，并对统一河湖生物监测方法问题进行了讨论。

环境地球化学与污染化学地理专业委员会在南宁召开全国环境背景值和环境容量学术讨论会，参加人员90人。主要讨论我国环境背景值和环境容量研究成果及理论与实践意义、国内外相关研究的理论及实践情况，还提出了我国背景值和容量研究的方案及规划方面的具体建议。

## 1984年

1983年12月31日～1984年1月6日　召开第二届理事会第一次全体会议，118人出席。会议听取第一届理事会会议总结报告；列席全国第二次环境保护会议；选举常务理事和正副理事长、秘书长；研究第二届理事会工作要点。会议选举李景昭为理事长。副理事长有曲格平、马世骏、陈西平、蔡宏道。秘书长为曲格平（兼）。副秘书长是朱钟杰（专职常务）、郭方、刘天齐、舒惠芬。

1月5日　在北京召开第二届常务理事会第一次会议，27人出席。会议聘任副秘书长、顾问和司库；增设学会有关机构；审议1984年计划。

2月12日　召开秘书长办公会议。传达讨论中国科协1984年工作要点；讨论筹办学术年会；研究学会分支机构负责人聘任意见。

3月19～21日　在北京召开《中国自然保护大纲》专家论证会，参加人数20人。

4月2～7日　在北京召开《2000年的中国环境》论证会，参加人员50人。

4月4日～4月17日　派出以朱钟杰为团长的4人代表团赴香港进行环境考察，为期2周。

4月17～18日　李景昭理事长接见香港政府环保处潘乃熙、庄大伟，并参观石化污水处理厂。

4月20～21日　参加中国土木工程学会接待加拿大代表团的活动，并与之会谈，介绍环境学会情况。

5月10～13日　与国家环境保护局在重庆市联合召开全国第一次环境统计学术交流会，参加人员45人。

5月14～17日　在湖北省黄石市与国家环境保护局联合召开工业企业环境保护考核指标讨论会，参加人员40人。

5月15～17日　在四川峨眉铁合金厂召开全国钢渣、铁合金渣治理和综合利用学术交流会，参加人员76人。

5月16～18日　在西安市与西安环保锅炉设备服务部联合举办西北环保、锅炉技术交流展样推广会，有十几个省市厂家和科研单位参加了此会。展览会期间作了噪声控制设备和香港污水处理等学术报告。

5月21～25日　派出黄铭荣到美国加利福尼亚州参加世界工程师联合会，其被选为工程与环境委员会委员并担任副主席。

6月5日　在国家海洋局报告厅召开“纪念世界环境日学术报告会”，有800余人参加。国家海洋局局长罗钰如作了报告。

6月7～14日　在太原市召开全国城市环境规划学术讨论会，40人参加。

6月21日　在北京科学会堂召开第二届第二次常务理事会议，18人出席。研究审定第二届理事会各分支机构设置和负责人聘任；研究审定发展团体会员和通讯会员的暂行规定；听取学术年会筹备情况报告；听取参加世界工程与环境委员会情况的汇报。

7月22日～8月3日　在北京—泰山—烟台举办了全国中小学教师和科技辅导员学习班，参加人员27人。

7月23日～8月17日　在昆明举办了“全国污染生态学习班”，117人参加。

7月24～28日　在兰州召开全国学会工作会议，84人参加。会议总结交流经验；研究环境咨询工作及其他工作计划。李景昭理事长出席了会议。

8月1～23日　在秦皇岛环保干校举办“科技日语速成班”，参加人员24人。

8月2～8日　在辽宁旅顺口举办第二届环境科技夏令营，参加人员64人。

8月5～8日　在旅顺召开科普工作委员会第二届委员会会议，有32人参加。会议总结第一届工作；研究今后工作重点。

8月6～14日　在秦皇岛环保干校，与国务院环保委员会办公室合办“中国环境战略问题研究班”，参加人员90余人。

8月18～20日　在北京科学会堂，接待美国环境科学代表团一行13人进行学术交流。

8月23～26日　在宁夏回族自治区贺兰县召开第三次环境分析监测新方法新技术学术交流会，参加人数86人。

8月29～9月1日　在北京科学会堂及万寿路宾馆，接待加拿大环境综合技术交流团一行4人并座谈。

9月3日　与加拿大环境代表团进行环境管理和机构专题座谈，参加人员有中方10人，外宾4人。

9月8～14日　在新疆乌鲁木齐，与5个学会共同召开干旱、半干旱地区自然资源开发、利用、治理、保护学术讨论会，参加人数99人。

9月12～27日　在乌鲁木齐、吐鲁番、库尔勒召开“干旱半干旱地区环境战略考察学术讨论会”，35人参加了会议。

9月14日～10月2日　组织日本国立公害所西岗秀三博士来华讲学。

9月　在香山饭店，曲格平、朱钟杰会见美国EPA科技代表团成员哈特曼(EBAS-OC国际公司副总裁)，并会谈。

9～10月　在吉林市与吉林省环境学会联合举办了“环境规划培训班”，培训班学员有60人。

10月　在北京美术馆科普橱窗举办《水污染防治专辑》一期。

10月11日　在北京南郊农场就筹建南海子麋鹿苑方案论证问题，召开专家评议会，中方20人，外宾4人。

10月12日　在北京科学会堂召开学术工作委员会扩大会议，20人参加。汇报研究年会筹备工作；讨论学会改革事宜。

10月16～21日　在杭州市召开“全国噪声及噪声控制工程学术讨论会”，120人参加。

10月18～23日　在南京召开二氧化硫综合防治学术讨论会，60人参加。

11月8～14日　派金鉴明、高拯民去瑞士参加世界自然与资源保护同盟会议。

11月12～15日　在北京科学会堂，接待英国麦克当那公司经理范一登一行2人，并进行技术座谈。参加人员有中方5人，外宾1人。

11月17日　受博依德博士邀请参观在英使馆举办的麋鹿展览。

11月17～23日　在广东深圳召开咨询工作经验交流会。参加人数30人。

11月21日　在长城饭店，曲格平秘书长和朱钟杰副秘书长与卡洛特等会谈引回麋鹿问题。

11月28日～12月7日　在北京召开臭氧应用学术讨论会，60人参加。

12月3日　在北京科学会堂接见国际水污染研究控制协会主席恩格尔布莱克和副主席松本顺一郎并座谈，互相交流情况。参加人员有中方16人，外宾2人。

12月4～7日　在北京黑龙潭疗养院召开生物膜法污水处理学术讨论会，100人参加。

12月10～14日　在北京回龙观饭店召开首届学术年会，参加人数260人，其中应邀到会外国专家12人。李鹏副总理接见部分会议代表，并讲话。

12月18日　在北京回龙观饭店召开第二届第二次会全体理事会。总结一年工作；研究、审查1985年工作计划。会议选举产生出席中国科协三届代表大会的代表和委员候选人。曲格平、朱钟杰、章申、陈复以及刘东生为代表。朱钟杰为委员候选人。

## 1985年

1月6、10、26日　学会与英国塔维斯托克侯爵的代表卡洛特等共同修改《赠送麋鹿协议书(草稿)》，研究草签协议书时间、动物进口检疫以及民航运输等问题。

1月17日　召开秘书长办公会议，研究1985年计划，听取咨询工作汇报，并研究修改会章、发展会员、调整专业委员会等组织工作事项。

1月31日～2月16日　派人员参加国际非政府组织在内罗毕召开的“环境与发展全球大会”。

2月26日　召开咨询工作总结表彰大会，对开展环境咨询工作有贡献的专家和工作人员予以表彰和奖励。

2月27日　在北京自然博物馆草签了《中华人民共和国麋鹿引进小组与英国乌邦寺公园主人塔维斯托克侯爵阁下关于麋鹿引进的协议书（草案）》。代表中方签字的是朱钟杰副秘书长，代表英方签字的是侯爵代表卡洛特。出席草签仪式人员40人。

3月12～16日　环境管理分会与国家环境保护局在厦门召开“开放城市和经济特区环境立法学术讨论会”，为建立开放城市环境管理法规打下了初步基础。

4月15～21日　环境生物学专业委员会与中国林学会、中国植物生理学会在洛阳联合召开“植物与环保学术讨论会”，收到论文70篇，到会100人。

5月14日～6月8日　参加在北京展览馆举办的全国首届技术交易会，组织全国首届环保、节能技术成果交易会作为分会场，有146家厂矿、设计研究单位参展。参观人数达8万人次。举行了10项技术讲座，有100多位专家参加了咨询活动。

5月15～20日　环境标准专业委员会在南宁召开“环境标准学术讨论会”，收到论文15篇，到会代表30人。

5月28日～6月8日　在建材展览馆举办全国首届环保节能技术成果交易会。146家厂商参加，参观人数8万人次，技术讲座10次，100多名技术人员参加咨询解答难题活动，难题招标20多项，成交合同额约200万元。

6月4日　举办“纪念世界环境日报告会”，国家环境保护局长曲格平、国家计划生育委员会陶绍曾、共青团中央柳斌杰分别就环境、人口、青年问题作了报告。联合国环境署副执行主任戈鲁比夫到会讲了话。1 300人参加了报告会。

6月5日　在北京展览馆剧场召开“纪念世界环境日暨祖国环境美优秀作品发奖大会”，国家领导人王任重、阿沛·阿旺晋美、朱学范、严济慈、缪云台、赵维臣等及联合国环境署代表戈鲁比夫等国外朋友到会祝贺。共3 000多人参加大会，会上对为纪念环境日作出努力的单位发了奖（由联合国环境署发银牌 2 枚、铜牌 2 枚），中国环境科学学会获银牌奖。

6 月 12 日　在北京召开“自然保护专业委员会成立大会”，35 人参加。讨论宗旨、任务，宣布聘任委员名单和工作计划，评议《自然保护管理条例》等。

6 月 14 日　会见加拿大土木学会会长梅尔扎等人，就双方建立学术交流和人员联系交换了意见，初步商定 1986 年 5～6 月就互访交流建立协议。

7 月 8～12 日　环境工程分会在哈尔滨召开我国首次“无废技术学术讨论会”，到会代表 70 余人，收到论文 53 篇，大会宣读了 18 篇，交流了国内外无废技术动向，为推广我国无废或少废技术提出了建议。

7 月 17 日　在北京和伦敦同时签署《麋鹿引进协议书（正文）》。在北京签字的有中方代表朱钟杰和英方塔维斯托克侯爵代表卡洛特。在伦敦签字的有中国驻英国大使和英国塔维斯托克侯爵。

7 月 27 日　与中国环境报社联合举办专家座谈会，就如何办好《中国环境报》问题邀请 32 位同志进行座谈，听取意见。

7 月 28 日～8 月 7 日　在福建武夷山举办了第三届中国环境科技夏令营，有福建、江西、湖南三省的教师学生共 150 人参加。

8 月 12～21 日　接待日本环境评价访华团一行 6 人，就环境评价、大气保护、仪器设备等进行了学术报告和学术交流。中方参加交流的科技工作者 35 人。代表团还到秦皇岛就该市建立火电站提出了咨询意见。

8 月 17～20 日　研究了麋鹿进品检疫天数、方法、技术管理、宣传、基金会等，并作了分工，检查了鹿苑建设情况。

8 月 17～21 日　海洋环境专业委员会在青岛召开海洋石油污染学术讨论会，共收到论文 45 篇，到会 100 余人。

8 月 24 日　麋鹿空运到北京，由塔维斯托克侯爵长子豪兰德勋爵护送，在北京停留一周。

8 月 28 日　在民族宫召开麋鹿引进新闻发布会，有 40 多位新闻界人士参加。举行了麋鹿还家招待会。全国政协副主席包尔汉、北京市副市长张百发、英国豪兰德勋爵及法国、英国、捷克斯洛伐克、美国等使馆派代办等参加招待会，还有中国官员、科技界、新闻界代表，达 300 人。国家环境保护局局长曲格平、学会理事长李景昭、学会副秘书长朱钟杰和英国豪兰德勋爵分别讲了话。

9 月 4～6 日　中国科协学会部召开学术活动经验交流会，环境科学学会提交了“开展学术活动是学会工作的立足点”的交流材料，并派人员参加了会议。

9月9～13日　在贵阳召开了西南中南两地区十省市学会秘书长参加的“学会工作研讨班”。研究如何使学会工作进一步提高和自身建设等问题。

9月19～22日　中国环境科学学会发起，并联合国家环境保护局、国务院教育委员会基础教育司在辽宁省昌图县召开“全国中小学环境教育经验交流会”，124位代表出席。大会交流了18个单位的经验，并观摩了昌图县环境教学活动。

9月29日～10月9日　参加在日本召开的“国际人类废弃物会议”。朱钟杰、刘淑琴参加会议并宣读了论文。

10月9～15日　在洛阳召开国务院第五次环委会及全国城市环保工作会议。地方学会秘书长33人列席会议，体现了学会工作和环保中心工作紧密结合。

10月13～29日　中国科协接待美国环境保护团一行34人。其中10月15～16日接待组织参观了首钢污水处理厂和北京市环境监测中心，分为环境管理和环境工程两组进行了学术交流，美方提交论文13篇，23人参加会议，中方45人参加交流。

10月25～30日　环境地球化学与污染化学地理专业委员会联合中国地理学会、地质学会在长沙召开了“全国环境中重金属分布学术讨论会”，收到论文90多篇，大会交流26篇，到会代表90多人。

11月12～16日　环境大气学专业委员会在重庆市召开“区域大气污染及综合防治学术讨论会”，总结几年来区域大气污染现状和综合防治经验，共收到论文30余篇，到会代表38人。

11月25～30日　环境大气学专业委员会同国家环境保护局大气处联合召开“大气保护和噪声控制‘七五’计划专家评议会”，对计划的科学性、可行性进行了评议，并提出了修改意见，到会人员39人。

12月6日　学会副秘书长朱钟杰会见日本菱田环境评价事务所所长菱田一雄和日本公害对策同友会中国室主任廖永和，就1986年中日大学生夏令营和评价团回访日本等事宜交换了意见。

12月22～24日　召开二届四次常务理事扩大会议，评议“七五”环保计划和“2000年中国环境研究资料”；研究1986年工作计划；审议接纳通讯会员。

## 1986 年

1 月 26～28 日　召开咨询工作委员会工作会议，作出开展优质咨询服务活动的决定。会议决定吸收江西、湖北、辽宁、四川、陕西、新疆、贵州、重庆等省市学会咨询服务部为咨询工作委员会成员单位。

2 月 26 日　举办酸雨对大农业的危害座谈会，到会专家 10 余人。

3 月 2～5 日　与中国农业系统工程学会、中国生态学会、中国社会科学研究院农村发展研究所等 11 个单位，在北京联合召开"全国生态农业科研协作会"，147 人到会，著名学者许涤新、孙尚清、马世骏等出席会议。

3 月 5～10 日　编辑工作委员会在广东省番禺召开工作会议，研究环境科技杂志的方向和提高刊物质量等工作。

3 月 25～28 日　环境质量评价专业委员会在石家庄市召开第二次环境质量评价学术讨论会。收到论文 190 篇，环境影响报告书 45 份，代表 108 人。

4 月 7～11 日　环境管理、经济与法学分会在深圳召开"经济特区环境建设管理学术讨论会"。就开放地区环保方面存在的主要问题、如何正确处理经济发展与环境保护的基础性工作等进行了讨论。

4 月 14～18 日　在西安召开了各省市环境科学学会参加的科普工作会议。传达了中国科协科普工作会议精神，修改了科普工作条例，并研究了世界环境日纪念活动和夏令营活动。

4 月 21 日　以阿达姆斯为团长的美国大气污染研究访华团一行 8 人，在科学会堂与大气专业委员会进行学术交流，朱钟杰、王文兴等参加了会议。

5 月 5 日　会见国际环境医学与生物学协会主席阿布(法国)，朱钟杰、叶庆荣、柯金良参加了会议。

5 月 6 日　在友谊宾馆召开中国麋鹿基金会成立大会，朱钟杰被聘任为该会副秘书长。

5 月 12～17 日　黄铭荣赴莫斯科出席了世界工程师联合会工程与环境委员会理事会议。会议就工程师环境教育与训练、地区性工程师协会组织工作以及 1989 年第三届世界环境大会准备等 10 个问题进行了研究。

5 月 18～21 日　大气学专业委员会接待美国民间大气保护考察团一行 20 人，组织了学术交流和参观环保所、北京监测中心等活动。

5 月 26～27 日　环境工程学会接待美国水污染控制研究协会访华代表团一行 41 人，组织了学术交流和参观首钢等活动。

5月28日～6月1日　接待日本环境保护专家渡边弘和石黑夺吉，在与北京同行进行了学术交流，王文兴、徐厚恩等参加。

6月1～22日　监测专业委员会接待美国环境保护局辛辛那提实验室质量保证部主任温特来华进行学术交流和讲学，先后在北京、杭州、西安、成都交流。

6月5日　在北京少年儿童活动中心举行"世界环境日纪念大会"。叶如棠部长、联合国环境署驻亚太地区副代表大田正豁、联合国亚太地区经社理事会环境协调部主任贾拉尔等到会并先后讲话。李鹏副总理、康克清副主席在北京少年儿童活动中心种下了"和平树"，李鹏副总理讲了话，外宾也参加了种树活动。同一天，陈西平设宴并会见了联合国代表团全体成员。

6月12日　在北京科学会堂召开《中国环境科学年鉴》编委会会议。

6月12～16日　环境理论专业委员会在江西宜春市召开"全国乡镇企业经济发展与环境保护三效益统一学术讨论会"。收到论文40多篇，代表60多人。著名生态学家、学会副理事长马世骏到会并讲话。

6月23～27日　中国科协第三次代表大会在北京召开，选派刘东生、曲格平、章申、陈复、朱钟杰作为环境科学学会代表参加了会议。

7月15～20日　与内蒙古环境科学学会在呼伦贝尔盟召开了"草原环境保护国际学术讨论会"，到会代表70多人，包括日本、荷兰3位专家，收到论文47篇。

7月18～21日　环境化学专业委员会和环境医学专业委员会在北京联合召开"全国环境化学污染物和健康学术讨论会"，收到论文80篇，102人到会。

7月25日　美国环保法专家汤玛斯拜会环境科学学会。

7月25日～8月6日　举办第四届环境科技夏令营，总营在甘肃省兰州开营，青海、西宁闭营。参加省份有陕西、甘肃、宁夏、青海，共有营员160人。

8月12～15日　在北京清华大学举办首次"全国环境科学研究生学术讨论会"，到会代表包括20个省、市、区150多人，都是1978年以来的历届研究生，共收到论文180多篇。代表们就环境科学的基础理论、应用、经济与法和管理体制等多方面共同关心的问题展开了较深入的讨论。建设部副部长廉仲、学会理事长李景昭、国家环境保护局副局长张启成、中国科协常委刘东生、学会部副部长文祖宁、清华大学校长张孝文以及老一辈科学家陶葆楷、过祖源等到会并讲话。

8月12～21日　朱钟杰、王宝贞到巴西里约热内卢参加第十三届世界水污染防治学术大会及理事会。王宝贞当选该协会科技工作委员会委员。

8月21～24日　环境工程分会在清华大学召开了第二届臭氧应用技术学术讨论会。到会代表102人，发表论文20余篇。清华大学陶葆楷到会讲话。

8月25～30日　环境质量评价专业委员会在秦皇岛召开“环境影响评价工程技术剖析会”。

8月25日～9月1日　环境管理、经济与法学分会联合东北三省环境科学学会在吉林市召开了“城市环境综合整治学术讨论会”。

9月7～19日　接待香港生产力促进局环保科技考察团一行14人，先后在广州、上海、北京进行学术交流和参观。中国环境科学学会和香港生产力促进局的代表还举行了今后科技合作的意向性商谈。

9月21～28日　与中国核学会、中国海洋学会、核工业部科技委员会在长沙慈利县联合召开了“放射性废物管理经验学术交流会”，共收到论文46篇，到会代表50人。会议就放射性废物分类、处理和处置的含意、建库的原则等问题进行了探讨，并对我国放射性废物治理的技术和经验，对加强环境和海洋保护的管理，防止放射性污染、扩散等问题进行了广泛的交流和讨论。

11月3～8日　环境工程分会在西安召开第三届全国噪声控制工程学会会议，收到论文190多篇，到会代表193人，常务理事、著名声学家马大猷到会作了报告。

11月9～15日　与中国生态经济学会、中国生态学会、中国农业环保协会等在江苏扬州召开“农村发展与环境学术讨论会”，共收到论文140篇，出席代表149人，陈西平、朱钟杰到会。

11月13～18日　环境工程分会在天津召开“第二次无废和少废技术学术讨论会”，收到论文60多篇，代表110人。会议还就筹备成立全国资源综合利用协会和编制低废少废技术设计总则及规范问题向国家有关领导部门提出了建议书。

11月13～19日　环境生物学专业委员会在湖南常德召开“生物监测与净化技术学术讨论会”，收到论文154篇，164人出席会议。会议交流生物监测与生物净化技术方面的成果，探讨我国生物监测与生物净化技术的新途径。

11月18日　与加拿大土木工程学会代表团会晤，商谈两国交流学者问题，朱钟杰、叶庆荣、蔡贻谟等参加会谈。李景昭理事长签署交流学者协议书。

11月19日　与联合国环境署驻亚太地区主任内通先生会见，并交换了1987年6月5日世界环境日纪念活动的意见。

11月20～25日　环境咨询工作委员会在深圳召开“全国环境咨询工作会议”，表彰先进单位17个和先进个人32人，并颁发了奖旗和荣誉证书。

12月10～14日　召开第三次全体理事会。评议国家“七五”环境保护计划；听取1986年工作报告；审议1987年工作计划。

12月13日　在北京召开第二届第五次常务理事扩大会。研究了1987年的重点工作；决定建立表彰奖励制度。同时增补张宝昌、杨德仁为理事。因工作变动，黄宗礼、衣国洪不再担任理事。

## 1987年

1月18日　在北京科学会堂组织了以“2000年中国环境的展望”为主题的科学家活动日。李景昭、曲格平、李苏、陈西平等参加了本次活动，全天参加活动的科学家和技术人员共计1 000余名。

4月12日　由国家环境保护局和中国环境科学学会联合在南京举办“全国资源综合利用技术交易会”。18日，江苏省副省长张绪武出席了闭幕式。

5月4日　在北戴河技术交流中心召开第三次学会工作会议，会议主要讨论了加强学术活动、提高活动质量以及表彰先进等有关文件。

5月17日　应加拿大土木工程学会的邀请，朱钟杰赴加拿大参加“加拿大土木工程学会成立100周年纪念活动及年会”。

5月25日　根据中国科协会的安排，环境工程分会组织有关专家在北京科学会堂与澳大利亚的Hoskin先生就污水处理问题进行了座谈。

6月　中国科协组织环境学会、林学会、农学会等12个全国性学会组织的专家考察组20人，就“酸雨对大农业的危害及其对策”课题，对南昌、长沙、重庆、南宁等地进行实地综合性考察，并提出了意见书。

6月6日　为纪念“六·五”世界环境日，在北京科学会堂举行了学术报告会，曲格平、马世骏、江小珂在会上作了学术报告。

6月7日　根据中国科协的国际交流计划，派徐庆华对美国环境保护局进行为期50天的访问和学术交流。

6月13日　派理事罗典荣为团长以及王如松、任阵海出席了在日本名古屋举行的太平洋沿岸国家民间环境保护国际会议。

6月14日　根据与加拿大土木工程学会的协议，接待了加拿大环境咨询公司希米特克博士夫妇和多伦多大学教授琼斯夫妇，分别在北京、天津和哈尔滨进行了学术交流和考察活动。

6月25日　环境质量评价专业委员会在北戴河技术交流中心召开了"区域规划与环境影响评价"学术交流会。

8月　《中国环境科学》编辑委员会在北戴河技术交流中心召开工作会议，并对1986年度优秀论文颁奖。

8月1日　经国家环境保护局批准，颁给中国环境科学学会咨询服务中心评价部环境影响评价许可证书。

8月6日　教育工作委员会在北戴河技术交流中心召开工作会议，总结了工作经验，并对1987～1988年的工作进行安排。

8月10日　第五届青少年环境科技夏令营在呼和浩特市举行。北京、内蒙古、河北、山西4省市(区)参加了本届夏令营。

美国环境保护局顾问拉塞尔夫妇，来我国进行访问和学术交流。先后在北京、北戴河、山东、江苏、广西、广东等地进行讲学活动。

8月16日　与由美国环境保护局、科罗拉多(Colorado)大学组成的美国代表团共同举办的"中美环境法学术讨论会"在北京大学开幕，曲格平到会讲了话。

8月26日　在乌鲁木齐召开"咨询理论研讨会"。

9月2日　环境管理、经济与法学分会和沈阳市环境学会在北戴河联合召开"环境目标管理学术讨论会"。

10月5日　环境分析监测专业委员会在青岛崂山召开"环境分析监测第四次学术交流会"。

10月6日　联合中国林学会、中国植物生理学会、中国生态学和中国农业环保学会在青岛举办"植物与环境学术讨论会"。

10月中旬　根据国家新闻出版署的要求，经重新登记确定《中国环境科学》、《中国花卉盆景》为独立主办刊物；与广东省环境保护局联合主办《环境》。

10月15日　《中国环境科学年鉴》编委会在北京科学会堂召开，王文兴主编主持了会议。

10月20日　在北京大学召开第一次酸雨研讨会。曲格平在开幕式上讲了话。会后编辑出版了《酸雨文集》。

11月3日　由中国环境咨询服务中心、深圳市科委、香港中国展览服务公司、深圳市环保办、中深环境科学咨询中心、深圳先科技术开发公司、深圳技术商品交易所等在深圳联合举办了“国际环境科学技术仪器设备交流会”。参加交流的外商有50余家。

11月7日 与中国环境报社、光明日报社和北京大学联合主办的“人与环境”邮展(第一阶段)在国际艺术展厅开幕,艾青、李景昭、成安玉为邮展剪了彩。曲格平参加了第二阶段在北京大学“人与环境”邮展的开幕式。

11月15日 环境化学专业委员会在南京召开“环境化学导向学术交流会”。

11月23日 中国科协学会部召开会议,讨论1988年重点学术活动问题。采纳了环境科学学会的建议,决定1988年纪念世界环境日之际,召开以“环境与发展”为主题的学术报告及讨论会。并由中国环境科学学会、中国林学会、中国气象学会、中国自然资源研究会、中国地理学会等负责筹备工作。

11月28日 国家环境保护局委托环境学会组织编写的“2000年环境保护规划纲要(讨论稿)”提交在南京召开的部分省市环境保护局会议进行审议。曲格平主持了会议。会后整理了送审稿,提交1987年四季度召开的国务院环境保护委员会讨论。

11月30日 联合中国核学会在深圳召开了“核能与环境”学术交流会,部分香港学者应邀到会作了报告。

12月28日 在北京召开第二届第六次常务理事会。主要总结1987年的工作,研究部署1989年的重点工作。

## 1988年

1月25日 在北京科学会堂召开环境科学研讨会第一次会议。马世骏副理事长到会并讲了话。

2月11日 召开组织工作委员会主任委员会议,讨论改选换届问题。3月17日组织工作委员会召开会议,决定推选章申、孙昌仁为IGBP委员。

3月21日 第四次学会工作会议在厦门市召开,80余人参加。会后,考察了潮州市环境教育经验和汕头市经济特区经济发展及环境保护工作。

4月27日 参加由中国科协主办,委托中国林学会牵头组织的“酸雨对大农业的危害及其对策学术讨论会”的组织工作。

5月3日 丹麦工业大学教授,国际水污染研究与控制协会(IAWPRC)主席哈尔莫斯来华访问,分别在哈尔滨、北京、洛阳、平顶山等地进行讲学和考察活动。

5月23日　受中国科协委托，在北京主办"环境与发展学术讨论会"，300人到会。曲格平局长、中国科协副主席陈绳武出席开幕式并讲话。

6月4日　与国家环境保护局、清华大学在北京科学会堂报告厅联合举行"六·五"世界环境日纪念大会。500余人参加。曲格平主持会议，国务委员、环委会主任宋健和联合国亚太经济社会环境协调处处长贾拉尔应邀出席大会讲话，人大常委副委员长廖汉生到会。会后，宋健会见了贾拉尔。

6月5日　同北京市环境科学学会和清华大学、北京大学在紫竹院公园举办了纪念"六·五"世界环境日群众宣传活动。

6月6日　常务副秘书长朱钟杰会见IAWPRC前任主席恩格布拉克，介绍了哈尔莫斯访华情况及IAWPRC中国委员会的工作计划。

6月16日　朱钟杰副秘书长在国家环境保护局主持召开《中国花卉盆景》杂志管理问题会议。对《中国花卉盆景》杂志编辑部的人员财务等行政管理问题做出了决定，印发了纪要。

6月23日　应北京万泉庄小学邀请，国家环境保护局局长曲格平、学会常务副秘书长朱钟杰等参加该校举办的"环境小主人"主题中队会。

6月30日　《中国环境科学》在京编委会成员在北京科学会堂召开会议，商议评选优秀论文、出版《中国环境科学》英文版等事宜，王文兴院士主持会议。

7月4日　与燕山石化总公司环保所联合成立"中国环境科学学会评价部"，并领取了由国家环境保护局颁发的评价资格证书。

7月14日　朱钟杰、王宝贞参加国际水污染控制和研究协会(IAWPRC)在英国布莱顿召开的1988年理事会全体会议及两年一度的学术年会。

7月20日　在四川省峨眉山举行第二届中小教师参加的环境教育夏令营。

7月21日　组织中南5省2市计200余人在湖南省张家界国家森林公园举行第六届青少年环境科技夏令营。

8月4日　受中国科协委托，在北京科学会堂接待美国人民交流协会环境代表团。会后，国家环境保护局局长曲格平会见了该团。

8月5日　环境理论专业委员会联合内蒙古及包头市环境科学学会召开"全国环境科学的方法论及评价环境的综合指标体系的研究学术讨论会"，马世骏副理事长主持了会议。

8月15日　在上海同济大学主办召开第二届全国环境科学研究生学术讨

论会,国家环境保护局曲格平局长到会并发表重要讲话。

8月24日　在清华大学会见IAIA国际环境影响评价协会代表BEANLANDS先生,就准备1990年在我国召开学术会议的主题、时间等进行了初步商讨。

8月25日　选派北京大学程正康教授应邀出席苏联索契举行的世界和平科学家理事会召开的环境大会,并被推选为该理事会工作组固定成员。

9月4日　参加北京市科协在北海公园举办的科技日宣传活动。

9月11日　连续3天,参加北京市科协在劳动人民文化宫举办的科技日活动。就保护环境等方面的知识进行了广泛宣传。

9月12日　应白银市人民政府邀请,环境质量评价专业委员会主持的"白银市中心区经济发展环境对策研讨会暨学术讨论会"在白银市召开。与会专家对白银市经济发展与环境保护工作提出重要咨询建议。

9月26日　经中国科协审议,环境学会秘书长办公会议研究同意组建"中国环境科学学会国防环境科学分会"。

10月13日　环境海洋学专业委员会联合山东环境科学学会、青岛市环境科学学会主持召开"沿海经济开发区的环境问题学术会议"。

10月18日　监测分析专业委员会在杭州召开风险评价及滤膜技术学术会议。

11月19日　组织专家对北京橡胶六厂和北京市劳保所研制的DS-Ⅰ型多功能湿式除尘器进行并通过了评审。

12月5日　受中国国际科技会议中心委托,在北京科学会堂接待香港POLMT环保交流团(香港POLMET会议主席VALL任团长),并进行了学术交流,我方23人,港方17人参加。

12月12日　受国家环境保护局委托负责接待英中贸易协会废物处理技术代表团。该团并先后在广州、北京召开"中英废弃物处置研讨会"。英国环境大臣里德利、国家环境保护局局长曲格平出席了在北京科学会堂举行的开幕式。

12月13日　为纪念中国环境保护事业创建15周年,与《集邮博览》杂志社联合举办"人与环境邮票展览"在中国美术馆展出。全国政协副主席周培源、人大常委副委员长朱学范、英国环境大臣尼古拉里德利为邮展开幕剪了彩。国家环境保护局局长曲格平参观了展览。

12月21日　与国家环境保护局在广州市联合召开"环境经济学术研讨

会”，到会40余人。重点讨论了我国实行排污收费制度的理论与实践问题，并对这项制度的改革问题提出了建议。

## 1989年

1月12日　受河北省沧县科研委托召开评议会，对该所生产的“铁狮牌”晶体管高压静电除尘器科技成果进行专家评议。

1月18日　咨询中心邀请有关专家召开咨询工作联谊会，就有关技术市场的开发、利用等方面工作交流了经验。

1月28日　召开第二届第七次常务理事（在京）扩大会议，总结1988年工作、1989年工作计划要点及组织工作事项。马世骏副理事长主持会议，国家环境保护局局长曲格平到会讲话。会议结束时，李景昭理事长参加会议并讲话。

2月　学会和中国人民大学环境经济研究所在中国管理科研学院培训部联合举办“环境与发展”高级讲座。结业时，曲格平局长接见全体学员，并作了重要讲话。

2月28日　召开分支机构会议，总结1988年工作，安排1989年计划。

3月16日　参加接待美国人民交流协会水处理技术代表团一行12人。

3月20日　与国家环境保护局在南京联合召开“全国乡镇企业污染防治对策研讨会”。大会通过了《建议书》，报告了国务院环保委员会主任宋健，宋健复信并作了批示。《建议书》被纳入第三次全国环境保护会议参阅。

3月27日　联合国家环境保护局宣传教育司、国家教育委员会基础教育司在广州召开“全国部分省市环境教育工作座谈会”。

4月17日　国家环境保护局(89)环办字第127号文同意成立“中国环境科学基金会”。

4月21日　在中国少年儿童中心隆重举行“纪念地球日20周年报告会”，国家环境保护局副局长金鉴明、中国科协书记处书记刘恕以及北京的有关专家、学者200人参加报告会。中国科学院生态环境研究中心马世骏、北京大学地理系与环境科学中心陈昌笃、中国科学院植物研究所王献溥和中国科学院动物研究所汪松围绕全球性环境问题在会上做了报告。

4月28日　全体常务理事在北京列席第三次全国环境保护大会，同时召开第二届常务理事会第八次全体会议。

5月3日　环境学会主办，中国环境科学研究院和中国科协会议中心承办了“国际全球与区域大气环境化学会议”。国家环境保护局局长、学会副理事长兼秘书长曲格平出席大会并讲话，会议期间，接受了联邦德国、欧洲联合电视台采访。

5月16日　科普工作委员会在重庆市召开全国环境科普工作交流会。18个省、市、自治区、计划单列市环境科学学会的30名代表参加了会议。

5月18日　联合中国核学会、全军环境科学中心、山西环境科学学会、山西核学会在太原主办“核技术在环境保护中的应用学术交流会”。

5月20日　参加中国科协工程学会联合会。作为发起及成员单位之一，朱钟杰副秘书长被选为联合会执委兼任秘书长。

6月5日　在北京科学会堂举办以“警惕全球变暖”为主题的纪念世界环境日报告会。会议由马世骏副理事长主持。化工部林殷才、国家环境保护局王扬祖、国家气象局骆继宾等领导同志应邀到会作专题报告。到会代表共80多人。

7月25日　经财政部(89)财会协字第16号文批准成立中国环境科学学会中联会计师事务所。

8月23日　组织工作委员会召开会议，讨论改选换届及评奖表彰事宜。

8月28日　与国家环境保护局在吉林市联合召开第二次环境统计学学术交流会会议共收到环境统计专业的学术论文100篇，就环境统计的组织保障、研究内容、学术交流等进行了热烈的讨论。

9月9日　召开第二届第九次常务理事(在京)扩大会议。对设立荣誉奖、优秀环境科技工作者奖等议案以及下届理事会换届工作等事宜作出决定。

9月12日　办事机构“三定”方案由国家环境保护局(89)环人字第300号文批准。

9月13日　中国科协派代表团参加在布拉格召开的WFFO第12届大会及学术交流会。侯秉政、黄铭荣作为代表团成员参加了会议。

9月14日　作为国家级正式会员参加“国际空气污染防治协会”(IUAPPA)。

10月6日　学会评价部在江西召开“旅游与环境学术研讨会”。台湾都市研究会的代表应邀到会，并商讨技术合作意向。

10月11日　朱钟杰率团一行7人赴美国参加中美环境法研讨会第二次会议。

10月24日　与中国环境保护工业协会在山东泰安联合召开“中国环境保

护产业发展趋势研讨会”，就我国环境保护产业的概念、内涵、地位和发展趋势进行了探讨，并建议尽快建立一个实行归口管理和统筹协调的管理体系。

11 月 3 日　召开第二届理事会第十次常务理事（在京）扩大会议，通过了表彰决定，确定了荣誉奖、优秀环境科技工作者奖名单，研究“学会成立十周年纪念大会”方案等事宜。

11 月 6～9 日　环境医学专业委员会在武汉市召开首届全国环境病毒学学术讨论会。

11 月 7～11 日　国防环境科学分会在重庆市召开首届学术年会。舒惠芬副秘书长到会并讲了话。

11 月 8 日　环境标准专业委员会在温州召开环境标准学术交流会。

11 月 10～14 日　“中国环境科学学会成立十周年纪念大会”在中国少年儿童活动中心举行，来自各条环境战线的科技工作者及各级领导 500 余人参加了大会。国家领导人黄华、康克清、费孝通等参加了大会，中国科协副主席高镇宁、国家环境保护局副局长金鉴明到会并讲了话，副理事长马世骏作了“回顾与展望”工作报告。陈西平副理事长主持了大会。到会领导向荣誉奖和优秀环境科技工作者奖的代表颁奖并表示祝贺。

11 月 21 日　环境化学专业委员会与环境工程学会在上海同济大学联合召开水污染治理技术讨论会。

11 月 25 日　联合地理学会、地质学会在南京大学联合召开“环境中的化学元素和效应学术讨论会”。

12 月 20 日　宋健复信，对环境学会成立 10 周年纪念大会的专题报告作了批示。

## 1990 年

1 月 10～12 日　环境质量评价专业委员会与福建省环境保护研究所在福州市联合召开“湄州湾区域环境评价学术讨论会”。以“湄州湾新经济开发区环境规划综合研究”课题为基础，探讨了区域环境规划与环境评价的意义、区域环境评价与单个建设项目环境影响评价的关系、区域环境评价的原则与方法。

1 月 11 日　在北京召开第二届第十一次常务理事（在京）会议。研究通过 1989 年学会工作总结和 1990 年学会活动计划。

2 月　教育工作委员会和国家环境保护局宣教司联合召开北京市中小学环

境教育座谈会，20多位中学校长、教师以及辅导员应邀出席会议，畅谈和交流当前环境教育的成就、形势和存在的问题。

3月4日　在北京轮胎厂举行新闻发布会，向社会推荐DS-Ⅰ型多功能湿式除尘器。中央电视台、北京电视台及报社等约20位记者参加了新闻发布会。该除尘器是北京市劳动保护科学研究所高工、环境学会科普委员会委员常启旺等和北京橡胶六厂共同研制的。该项成果获得国家发明专利，被列入《1989年国家发明大全》。

4月21日　自然保护专业委员会召开第二次工作会议。金鉴明主任主持会议并作了关于当前环境问题特点的报告。着重讨论了我国参加国际保护生物多样性公约和我国多样性保护问题。

5月4～6日　全国环境科技开发咨询协作网成立大会在山东省济南市举行，共有24个单位的45位人员参加。会议主要讨论并原则通过《全国环境科技开发咨询协作网章程（草案）》，选举协作网领导机构——第一届协作网委员会委员。委员会由9个单位组成，环境学会被推选为主任委员单位。

5月30日　国际水污染研究与控制协会（IAWPRC）中国委员会筹备委员会在上海同济大学召开会议。介绍了中国自1985年被IAWPRC接纳为国家级成员以来的活动情况，讨论了IAWPRC中国委员会章程（草案）和建议、委员会名单以及下一步工作计划。会议还决定IAWPRC中国委员会秘书处设在中国环境科学学会。

6月4日　在少年儿童发展中心举办"纪念世界环境日报告会"。邀请从南北两极载誉而归的高振生和对外经济贸易大学的刘爽同学为西城师范学校的师生及热心环保事业的科技辅导员作"极地科学考察"报告。

6月20日　应中国科协和中国环境科学学会邀请，中国台北奥委会主席、台北自然保育协会会长张丰绪先生一行6人（其中台北《中国时报》记者2人），在中国科协对台办公室副主任卢景霆和中国环境科学学会副秘书长朱钟杰等陪同下参观了北京南郊麋鹿苑。双方就海峡两岸的科技合作和交流以及开展自然保护的科技活动交换了看法。

7月9～19日　应（苏联）全苏化学会的邀请，受中国科协的委托，组团一行4人对苏联进行了考察访问。考察了解了苏联在重金属监测与毒性消除方法方面所做的工作。

7月29日～8月3日　环境学会刘淑琴代表国际水污染研究与控制协会

(IAWPRC)中国委员会赴日本京都市参加了 IAWPRC 第十五届年会，并代表中国理事王宝贞同志参加了理事会。理事会上，重新选举了 IAWPRC 主席和副主席，成立了新的“科技委员会”、“方案委员会”和“技术转让委员会”。刘淑琴被推选为“技术转让委员会”的委员。

8 月 2～8 日　在古城辽宁省兴城举行第七届青少年环境科技夏令营。营员共 94 名，分别来自东北三省，包括汉、满、蒙、回、朝鲜 5 个民族。

8 月 6～9 日　由国际水污染研究与控制协会(IAWPRC)中国国家委员会和哈尔滨建筑工程学院联合主办，中国环境科学学会、黑龙江省科委、哈尔滨工业大学和 IAWPRC 日本国家委员会协助并支持在哈尔滨市召开“经济节能废水处理技术国际学术研讨会”。美国、日本、苏联、加拿大、新西兰、马来西亚、伊朗、南非等国家和台湾地区的 26 位专家学者及国内 30 余名专家学者参加研讨会。交流氧化塘、厌氧处理、土地处理和海洋处理等经济节能型废水处理技术。

8 月 25 日　与哈尔滨市同利环保设备厂联合在北京中国儿童发展中心举行了“同利杯”环境保护诗歌有奖征集活动发奖仪式暨环境保护诗集《呼唤》首发式。此次活动从 1989 年 12 月 17 日开始，至 1990 年 4 月 26 日评选揭晓，历时 4 个半月，共收到 1 260 名诗歌爱好者的近 2 000 首诗作，136 名诗歌爱好者获奖，获奖诗篇全部编入环境保护诗集《呼唤》中。

10 月 11～20 日　参加中国生态学会牵头，联合中国植物生态学会、中国林学会、中国农业环境保护学会等学会共同发起组织在安徽省合肥市召开的第七届植物与环境保护学术讨论会。会议代表 139 人，入选论文 157 篇。

10 月 20～30 日　(苏联)全苏化学会重金属监测及毒性消除方法代表团一行 4 人回访中国。苏联代表团先后访问了清华大学环境工程系、中国科学院生态研究中心、中国环境保护公司等 7 个单位，并会谈了今后双边的交流合作问题。

10 月 21～25 日　为配合国际减灾 10 周年活动，参加受中国科协委托，由中国水利学会牵头，联合中国地球物理、地震、气象、土木工程、水力发电工程、水土保持、天文、农学、地质、地理、环境科学、林学、航海、海洋等 14 个全国性学会，在北京召开“全国减轻自然灾害研讨会”。会议的主题是自然灾害的预测和减灾对策。涉及到环境方面的论文共 8 篇，其中 3 篇编入论文集。

11 月 5～14 日　为提高县、乡两级环境保护工作人员的理论和管理水平，与中国建筑技术发展中心村镇建设研究所在北京举办了全国首次“村镇建设与环境保护”培训班。来自上海、江苏、广东、河南等 15 个省、市、自治区的 181 名学员参加了学习。

11 月 20～23 日　同中国核学会和中国海洋学会在桂林联合召开“放射性废弃物管理第二次学术交流会”。共收到论文 66 篇，反映了自 1986 年第一次放射性废弃物管理学术交流会以来，我国在放射性废弃物管理领域中取得的成果及目前的技术水平，并提出了一些新的学术观点和研究课题。

12 月 5 日　召开二届十二次常务理事扩大会议，会议由曲格平、马世骏副理事长主持。会议听取了第三届理事会举行工作情况汇报；研究了二届四次理事会和三届一次理事会会议议程，并审查会议文件；还就第三届常务理事会候选人建议名单、出席科协四大代表和科协委委员候选人建议名单进行了讨论。

12 月 13～15 日　环境工程分会、中国声学学会环境声学分科学会、中国环境保护工业协会噪声与振动控制委员会和中国劳动保护科学技术学会噪声与振动控制专业委员会联合主办的第五届全国噪声与振动控制工程学术会议在北京召开。150 名代表出席会议，收到论文 75 篇。

12 月 17～20 日　由中国科学技术协会主办，委托环境科学学会牵头，联合 24 个全国性学会、协会、研究会，在深圳市召开了“全国废弃物处理与管理学术讨论会”。共 130 人出席了会议，征集论文 187 篇，81 篇编入论文集。总结了我国废弃物处理和管理的现状和存在的问题等，为国家决策提供科学依据。

12 月 26 日　国际水污染研究与控制协会中国委员会第一次会议在北京召开。到会委员 21 名。

12 月 27～29 日　在北京召开第二届第四次和第三届第一次理事会，出席会议的有第二届理事会理事 62 人，第三届理事会理事 88 人。会议经过民主协商，采用等额选举办法，选举第三届理事会常务理事 36 人。第三届理事会理事长为曲格平。副理事长为马世骏、张坤民、唐孝炎、陆雨村。陆雨村兼任秘书长。

12 月 29 日　在北京召开的第三届常务理事会第一次会议，由张坤民副理事长主持。决定聘任学会顾问，讨论学会组织机构设置及 1991 年工作要点。

本年　正式创刊了英文版《中国环境科学》(季刊)。

## 1991 年

本年初　配合中国科协在北京召开了气候变化与环境问题学术讨论会，与会代表 300 人。主要就全球气候变暖、温室效应、臭氧层破坏与 CFC 的关系、臭氧层破坏的主要危害等问题进行了讨论。

1～3 月　进行了中国科学院院士候选人推荐。

2 月 4 日　在北京召开三届二次常务理事(在京)会议，研究中国科学院院士候选人推荐工作；确定了理事更换原则和设立第三届理事会顾问事宜；同意环境文学研究会作为二级分会。

2 月 22 日　中国环境科学学会环境文学研究会在北京成立。

4 月 2 日　同中国劳动保护科学技术学会联合举办了“厂矿保健饮料科学讲座”。徐厚恩、陈吉棣两位教授就保健饮料的作用及科研成果进行了讲座。

4 月 20 日　主办了由马世骏等十几位知名专家教授出席的高级专家座谈会，针对我国资源环境发展战略问题进行了座谈。

4 月 22 日　举办“地球日”高级专家座谈会，马世骏、金鉴明等专家、学者出席，就我国资源环境发展战略问题进行了深入的探讨。

4 月 22～26 日　在北京召开第一届环境污染治理技术、生态技术应用研讨会。23 个省、自治区、直辖市 220 名代表参加。收到论文 90 篇。

5 月 27 日　在北京组织召开了环境保护问题专题报告会。徐厚恩教授主持。6 位专家就能源发展与环境保护、垃圾资源化处理技术、煤炭生产与环境治理、气候变化与对策、环境保护法等问题作了报告。80 多位代表出席了会议。

6 月 8 日　召开了第三届第三次常务理事会(京津)会议。陆雨村主持。主要通报进行社团复查登记和登记的情况；研究学会学术组织机构设置及聘任主要负责人。

6 月 11～14 日　在宁波市召开全国环境管理制度研讨会，共 68 人与会。会议收到论文 60 篇。

7 月 13～16 日　在山东海洋县召开环境经济政策——排污收费国际研讨会。58 人参加，收到论文 25 篇，有 12 位中外专家、学者宣读了论文。

8 月 1～7 日　在山东省泰安举办了第八届青少年环境科技夏令营。来自华北地区和山东省的初、高中学生 118 人和辅导员 38 人参加了活动。

8 月 20～27 日　应(苏联)全苏门捷列夫化学会的邀请，以王树起副秘书长为团长的一行 6 人赴苏联进行了交流和访问。

9 月 2 日　民政部颁发了《中华人民共和国社会团体登记证》，完成了中国环境科学学会的社会团体登记工作。民政部还于 1991 年 10 月 4 日在《人民日报》刊登《中华人民共和国民政部社团登记公告(第四号)》予以公布。法人代表为陆雨村。

10月23～25日　在河南焦作市召开中国酸雨发展趋势及控制对策学术讨论会。全国70名代表参加了会议，会议收到论文80多篇。王文兴主持会议。

11月3～10日　联合中国科学院生态环境研究中心和中共深圳市委党校政经教研室举办了生态环境、城市环境问题及环保产业发展研讨会。97人参会。

11月10日　在北京召开了第三届第四次常务理事（在京）会议。主要内容是通报社团登记情况；传达中组部等五部委联合颁发的民社发（1991）8号文件。

11月10日　在北京中国儿童少年活动中心举办1991年第三届国际科学与和平周环境保护文艺演出活动。400余人观看了演出。

11月13～14日　在北京召开环境质量评价专业委员会第三届第一次全体委员会议。

11月20～24日　受国际水污染研究与防治协会（IAWPRC）的委托，由IAWPRC中国委员会、国家环境保护局、中国环境科学学会和上海市环境保护局在上海联合举办了第三届IAWPRC亚洲地区会议及多国展览会。23个国家和地区的中外专家近300人、4个国家近100位展商参加展览。会议共录用174篇论文，其中90篇作大会发言，65篇被选作论文墙报。会议还分别就水污染治理技术、废水再利用、水污染控制的方法、水污染控制的政策与经济等4个议题进行了讨论。

12月11～17日　在中国科学院华南植物园和深圳市仙湖植物园召开了植物园与都市化趋势学术讨论会。全国75个植物园和树木园的140位代表参加了会议。

## 1992年

1月25日　在北京召开了第三届第五次常务理事（在京）会议。主要讨论通过1991年工作总结和1992年学会工作计划。

2月26日　与国家环境保护局宣教司召开建立青海省可可西里自然保护区可行性专家论证会。王树起副秘书长主持会议，24位专家出席。就建立可可西里自然保护区提出了重要和宝贵的建设性意见，给政府的决策提供了科学依据。

2月29日　与国家环境保护局宣教司举办青海省可可西里地区自然环境

科学考察报告会。听众达 270 人。

3 月 9 日　召开了第三届科普工作委员会第一次会议。

3 月 12 日　召开了学术工作委员会会议。学委会主任章申主持了会议。会议主要研究如何搞好学术交流活动。

3 月 25 日～4 月 1 日　以刘文为团长的中国环境科学学会代表团赴日本福冈参加了第二次中日环境法讨论会。

4 月 6～9 日　环境生物学专业委员会和广州市环境学会等单位联合在广州举行全国环境生态毒理学学术研讨会。57 人参加会议，共收到论文 67 篇。

4 月 20～24 日　由国家环境保护局主办，与上海市环境保护局、现代中国有限公司(香港)协办在北京举行全国环境保护产业、第三届国际环境保护展览会。来自 15 个部、委、局、总公司以及 35 个省及计划单列市近千家厂商以及来自美国、英国等国家和地区的 17 家厂商参加了展览会。展出面积 8 000 多平方米。

5 月　为支持在巴西召开的联合国环境与发展大会，世界地球日组织经联合国批准，于 1992 年 5 月以前在全球范围内组织“地球誓词”签名活动。环境科学学会至 5 月 25 日，组织全国签名总数达 1 000 多万人。

5 月 15～19 日　在湖北襄樊市召开了 1992 年度全国环境科学学会秘书长会议。共 65 人参加了会议。

6 月 3～14 日　由国家环境保护局组团，与中国联合国协会、中国科协等十几个部门派出专家、学者和新闻记者组成中国人民环境代表团，赴巴西里约热内卢参加了联合国环境与发展大会期间举行的“92 环球论坛”活动。

7 月　经国务院批准，由国家环境保护局组团并责成中国环境科学学会牵头，组成了以谢启美(原中国常驻联合国代表)为团长、陆雨村副理事长为副团长的中国非政府组织代表团，赴巴西里约热内卢参加联合国第二次环境与发展大会。期间举行了“92 环球论坛”活动。会议期间积极宣传我国环境保护方针政策和环保事业取得的成就，得到了国务委员宋健的肯定和表扬。

7 月 5～19 日　国际水污染防治研究及控制协会中国委员会在北戴河召开了中国水污染防治技术发展战略高级研讨会。与会 36 名从事水污染防治的专家就中国水污染的现状、水污染防治技术的发展战略等进行了广泛而深刻的讨论，并向国务院环保委提出了建议。

7 月 29 日～8 月 5 日　在北京举办第九届青少年环境科技夏令营。营员来自15个省、市共135名。

8月11～13日 在青海西宁市召开全国环境科学学会理事长、秘书长座谈会，共有62人参加了会议。主要研究加强自身改革问题。

由沈阳市环境科学学会推荐的沈阳化工综合利用研究所工程师、研究室副主任唐齐超，经中国环境科学学会推荐荣获中国科协第三届青年科技奖。

9月15～17日 在上海举行了鸡粪处理技术推广会。来自20个省、市、区的30多个单位共50人参加了会议。

10月7～10日 在上海市召开1992年团体会员工作研讨会。

10月14～19日 在武汉市召开第二届全国环境污染治理技术应用研讨会。250多人参加研讨会，收到论文200多篇，有80多位代表在大会上发言。

11月5～6日 与北京市环境科学学会在北京共同主持申办2000年奥运会北京环境保护及城市景观生态学术研讨会，60多位专家参加了研讨会。

11月21日 根据国际科学与和平周活动的统一安排，在北京中国儿童少年活动中心举行了环境与发展报告会。500人出席。

12月3～10日 以罗斯托诺夫副理事长为团长的俄罗斯门捷列夫化学学会环境代表团一行2人应邀访问，探讨扩大交流合作和科技开发项目合作。

## 1993年

2月8日 组织推荐学部委员候选人，曲格平、章申、唐孝炎获得推荐。

2月9～12日 与国家环境保护局污染管理司在鞍山联合召开20世纪90年代中国工业污染防治战略研讨会。共收到论文21篇，13位专家在大会上发了言。

4月6日 在北京召开第三届第六次常务理事会。会议研究了学会工作，还着重就在市场经济条件下，学会的改革及出路问题进行了研究和讨论。

4月19～22日 在北京师范大学召开我国第一次环境风险评价研讨会。会议收到论文30余篇，60多人参加了会议。

4月22日 科普工作委员会在北京举办了1993年地球日保护臭氧层报告会。120人听取了报告。

5月12～18日 应三亚市环境资源局邀请，组织了专家、学者、记者一行14人，对三亚市的自然环境和自然资源保护工作进行了实地考察。同时对《关于建立三亚市火岭猕猴自然保护区的考察报告》和《关于建立三亚市六道湾生态系统自然保护区的考察报告》进行了评审并提出修改意见。

5月21～24日　在山东海洋县召开全国环境保护技术装备市场分析研究学术研讨会。32名专家、学者和实际工作者参加了会议。

对126项申报最佳环保实用技术进行评审，选出71项推荐到国家环境保护局。

5月31日　接待了由日本电力中央研究所和地球环境关西论坛派遣的日本环境、能源学者访华团一行8人。

6月2日　邀请王文兴研究员作关于中国酸雨发展趋势及控制对策的报告。60余人出席了报告会。

6月5～18日　环保技术市场考察团赴新加坡、马来西亚、泰国考察。

7月31日　召开了纪念我国环境保护事业开创20周年座谈会。参加过1972年人类环境会议的我国代表李家瑞和江小珂以及其他6位环境保护战线的老战士参加了会议。国家环境保护局副局长张坤民主持了会议。大家回顾了20年来我国环保工作历程和取得的成就，提出了今后开展工作的意见和建议。

8月19～22日　在吉林省敦化市召开了全国秘书长会议。共40余人参加。会议就进一步解放思想，转变观念，加大改革力度，抓住机遇，迎接挑战，为在建设有中国特色的社会主义事业中确立学会自身的位置进行了交流和研讨。

8月23～26日　环境化学专业委员会召开了环境化学专题研讨会。70位代表出席了会议，提供74篇论文。

9月21～23日　在杭州举行全国环境保护设施建设与管理学术研讨会。150人参加。会议交流论文130篇。33人在大会发言。

9月30日　以中日文化交流协会常任理事、成城学园园长加腾一郎为团长的日本民法、环保法学者访华团一行6人访问。

10月12～14日　与中国科协和清华大学举办了第三届世界工程与环境大会。来自20多个国家和地区的200位环境科学家参加了大会。

10月18～22日　环境工程分会联合有关单位在安徽合肥工业大学召开了第六届全国噪声与振动控制工程学术会议。来自全国15个省市65个单位的101名代表参加了本次研讨会。会议宣读了65篇论文，还举办了噪声与振动控制新仪器、新材料、新产品、新结构信息发布会及测试分析仪器展示活动。

10月19日　环境工程分会第二届噪声与振动控制专业委员会成立会在安

徽合肥工业大学召开。

10月28～30日　学会主办并由中国社会科学院法学所协办在北京召开了中日环境问题国际研讨会。国务委员宋健在开幕式上致辞;江泽民主席接见了参加会议的日本前首相海部俊树一行;北京大学还授予海部俊树名誉教授的头衔。

11月10日　北京地区团体会员单位代表参观中国运载火箭技术研究院。

11月12日　根据国际科学与和平周中国组委会的统一部署,作为第五届国际科学与和平周的一项活动,在北京举行环境保护科技实业家成功之路报告会。共250多人参加了报告会。4位同志在会上作了报告。

12月　经中国环境科学学会推荐的常务理事、中国科学院地理所章申研究员当选为中国科学院院士。

由国家环境保护局主办、中国环境科学学会协办、胜利石油管理局和其他有关部门支持,举行了纪念《海洋环境保护法》实施10周年纪念活动。20日,在北京召开了海洋环保工作大家谈纪念座谈会。

## 1994年

1月18日　张坤民副理事长主持召开了中日环境民间合作项目研究工作组第一次会议。研究中日双方长期合作的可行性、合作的具体领域、方式和项目。

1月29日　学术工作委员会召开工作会议,研究学术交流活动。

3月11日　在北京召开了第三届第七次常务理事(在京)会议。陆雨村主持了会议。其中通过由鲍强同志担任秘书长,担任学会法人代表。

3月15～16日　与加拿大美联环境事务公司联合举行了中国-加拿大环境管理与实用技术研讨会。70人参加了会议。会中就环境管理经验和废水处理、固体废弃物处置、废物回用等实用技术交流了情况,并对加拿大几项专门技术在中国应用的可能性、双方合作的方式等具体问题进行了详尽的探讨。

4月5～6日　在清华大学主持召开了第三届全国环境污染治理技术应用研讨会。130多名代表出席会议。研讨会共交流论文60多篇。

4月7日　受国家环境保护局委托,组织召开常务理事(在京)扩大会议,审议国家环境保护局草拟的向中央财经领导小组的报告:《关于我国环境问题的现状与对策的汇报提纲》。

4月14日　召开部分理事(在京)会议,听取国家环境保护局局长解振华介绍《全国环境保护五年工作纲要》(审议稿)的主要内容,并征询了到会理事的意见。

4月22日　与北京天联科技总公司在北京举行纪念“4·22”地球日座谈会。100人参加了纪念活动。

5月24日～6月3日　与美国铂金-埃尔默中国公司在北京、上海、广州共同举办了国际环境监测新技术研讨会。参加研讨会的人员北京500人,上海230人,广州200人。

6月1～2日　在上海市主办狮马废润滑油再生技术研讨会,邀请有关部门和国内主要几个行业的润滑油使用、回收大户及上级主管部门的专家、管理人员对该项技术在环境和经济效益方面的先进性和在国内推广的可行性进行研讨。

6月5日　为了做好第四次世界妇女大会妇女与环境专题研讨会的准备工作,在北京举办了妇女与环境模拟论坛。

6月16～18日　由北京晓请环保技术公司、高等院校海外联谊会协办发起,环境学会在北京主办了北美环保技术研讨会。

7月4～7日　在贵州省贵阳市召开1994年全国环境学会秘书长会议。有64人出席了会议,探索研究学会改革发展的思路和举措。

9月20～25日　为贯彻第二次全国工业污染防治工作会议精神,在山东泰安主持召开了推行清洁生产、控制工业污染学术交流会,共有113人出席。会中,18人在大会中进行了交流,35人在分组会上进行了交流。

10月5日～11月20日　进行向中国科协推荐工程院院士候选人的工作。汤鸿霄、黄忠诚、潘自强、李宪法获推荐。汤鸿霄当选为中国工程院院士。

10月6～9日　由国家环境保护局主办,学会与天津市环境保护局联合承办了全国辐射环境管理学术研讨会。90余人出席,共收到论文80多篇。

10月27～29日　在重庆市召开1994年度团体会员单位代表会议。

12月12日　召开第三届第八次常务理事(在京)扩大会议。

本年　因办刊经费不足,英文版《中国环境科学》停刊。

## 1995年

2月13日～4月7日　组织进行向中国科协推荐中国科学院院士候选人。

姜槐、戴乾圜、王华东、王文兴、戴树桂获推荐。

2月26～27日　为配合联合国在北京召开的第四届世界妇女大会和大会举办的国际非政府论坛活动，在北京大学组织召开了妇女与环境研讨会。副理事长唐孝炎主持本次研讨会。近80人出席了会议。

3月3日　第三届第九次常务理事(在京)扩大会议在北京召开。主要讨论第四届理事会换届工作安排方案。

6月22日　召开了第三届第十次常务理事(在京)扩大会议。主要议题是讨论第四届理事会换届以及如何发挥学会作用等问题。

9月1日　在北京怀柔举行了妇女与环境专题研讨会，参加联合国第四次世界妇女大会非政府组织论坛活动。会议由唐孝炎和钱易主持，陈吉棣等5人作主旨发言。研讨会吸引了众多国内外妇女，20多位妇女在会上发言，气氛非常热烈。最后，研讨会还以“手拉手，共同保护美好的家园”为题发出致世界妇女的倡议书。此外，在整个非政府论坛进行的8天中，参与各种论坛活动100多场，散发资料6 000份。

11月7日　在北京召开第三届常务理事会第十一次会议。主要议题是审议第四届理事会理事资格；通过名誉理事名单；审定优秀环境科技工作者奖和优秀学会工作者奖名单；提出第四届理事会第一次会议主席团建议名单；还对第三届理事会工作报告(草稿)进行了讨论修改。

11月23～25日　第二届中日环境问题国际研讨会在北京举行。200人出席了会议。中日双方为会议提供了32篇高质量论文，18人就6个方面的问题发表了各自的见解。会上还发表了会前中日双方专家组成调查组对抚顺市进行调研后编写的调查报告《抚顺市的环境与发展》。

11月30日～12月2日　在江苏徐州市召开第四届全国环境污染防治技术研讨会——脱硫技术会议。250人与会。收到论文65篇，40余人作专题报告。

12月　与中国国际科学中心和中国投资发展促进会组织开展了1995年首届全国用户信得过环保产品评选活动。有45家入选。

12月13～14日　在北京召开了中国环境科学学会第四届理事会第一次全体会议。参加会议的有由各地方学会、各部委、中国科学院、大专院校推荐选举的理事及理事单位推荐的署名理事，还有顾问、名誉理事等共计165人。会议选举解振华局长为理事长。选举叶汝求、唐孝炎、章申、徐厚恩、舒惠芬为副理事长。秘书长为鲍强。

12月14日　在北京召开了第四届理事会第一次常务理事会会议。会议由第四届理事会理事长解振华主持。会议聘任第四届理事会副秘书长；对学会分支机构进行了调整；讨论了1995年学会工作计划。

## 1996年

1月9日　在北京召开了分支机构负责人会议，研究第四届理事会期间分支机构调整、设置、挂靠及如何开展工作等问题。

1月15～17日　在北京召开第三届全国青年环境学者学术交流会。150人出席，收到321篇论文，265篇入选。

2月　赴日本参加亚洲地区地方环境保护国际研讨会。

2月8日　召开四届二次常务理事会。审议学会章程修改稿，讨论学会分支机构设置方案和1996年工作计划。

3月　环境生物学专业委员会在香港城市大学举办水生态毒理国际学术讨论会。提交论文33篇，28人出席会议，其中外宾17人。

3月1日　召开第四届第一次理事长会议。研究副理事长的分工及与总局开展专题交流等问题。

3月19～21日　举行中英环境意识研讨会。收到论文70篇，60人出席。

3月25日～4月3日　植物园保护分会与国际植物园保护组织合作举办首届国际植物园科普教育培训班，培训学员20余名。

3月27日～4月2日　在云南举办了1996年团体会员单位环境保护国策与法制建设研讨班。50个单位70余人出席。

4月18日　召开第四届第三次常务理事会，过孝民副司长介绍污染物总量控制和跨世纪绿色工程计划；研究建立高级会员制；研究学会分支机构挂靠单位和主任人选问题和通报学会工作。

4月22日　举办纪念地球日环境科学报告会，120人出席。

5月　赴日本东京参加“中日联合环境为题(抚顺)调查报告会”。

5月6日　举行环境保护与政府职能座谈会，50人出席。

5月21日～6月3日　组织中国环境技术考察团赴美国考察。

6月11～14日　环境工程分会在上海举行第七届全国噪声与振动控制工程与学术会议。参加会议人员为151人，提交论文61篇。

6月12日　举行著名环境科学家与青少年环境科普报告会。

7月8日　召开第四届第四次常务理事会。胡少峰介绍臭氧层保护及履约情况；审议学会分支机构管理办法；审议增加理事单位；确定部分分支机构的挂靠单位；汇报全国秘书长会议的主要内容及筹备工作情况。

7月30日～8月2日　在宁夏银川市召开了1996年全国秘书长会议。

8月11～14日　作为承办单位在大连召开全国二氧化硫污染防治技术研讨班。300人参加。主办单位是国家环境保护局污控司。

9月23日～10月7日　赴欧洲大气污染防治技术交流团对德国、荷兰交流考察。

10～11月　在威海、锡山和北京举办"UNEP妇女、环境与可持续发展"培训班。

10月9～11日　在杭州举办杭州植物园建园40周年学术交流会。28个植物园53名代表出席。

10月15～17日　环境工程分会在北京举办工业废渣综合利用学术交流会，对指导生产和有效利用生产资源有重要意义。

10月20～21日　在武汉举行中国环境科学学会植物园保护分会1996年年会。40余人出席。

10月22～31日　9人赴美国进行环境保护交流考察。

11月15日　举办了第八届国际科学与和平周系列活动——环境科学普及报告会。250人参加。

11月27日　召开第四届第五次常务理事会。主要决定各分支机构的挂靠单位和主任；研究高级会员问题；通过了与日本水环境学会建立合作关系的决议。

12月27日　召开第四届第六次常务理事会。审议首批高级会员；审议中国环境科学学会分支机构暂行管理办法。

## 1997年

1～3月　提名推荐两院院士候选人。魏复盛当选为中国工程院院士。

1月22～24日　在北京召开全国首届污染物总量控制学术研讨会。收到论文300篇，135篇入选。120人出席。

3月　章申副理事长代表环境学会与日本水环境学会签订了交流协议书。

环境生物学专业委员会在武汉举办生态毒理与水质管理国际学术讨论会，

32 人出席，外宾 14 人，提交论文 40 篇。

4 月　召开陆上油气田开发与自然保护区协调发展中的环境问题及对策专家座谈会。

完成 1997 年度国家环境保护局科技进步奖的前期工作。

4 月 22 日　举办地球日环境科普报告会。

组织参加中国科协主办的“珍惜生命之水——全国青少年行动日”北京主会场活动。

5 月　环境生物学专业委员会在东南大学举行海峡两岸环境保护学术讨论会，收到论文 300 篇，参加人员有中方 260 人，外宾 20 人。

5 月～9 月中旬　进行了学会清理整顿自查工作。加强对分支机构的组织领导和协调。制定了《中国环境科学学会分支机构暂行管理办法》。增设了“绿色包装分会”和“固体废物专业委员会”。

5 月 13～15 日　在广东省南海市召开 1997 年全国环境科学学会秘书长会议及环境学会理事单位、团体会员单位会议。共计 100 余人出席会议。

6 月 20 日　召开第四届第七次常务理事会，汇报工作以及社团清理整顿情况。

6 月 25～26 日　召开室内空气质量专题国际讨论会。收到论文 60 余篇，100 名代表出席。

7 月 14 日　妇女分会部分成员与联合国环境署执行主任多德斯维尔会见。

8 月　绿色包装分会在北京召开全国绿色包装研讨会，250 人参加。

召开城市建设与环境保护学术研讨会。收到论文 130 篇。

环境生物学专业委员会在武汉举行半自然湿地污水处理工艺国际学术讨论会。参加人员有中方 23 人，外宾 30 人，提交论文 42 篇。主要讨论人工湿地问题。

8 月 25 日　环境评价分会成立。

设立中国环境科学学会青年科技奖，并开始评选工作。

8 月 27～29 日　举办了国际植物园亚洲分会第三届学术研讨会。中心议题为植物园与可持续发展。8 个国家以及全国 23 个省、市和香港特区等共 120 名代表出席。

8 月 28 日　植物园保护分会召开会议，完成了首批 150 名高级会员的审批工作。

9月　植物园保护分会在江苏省第九届科普周中用珍稀濒危植物布置了“植物王国”景观参加全省科普联展，吸引了广大青少年。观展者超过10万人次。

9月6～8日　在重庆召开全国固体废物综合利用技术展示交流会，收到论文60余篇，100多名代表参加。

9月17日　UNDP支持的妇女与环境项目正式启动。

9月22日　环境评价分会在北戴河召开分会成立大会暨第一届全国环评学术会。112人出席了会议，提交论文89篇。

10月　环境技术分会在北京举行了第一届中日水环境研讨会，就水环境管理、污水处理技术、城市污水回用等问题进行了研讨。中方40人、外宾10人出席会议，提交论文20篇。

在北京由环境技术分会主持召开第一届中日水环境研讨会。主题是水环境管理、污水处理技术、城市污水回用。外宾10人、中宾40人出席会议，提交论文20篇。

10月15日　水环境分会成立。

10月28～30日　固体废物专业委员会和中日友好环保中心、国家环境分析测试中心、日本福冈大学等联合主持召开了第一届“中日固体废弃物处理技术研讨会”。

11月　环境生物学专业委员会在台湾中山大学举办海峡两岸环境保护学术研讨会。中方270人、外宾30人参加会议。提交论文300余篇。

11月3日　固体废物专业委员会成立。

11月6～8日　在北京举行大气分会成立大会暨大气环境学术研讨会，研讨当代中国大气环境问题。与会代表103人。

11月7日　举行第九届国际科学与和平周生态环境报告会。150人参加。

11月8日　举办环境报告文学座谈会。50人参加。

11月18～21日　在北京召开“97中国环境论坛——经济、社会和可持续发展国际研讨会”。中外代表300人参加了会议。

11月24～26日　在北京召开第三届中日环境问题国际研讨会。主要议题是以阳泉市的经济、社会和环境的协调发展为主要研讨对象，重点探讨了中国中西部地区可持续发展中的主要环境问题及对策。

先后派员分别赴美国参加了“公民参与环境保护代表团”、赴韩国出席忠清南道“97国际环境论坛”、赴日本出席“第二届中日环境论坛”，以及组团赴美国、欧洲进行环境技术考察等。

11月27～28日　在北京举行了大气环境分会成立大会及大气环境学术研讨会。汪纪戎副局长到会。百余名代表出席了会议。

12月　举行第四届环境物理学专业委员会换届会议暨学术研讨会。

水环境分会举办第一次学术研讨会。会议讨论了水污染防治技术，提交论文36篇，59人出席。

## 1998年

1月10～12日　在北京召开了中国环境科学学会妇女与环境学术研讨会暨妇女与环境网络成立大会。16个省、市共129人出席了会议。会议共收到论文50多篇，学会副理事长、工程院院士、北大教授唐孝炎担任该网络主任。

1月18～25日　应国际健康建筑公司(Healthy Buildings International Pty. Ltd，HBI)的邀请，与有关学会共同组织，全国人大环境与资源保护委员会、国家环保总局和国家计委等派员参加的中国赴澳大利亚室内空气污染控制技术考察团一行9人，对澳大利亚室内空气质量状况、室内空气质量管理研究及室内空气污染控制技术进行了为期一周的考察与交流活动。同时，协助北京市有关单位完成了“室内空气质量测试分析报告”，协助外方专家来京测试的有关后续工作。

3月27日　在北京召开了第四届第八次常务理事会。通过首届青年科技奖评选；讨论并审议了关于香港行政区以及北京外资企业中中方人员入会事项。

4月10日　79名35周岁以下的优秀青年科技工作者获得首届中国环境科学学会青年科技奖。前5名作为中国环境科学学会推荐的候选人报送中国科协，参加第六届青年科技奖的评选，张世秋荣获中国科协第六届青年科技奖。

与中国科学院生态环境研究中心合作在北京召开了“中国大气污染防治政策研究”研讨会。与会专家就我国当前大气污染防治政策和措施提出了咨询意见和有关对策建议。

4月22日　地球日组织了“集邮与环境保护”科普活动，国家环保总局监督管理司严文凯作了题为“邮票上的濒危动物”的报告，介绍了国内外发行濒危动物保护邮票的有关历史背景、种类，以及相关的生物多样性保护知识。200多名中学集邮爱好者和环境保护课外活动小组同学参加。

5月　绿色包装分会在南京召开包装纸浆模塑产品研讨会，讨论纸浆模塑包装产品的发展前景，促进纸膜产品的推广应用。提交论文40篇，73人出席。

5月7～9日　在江苏省江阴市召开1998年全国环境学会秘书长工作会议。

5月24日～6月14日　应美国、加拿大商务部的邀请，受国家环保总局的委托，学会组织了环保技术考察团一行39人赴美国、加拿大参加了“98环保技术国际博览会”并进行有关技术考察。

6月　协助组织完成“环境污染治理工程运行监督装置”产品质量认定技术标准制定。国家环保总局科技司6月3日主持召开了审议会，通过了审定。

与北京四价环境工程有限责任公司签订了“ST系列二氧化氯消毒剂发生器”监制合同，提供有关信息和咨询服务，协助组织做产品的宣传和推广工作。分别与北京凯蒂王公司和JT系列消烟节能煤燃烧炉专利持有人签署了燃煤锅炉脱硫和中小燃煤炉窑消烟除尘技术推广合作协议，为中小老式炉窑改造和两控区脱硫提供服务。与中国工程物理研究院神工实业总公司签订了“城市垃圾无害化处理技术推广”合作协议，进行推广工作。

完成了陆上油(气)田开发生态环境补偿研究课题的《陆上油田开发与生态环境状况调研提纲》编写，组织并完成了《环境损益分析方法》共169页的国内外情报调研工作。

6月3日　举办了“纪念‘六·五’世界环境日座谈会”，邀请了有关领导和专家就我国面向21世纪环境保护工作的形势、任务，“三河三湖两区一市”重点环境保护工作经验及展望，以及自然生态保护等作了专题报告。北京双山水泥集团介绍了环保工作经验。

6月5日　与中国科协等单位在北京自然博物馆联合主办了“爱我家园”环境保护漫画展。由著名漫画家华君武等绘画的100多幅作品参加了展出。中央电视台和全国170多种报刊报道、登载了部分漫画作品，影响较大。

7月　在山西太原举办了新颁布的《中华人民共和国大气污染防治法》培训班，共220多人参加了培训。

7月20日～8月20日　开办了“环境规划与管理”方向研究生进修班，进行首期集中培训。

8月　在河北承德市举办了第二期《中华人民共和国大气污染防治法》培训

班,260 多人参加。

在江西九江举办了全国环境监测技术培训研讨班。近 200 人参加。

环境生物学专业委员会与奥地利维也纳农业大学举行热带、亚热带区域水质改善、回用和水生态系统重建的生物工艺学对策国际学术交流会。参加人员有中方 8 人,外宾 40 人,提交 45 篇论文。

国际水质协会(IAWQ)中国国际委员会秘书处协助完成了《IAWQ 中国委员会 1996～1998 年工作报告》(Chinese National Committee, IAWQ 1996～1998 Biennial Working Report)。

8 月 15～18 日　在青岛组织召开了全国燃煤烟气脱硫技术交流会。230 人参加了会议,60 余人发言。

9～10 月　开展中国"妇女与环境"课题调研和培训。9 月底完成了 UNDP 资助的"妇女与环境"课题第一阶段,即全国及六县(市)实地调查任务。10 月 27 日～11 月 8 日,完成了"妇女与环境"师资培训班的培训工作。

9 月 19 日　组织专家和环境科技人员参加了中国科协组织的"掌握科学技术迎接新世纪"大型科普活动。

9 月 23～24 日　和中国生态学会共同主持了"资源、生态、环境与可持续发展"学术报告会,共有 35 位环境科学家和生态学家分别作了"生态学的发展及我国面临的挑战与机遇"、"21 世纪中国水问题"、"中国环境经济学的现状及展望"、"中国酸雨的危害与可持续发展的生态对策"等 30 多个专题报告,另有 4 位专家就"长江 98 洪水高水位与水土保持"等作了书面发言,有关论文编入了中国科协主席周光召主编的《科技进步与学科发展》论文集。

10 月　徐厚恩副理事长在中国科协举办的"人与健康专家论坛"会上作了学术报告,引起国内外学术界和新闻界的关注,电视和报刊作了报道。

在杭州举办了"全国排污申报登记变更申报"培训研讨,210 多人参加了培训。

10～11 月　陈志远副秘书长先后给 10 余所学校 5 000 多名中学生讲环境保护课,北京电视台作了专题性报道。

10 月 7 日　环境评价分会与江苏水利学会在安徽联合召开水体环境评价专委学术研讨会。40 人出席会议,提交论文 22 篇。

10 月 7～22 日　应加拿大国家环境部和美国环境保护局邀请,以王孟兰为团长"女性环境教育交流考察团"一行 18 人赴加拿大、美国进行考察访问。

10月28～30日　固体废物专业委员会和中日中心、国家分析测试中心、岛津制作所联合召开“中日环境测试技术与环境管理研讨会”。300人参加。

11月　饮品企业环境质量管理审核。11月4～7日，组织专家对山东秦池集团环境质量管理进行了审核，11月26～27日组织专家对北京燕京啤酒厂进行了审核。

在上海由环境技术分会主持召开第二届中日水环境研讨会。主题是水环境管理、污水处理技术、城市污水回用。参加人员有中方40人，外宾10人，提交论文20篇。

环境物理学专业委员会与声学所联合举办第一期噪声的监测与测量培训班。培训学员60人。

11月6～8日　在北京举行了第七届全国大气环境学术会议，到会代表130人。编辑出版的会议论文集《大气环境学术会议》收入论文163篇。会议研讨中国大气污染状况及控制对策和技术方法。

11月9～12日　在广东省中山市召开了全国固体废物处理技术交流会。全国17个省市的代表以及韩国、台湾、香港的代表共98人参加了会议。共有16位代表在大会上交流了技术，受到了与会代表的关注。

11月19～22日　与中国贸易促进委员会北京分会在北京共同举办第二届中国国际废弃物资源化展览会。来自美国、加拿大、瑞士、日本等国，以及香港、台湾地区中外厂商百余家参展，展出面积3 000多平方米。

11月20～27日　环境工程分会与国家环保总局环境管理体系审核中心在北京举办ISO14000高级审核员培训班，22人参加。

12月2～7日　派人员赴日本与日本国亚洲环境技术推进机构签署了《交流合作协议》，商定开展有利于环保的宣传与合作、交换信息、举办学术研讨会等。其间，举办了“日中能源开发与环境技术国际研讨会”。

12月5～6日　举行深圳仙湖植物园建园15周年学术交流会，主要研究热带植物园地开发和利用。提交论文26篇，45人出席。

12月16日　环境评价分会区域环境评价专业委员会在天津召开会议，研究区域开发环境影响评价的理论与方法。提交论文33篇，40人出席会议。

水环境分会在昆明举行第二次研讨会，讨论湖泊富营养化防治技术。120人出席，提交论文72篇。

12月18日　召开第四届第九次常务理事会。传达中国科协有关学会改革会议精神；审议有关领导人调整和修改章程事项。

1998年度《中国环境科学》对刊物进行了全面调整，提高纸张规格；期刊版面由84页增至100页；增加国外交换、赠阅刊物量；全面调整了刊物排版格式，以利检索系统的收录、检索。1998年《中国环境科学》的影响因子为0.445，在全国1 286种科技期刊中排名为69名；在同类期刊中，影响因子排名为第5名。

## 1999年

3月29日～4月2日　在北京举办汽车污染治理技术学习班。41名学员参加。

4月2～4日　由国家环保总局污染控制司主持、学会承办，在北京召开"淮河流域水污染防治高级研讨会"，60多位专家、领导与会。收到论文30余篇。

4月5～25日　组织了有关人员赴德国、荷兰进行了环保技术的交流与考察，参加在荷兰乌特了支市举办的"欧洲废物处置及再利用国际展览会"和在德国汉诺威举办的"99国际工业博览会"。

4月13～20日　应台湾牵成永续发展基金理事长张隆盛邀请，以中国科学院副院长陈宜瑜院士为团长的大陆代表团一行32人赴台湾参加了"第四届海峡两岸国家公园与保护区研讨会"。鲍强秘书长代表大陆环保系统作专题发言。研讨会主要就生物多样性保护、国家公园与保护区建设进行了学术交流。

4月22日　举办了"地球日高级专家座谈会"。会议在达飞环境工程公司举行。副理事长徐厚恩主持会议。学会高级会员、新闻界友人40余人与会。

5月　环境物理学专业委员会与声学所联合举办第二期噪声的监测与测量培训班。培训学员50人。

参加"99北京科技周"活动。主题是"环境连着我和你"。陈志远副秘书长在顺义县、石景山区的3个单位讲课，约有2 000人听课。

固体废物专业委员会与国家环保总局宣教中心联合举办了"中英固体废弃物管理培训班"，培训学员几十名。

组织有关专家编写完成《话说环境》图书。

5月5～8日　在香港公开大学召开了中国内地与香港区域性环境影响评价(ERA)研讨会，研讨会由香港公开大学科技学院、香港环境影响评价学会、中国环境科学学会环境评价分会、天津市环境影响评价中心、南开大学环境科学与工程学院联合主办，170人参加了研讨会。会议就深海污水排放、两地环境评价、预防珠江三角洲酸雨、保护中华白鳍豚等问题展开讨论。

5月12日　获民政部重新颁发社会团体法人登记证书。

5月16～18日　环境工程分会和环境物理学专业委员会等全国8个学会联合举办第八届全国噪声与振动控制工程学术会议，主题是“让21世纪环境更安静”。会议向有关政府部门提出建议，要求加强我国噪声振动技术的研究、发展和管理。提交论文150篇，130人参加会议。

5月21～22日　在国家环境保护总局南京环境科学所成立了自然保护分会、环境基准与标准专业委员会。自然保护分会在南京举行了分会理事会暨学术交流会。32人出席。环境基准与标准专业委员会在南京举行了成立会暨学术交流会。18人出席。

6月30日～7月1日　在北京由学会承办、国家环保总局科技标准司主办“环境保护市场化暨环保设施运营企业化管理高级研讨会”。138人出席了会议。

与国家清洁生产中心、北京建达咨询有限公司共同联合在昆明召开“全国清洁生产研讨会暨全国清洁生产网络99年会”，60多人出席。研讨了推行清洁生产过程的若干政策问题，清洁生产在“一控双达标”中的作用，清洁生产的审核、宣传与培训，清洁生产的评定，以及国内外清洁生产的现状和发展趋势等。

7月　植物园保护分会组织理事单位和会员35人参加了在昆明召开的“人与自然”国际园艺学术讨论会。

7月13～15日　在内蒙古赤峰市召开由国家环保总局和加拿大环境部联合主办，中国环境学会承办，内蒙古环境保护局、赤峰市环境保护局协办的“中加湿地开发利用环境保护国际学术会议”，中方60余名代表和加拿大派出的8名官员及专家出席会议。会议特别就湿地分类、湿地立法、湿地功能与效益、湿地保护与开发利用、湿地管理及其与《拉姆萨尔公约》的关系等方面进行了交流探讨。

7月19日　召开四届十次常务理事会。汇报秘书处上半年学会工作；通报社团清理整顿情况；研究下半年工作及如何充分发挥学会各分支机构的作用。组织两院院士候选人推荐。

7月21日～8月21日　“环境规划与管理”方向研究生进修班在秦皇岛环境管理干部学院进行第二学年集中授课。

8月　环境生物学专业委员会与德国科隆大学举办湿地水链管理对策国际

学术交流会。参加人员有中方10人,外宾32人,提交50篇论文。

8月6日　在北京召开环境学会分支机构会议。研究纪念学会成立20周年活动。

9月　绿色包装分会在北京召开全国包装黏合剂研讨会,推广水性黏合剂,宣传用淀粉黏合剂替代白乳胶。150人出席会议,提交论文50篇。

9月23～26日　环境评价分会在桂林召开第二届中日环境科学学术研讨会。提交论文32篇,中、外学者各14人参加了会议。

10月　环境技术分会在北京举办第三届中国-德国环境保护研讨会,主题是城市垃圾及危险废物处置、污水处理技术、城市污水运行与管理。中方45人、外宾15人出席会议,提交论文20余篇。

环境物理专业委员会在科龙集团举办噪声测量、控制培训班。培训学员200人。

为了提高与规范我国城市生活垃圾分析测试技术,固体废物专业委员会与日本北国家环境保护局联合举办了“城市生活垃圾分析测试培训班”,编制了《城市生活垃圾调查、分析方法》培训教材。培训班对学员进行了实际样品分析测试考核和理论考核,并为合格者颁发合格证。

10月9～27日　组织环保技术考察团一行23人赴美国、加拿大进行了环境考察。

10月11～15日　环境监测专业委员会在北京召开了“第五次全国环境监测技术学术论文交流会暨第一届有机监测技术研讨会”。大会从98篇参会论文中筛选出部分较好的论文在大会上进行交流,还评选出33篇优秀论文。

10月20日～11月1日　根据中日第三届环境问题国际研讨会的安排,组织了阳泉市环境保护局一行5人赴日本进行了环境考察和有关培训工作。考察团学习了日本的一些成功的环保经验和有关污染防治技术,同时就进一步开展阳泉市与日本有关城市间的环境合作进行了洽谈。

10月22～25日　在山西省太原市召开了1999年度全国环境学会秘书长扩大会议,主要推进学会改革,开展高新技术在环保领域中的应用及推广。

10月25日～11月6日　应美国科学促进会(American Association for the Advancement of Science, AAAS)的邀请,中国科协组织了有关学会主要负责人,组成了中国科协学会改革访美考察团一行8人,赴美国考察。鲍强秘书长参加。

11月　固体废物专业委员会与日本地球工学会、日本JICA等单位联合举办了“中日第二届固体废物处理与资源化技术研讨会”。会议就城市生活垃圾处理处置技术、废旧物资进口利用的环境经济效益分析、城市生活垃圾填埋场的开发利用、日本的废旧物资回收与资源化技术、中国焚烧技术的应用现状及发展方向的问题进行探讨。近百人参加会议,发表论文46篇,约35万字。

11月3～5日　与国家环保总局对外合作中心、中国环境监测总站、中国亚太组织环境保护中心联合在北京共同组织召开了中美水质量监测技术国际研讨会。美国环境保护局中国地区主管杨仁太、美国大使馆环境技术商业官员罗伯特·博托、STH顾问有限公司斯蒂芬·哈曼莲等出席会议,并致词。

11月13日　联合其他单位在北京举行了“保护环境、爱我家园”演讲比赛,并荣获国际科学与和平周中国组委会颁发的特别贡献奖。

11月16～19日　环境工程分会与中国金属学会联合召开冶金渣处理与利用国际研讨会。提交论文70篇,中方105人、外宾20人参加。

11月23～24日　与日本水环境学会在上海同济大学共同主持了“第二届中日水环境国际研讨会”。主题是“水质管理与水处理技术的新发展”。

11月26日　第四届第十一次常务理事会召开。主要商讨学会20周年纪念活动有关事项;讨论并通过了学会“三项奖”获奖人员名单;研究分支机构工作。经会议审议通过,评出第三届优秀环境科技工作者奖126名,优秀学会工作者奖41名,第二届青年科技奖74名。在学会成立20周年纪念大会时给获奖者颁发证书。

12月1～18日　为执行UNDP支持组织开展的“妇女与环境”项目,组织以北京大学史守旭为团长的“妇女参与可持续发展交流考察团”赴德国、法国和荷兰等国进行交流考察。主要学习、考察各国组织动员妇女参与可持续发展方面的经验和工作,进行座谈交流,探讨合作的可能。

12月7～9日　与对外经济合作领导小组办公室在北京合作共同承办了“中国二氧化硫污染防治技术国际交流会”。出席会议代表近400人,其中外国公司和联合国有关机构代表13家。会议还就二氧化硫污染治理技术、资金需求方与技术或资金供给方进行了业务合作洽谈。同时进行了技术与产品展示活动。

水环境分会在新疆举行第三次学术研讨会,讨论干旱地区水资源保护战略问题。收到论文42篇,70人出席。

12 月 29 日　在北京举行了纪念中国环境科学学会成立 20 周年庆祝大会。

1999 年按照中国科技部信息研究所的要求，加入 Chinainfo 网。第一期开始执行《中国学术期刊〈光盘版〉检索与评价数据规范（试行）》。《中国环境科学》1999 年被 SCI 收录的论文有 20 余篇，同时《中国环境科学》还被 EI（工程引文索引）和国内检索刊物体系的数据库、文摘刊物收录。

## 2000 年

1 月 14～18 日　在北京举行了 UNDP“妇女与环境”第二次研讨会，主题是妇女、环境、健康，共收到论文 52 篇。150 人参加了会议。香港地球之友总干事吴方笑薇、加拿大的 Ruth 和 Beanland 等 3 位专家到会。

1 月 31 日　召开第四届第十二次常务理事会，决定进行第五届理事会改选换届。会后进行第五届理事会换届改选工作的有关筹备工作。

2 月 12 日　固体废物专业委员会建立了固体废物信息网。

3 月　绿色包装分会在广东举办环境与绿色防伪包装研讨会，论证了环保防伪包装技术的开发应用。72 人出席，提交论文 37 篇。

环境物理学专业委员会举办第三期噪声控制培训班，培训学员 40 人。

3 月 28～31 日　在北京主持召开“2000 全国工业企业达标排放专题研讨会”，150 人出席。

4 月 3～5 日　和中国地质学会共同组织召开了“地学、环境与可持续发展战略研讨会”。章申副理事长致辞。会议就地学会如何加强环境保护工作、地学与环境科学其他相关学科之间联系与合作提出了有益的建议和意见。

4 月 16～19 日　与北京新万通科技中心合作，在北京主持召开举办了全国环保技术成果和信息发布及技贸洽谈会。会议共收到 39 个科研院所、大专院校和企业提供的 232 项新环保科技成果，其中有 20 多项在会上达成了合作意向协议。

5 月　为北京京鑫技术开发有限公司开发的 99×XGWYL-O 型液化石油气（LPG）汽车专用装置进行了推荐和组织推广。

为北京格绿环保公司研制的格绿脱硫塔脱硫技术组织了专家评审会。

在北京举办第三届中日水环境研讨会，主题是饮用水微污染物处理、有害化学物质管理。中方 40 人、外宾 10 人出席会议。

5 月 9～24 日　组团赴美国、加拿大进行了环境技术交流与考察。代表团先后参加了“2000 北美废弃物处理处置技术及设备展览会(WASTE EXPO ‘2000)”、参观了污水处理工程、访问了有关环保公司和管理部门。

6 月 5 日　向北京市 10 所中小学赠送《人与自然》丛书，并举行了仪式，《人民日报》等新闻界作了报道。

6 月 12～15 日　在北京组织召开了“中国加入 WTO 对环境保护的影响及其对策研讨会”。研讨会上有 10 多位专家作了报告。

7 月　为山东淄博动力机械制造有限公司研制开发的“全自动纸浆模塑餐具生产技术”组织了专家评审和推广工作。

“环境规划与管理”方向研究生进修班考试结束后结业。共 51 人考试合格获得教育部认可，北京大学研究生院颁发的“北京大学环境规划与环境管理研究生课程班”结业证书。

8 月　主持召开了秦皇岛开发区环保公司“软稳”静电除尘技术创新评议会，促成该公司与首钢的技术协作。

8 月 27 日　学会秘书处迁址。

9 月　在大庆市组织召开了“全国酸碱性废水自控中和排放技术”和“水中微量油去除技术”应用推广现场会。

与北京蟹岛度假村结合，创建蟹岛绿色生态园。

9 月 7～9 日　在大连组织召开了“2000 中国国际环保博览会——环保技术创新与环保投融资研讨会”，80 多人参加会议。就如何建立环境保护社会化投融资机制、实现环境保护投融资社会化等进行了交流和研讨。

9 月 18～20 日　根据国际水质量协会(International Water Association, IWA)的计划安排，与中国石油化工集团公司等单位共同组织，石油大学(北京)承办举行“21 世纪关键技术：过程工业的污染控制与资源化”国际会议。来自 20 多个国家和地区有关学者、专家和公司代表共 100 多人出席了研讨会。会议提供交流的论文 95 篇。

9 月 26 日～10 月 12 日　组织赴荷兰、德国进行了为期 16 天的环保技术交流与考察。参加了在荷兰阿姆斯特丹举办的“2000 国际水环境技术展览会(AQUA Tech Amsterdam 2000)”，参观垃圾焚烧厂，柏林水务公司等。

10～11 月　派员参加北京市的爱科学月活动，参加生物与科学探索活动和“长江小小科学家”奖的评选和讲课活动。

10 月 11～25 日　应联合国区域发展中心(UNCRD)邀请，中国科协组织了以鲍强秘书长为团长的中国区域规划与环境保护代表团一行 8 人，赴日本出席了“可持续发展与环境保护——面向 21 世纪中国区域发展与环境保护政策”国际研讨会，并先后访问了机构和地区。

11 月　为北京麦道汽车配件厂制造的环保、节油、增功器“太空轮”进行评定和推荐。

为北京恒福利家具制造有限公司生产的绿色环保家具组织了专家评审会，为推动家具生产的环保化起到一定示范作用。

组织开展了“2000 年第二届全国用户信得过环保产品评选”。有 42 个产品被评为用户信得过产品。

与中国保护消费者基金会合作，共同组织“中国绿色产品”推广宣传活动，对符合条件的产品不定期分批在《中国环境报》、《环境保护》杂志、《中国消费者报》、《中国消费者网》等报纸杂志登载宣传，倡导绿色消费。

11 月 8 日　第十二届国际科学与和平周组委会邀请原国家环境保护局副局长张坤民在北京教育学院作了题为“环境与可持续发展”的专题报告，就可持续发展的内涵、中国可持续发展的理论研究，以及全球环境问题等作了全面的论述，来自全国从事环境保护、地学教育的专家、学者近百人参加了报告会。

11 月 10～16 日　应韩国贝美克斯(BIMIX KOREA)株式会社的邀请，前往韩国就有关重油乳化剂技术进行实地交流与考察，其间还考察大田市垃圾处理场，拜会大田广域市环境保护局、经济科学局和锦江环境管理厅等。

11 月 30 日　中国农业大学白瑛教授作题为“食品污染与人体健康”的报告。请北京市外语学校尉小珑老师作题目为“开展环保科技活动，提高中小学素质教育”的报告，并向北京市 100 所中小学赠《中国环境污染与人群健康》一书。同时，向与会者赠送了《长江传》。

12 月 4～17 日　应德中科技交流合作中心(German-Chinese Science and Technology Exchange Centre)的邀请，组织参团赴欧洲参加首届德中环保论坛和有关学术交流，并对有关环保设施、研究单位、设备及产品生产厂家进行实地考察、项目合作与投融资洽谈等。

12 月 5～21 日　水环境保护、固废处置技术和环境审计考察团一行 16 人赴澳大利亚、新西兰进行交流与考察。

12 月 16～18 日　与中国城市发展研究会合作，在北京召开“2000 城市环境保护与可持续发展论坛”，260 多人出席会议。

12月22～25日，在深圳召开第五次脱硫技术交流研讨会，200多人出席。

## 2001年

1～12月　UNDP项目——“中国可持续发展进程中女领导、女乡镇企业家能力建设”全部完成。

2～3月　进行了两院院士推荐工作，确定了两院院士候选人推荐名单。

2月8～24日　组织了有关技术人员赴澳大利亚、新西兰进行了为期16天的交流访问。

4月12～13日　在北京举行了第五届理事会第一次全体会议。经选举产生第五届理事会理事，107人参加会议。会议选举叶汝求为第五届理事会理事长。副理事长为唐孝炎、章申、魏复盛、徐厚恩、舒惠芬、井文涌、陈复、鲍强。鲍强兼任秘书长。会议期间还举行了专题学术报告会。13日召开第五届常务理事会第一次会议，聘任副秘书长；研究了学会工作委员会、分会、专业委员会设置和调整的有关问题；研究了2001年工作。

4月17～18日　在北京主办了“造纸黑液资源化利用技术现场推广会”。100多人参加了会议。

4月18日　派专家参加全国生物环境科学探索活动的辅导和评比，主要是到北京市和解放军总政治部进行具体辅导。并到怀柔九渡河中学、北京孝友小学等中小学作主题为“全球生物，生命之网”的报告。共有师生2 000多人参加。

4月20～22日　在深圳组织召开全国生态环境保护与建设交流研讨会，70余人就全国生态区划研究、农业、农村区域生态环境问题和城市生态环境建设等进行了交流和研讨。

4月22日　组织“大手拉小手”科技传播行动，召开“大手拉小手——专家点评青少年环境与科技论坛”。北大附中等20多所学校100余名老师和同学参加了本次论坛。

4月25～27日　理事长叶汝求和总局自然司原副司长等一行5人，在黑龙江省宝泉岭农垦分局，就有机农业与我国农业可持续发展、环境保护与国际贸易等问题举办了专业培训班。

5月14日　与中国科协所属几十个全国性一级学会，参加了全国首届科技周开幕式及在北京中山公园举行的科普宣传活动，环境工程博士杨曦等5名环境保护方面的专家向群众进行了现场咨询，同时分发环保手册600本。

5 月 25 日　对北京为多生物工程研究中心研制的“天正蓝”餐洗液进行了评审。

5 月 28 日　与广州朗洁环保科技有限公司共同向社会推荐“朗洁 LGCFC 静电油烟净化设备”这一环保产品。

5 月 31 日～6 月 1 日　与深圳市环境保护局共同在深圳承办国家环保总局主持召开第二届环境保护市场化暨资本运营与环保产业发展高级研讨会。350 人参加。

6 月 5 日　根据环境日的主题“世间万物,生命之网”,在“中国国际环保网”上举办“生态警示教育展”等一系列活动。

6 月 5～8 日　环境工程分会在北京召开了“2001 年全国固体废物处理与利用学术交流会”,50 多人出席,收录 50 篇论文。

6 月 16～30 日　就城市污水处理与固体废物处置技术组团赴美国进行为期 14 天的访问。代表团参加了由美国水工作协会(AWWA)主办的供水及污水处理国际研讨会暨展览会。

6 月 21～25 日　理事长叶汝求、副秘书长杨经纬于 2001 年出席了中国科协第六次全国代表大会。叶汝求理事长当选为中国科协第六届全国委员会委员。

中国科学院生态中心王子健获得全国优秀科技工作者奖,在中国科协第六次代表大会上受到表彰。

6 月 29 日　在北京国际饭店召开了“CECO 城市垃圾处理综合集成系统”专家评审会。

8 月 4 日　参加中国科协组织的生物与环境科学探索活动,400 余名师生到会。

9 月 11～13 日　组织召开了工业污染源在线检测和自动监控系统交流研讨会,150 多人出席。

9 月 18 日～10 月 4 日　在国家环保总局的统一组织和指导下,各有关方面的领导和代表共 28 人组成的中国环境科技与产业代表团,赴德国参加了“2001 柏林亚太周经济论坛中德环保研讨会”。

10 月 8～20 日　组织了“妇女·环境及公众参与交流考察团”赴北欧就公众参与环境保护、社区环保等问题进行交流考察。

10 月 11～13 日　在四川成都组织召开了 2001 全国烟气脱硫成套技术工

程应用实例分析及学术研讨会。

10月12日 组织专家在北京西城区孝友小学作科普报告"防治尘污染"。

11月1～3日 与总局环境工程评估中心联合举办中加战略环评研讨会，中、加双方有关专家、学者和代表160多人出席了会议，就战略环境工程评估的重要性、程序和方法，以及公众参与在战略环境工程评估中的地位和作用等进行了讨论。

11月5～8日 由固废专业委员会和中南大学具体承办，在湖南省长沙市主持召开了"2001固体废物污染控制及其资源化国际会议"。

11月8日 由环境技术分会具体筹备和组织，与日本水环境学会在清华大学举办了第四届中日水环境研讨会，讨论水环境安全性评价与管理领域的最新研究动向和前沿问题。同日，作为主办方之一，还在清华大学举行了"第二届环境模拟与污染控制学术研讨会"。

11月20～23日 在海南举办了"全国资源综合利用优惠政策培训与研讨会"，近百人出席了会议。

2001年《中国环境科学》全年共发表论文136篇，36条国内外环境科技信息。中国环境科学学会与北京理工大学合作主办了《安全与环境学报》

## 2002年

2月25日 在北京召开了五届常务理事会第二次会议。其中主要内容有根据民政部和中国科协的要求，研究分支机构复查登记和设置；研究学会改革事宜；审议"三项奖"获奖者名单，决定授予曲久辉等88人第四届优秀环境科技工作者奖，授予陈克平等29人第四届优秀学会工作者奖，授予张统等46人第三届优秀青年科技奖。

3月 继续与中国保护消费者基金会合作，共同组织"中国绿色产品"宣传推广活动。

3月和10月 环境物理学专业委员会邀请国内外专家，举办了两次电磁辐射和声学与振动测量核分析技术最新进展的讲座。

3月6日 组织召开了第一届中国室内环境与健康专家委员会全体会议。15名首任专家出席。与会专家一致推荐魏复盛院士为该专家委员会主任委员。

3月9～22日 组织了地方环境保护局有关单位11人出访美国，参加美国水工作协会(AWWA)举办的"废水处理和水净化技术会议"。

3 月 11～25 日　组织环保系统有关部门的代表 33 人，赴加拿大参加了由加拿大政府主办的“2002 全球环保博览会”。

4 月　拟定《全国环境科普资源现状调查及国家级环境科普基地建设研究项目建议书》，报科技部立项获批后，组织专家编写了课题实施方案。11 月 12 日，通过论证实施方案。

4 月 5 日　召开学会分支机构负责人会议，总结交流 2001 年各分支机构学科研究与发展取得的重要成果和进展；安排部署《学科发展蓝皮书》编写工作计划。

4 月 8～12 日　环境地学专业委员会与德国 Eeesn 大学联合在北京召开中德“城市气候及其空气污染学术研讨会”。代表人数共计 80 余人，其中德国代表 10 人，中国代表 70 余人。

4 月 20 日　为纪念今年世界地球日，在西城区青少年科技馆举办了“大手拉小手环保科技传播行动报告会”。邀请专家分别就环境与健康、大气污染防治、汽车污染防治等问题作了专题报告。北京市部分中小学学生代表就“未名湖富营养化检测”等环境问题作了论文报告。

4 月 20～23 日　在北京举办了“首届全国室内环境与健康检测、评估技术培训班”，全国环保系统共 50 多人参加了培训。

4 月 21 日　组织 4 名环保专家参加了中央文明办、中国科协等 8 部委联合在国防大学院内组织主办的“科技进社区”活动的启动仪式，近万人参加活动。

4 月 22 日　派 3 名专家到北京西单商场门前参加由国土资源部组织的庆祝地球日咨询活动。

4 月 25～28 日　在云南召开了 2002 年学会工作研讨会。主题是“WTO 与科技社团发展”。

5 月　完成“亚太地区性别、科学和技术（GST）数据库网”项目中相关数据的统计和案例的调查分析，为联合国技术发展委员会性别咨询委员会提供支持。

环境物理学专业委员会在北京召开了“全国电磁辐射环境学术会议”。来自全国 29 个单位的 46 名代表参加了会议。

5 月 12 日　出席了崇文区科技周活动启动仪式，并提供了 20 块有关衣食住行中的环保知识展板在崇文区永外街道永铁苑社区进行展示。

5 月 15～26 日　参加由中央文明办、中国科协和铁道部组织在河北、河南、湖北、江西 4 省 14 个县开展的“科普列车老区行”活动，派专家陈志远参加了此次活动，先后作科普报告 5 场，4 000 余名县、乡干部及中小学生到会。

5 月 16 日　与国务院发展研究中心国际技术经济研究所、中国科学技术情报学会等单位联合举办了美国著名学者莱斯特·布朗学术报告会暨其新作《生态经济》中文版首发式。300 多人出席了报告会。

5 月 18～21 日　牵头 20 多个全国性学会和相关单位参加了中国科协、科技部、中宣部联合在北京玉渊潭公园举办的科技周大型科普游园活动。制作了 50 块展板，展示衣、食、住、行方面的环保科普知识，散发资料 20 000 余份，组织 20 余名环境法学、医学、环境工程等方面的专家进行环保咨询。

5 月 22 日　与国务院发展研究中心、国际技术经济研究所联合主办的中美专家座谈会在北京召开。世界著名环境经济学专家、美国地球政策研究所所长莱斯特·布朗与中国有关专家就生态经济问题进行了交流和探讨。

6 月　对北京华德环能技术研究所等开发研制的醇基清洁燃料及其炉（灶）具的推广应用进行专家论证。

6 月～10 月　协助起草了《关于加强环境保护科普工作的若干意见》，并参与了国家环保总局、科技部研究修改的工作。12 月 9 日，国家环保总局、科技部联合下发了《关于加强环境保护科普工作的若干意见》。

6 月 5～6 日　6 月 5 日在北京人民大会堂召开了由国家环境保护总局主办、环境学会承办的“六五世界环境日 30 周年纪念报告大会暨专题论坛”。约 300 人出席。5 日下午至 6 日举办专题论坛，参加演讲的专家 16 人，听众达 500 余人。

6 月 15～25 日　在北京蟹岛绿色生态度假村举办了为期 10 天的“衣食住行环保科普知识展览”。上千人次的游客和蟹岛近 500 名员工参观了展览，另有百余名员工利用业余时间听取了环保知识讲座。

6 月 19 日　召开学会分支机构会议，就组织编写《学科发展蓝皮书》一事进行了具体研究和磋商。回顾上半年工作并部署下半年工作任务。

6 月 26～28 日　在北京召开第二届中国环境在线监测技术国际研讨会，就“十五”期间我国环境监测的目标任务和组织实施步骤、国内外最新环境监测技术发展和产业化趋势等问题进行深入研讨。与会代表 120 余人。

6 月 29 日～7 月 1 日　与中国城市发展研究会联合在甘肃省嘉峪关市举办了 2002 年城市环境管理与可持续发展论坛。

8月　大气专业委员会在新疆乌鲁木齐举办第九届全国大气环境学术会议。参加会议人数250余人，论文180余篇。

9月9日　在北京召开了第五届理事会第三次常务理会，增补任官平为第五届理事会理事、常务理事；同意由任官平担任中国环境科学学会秘书长、法人代表；同意增补周志中为学会副秘书长；变更学会办公地址等；研究学会改革工作；审议通过98人获“优秀环境科技实业家”。

9月20日　环境物理学专业委员会、中国科学院声学所和南京大学等单位在德国奥尔登堡大学举办了2002年“中德声学创新技术研讨会”。会议主题是“21世纪声学的前景与挑战”。

9月27～28日　由国家环保总局主持，与日本新能源机构在北京共同举办“第三届亚洲气候变化CTI国际研讨会”。出席研讨会的有中国、日本、印度等有关政府官员、专家和工商、企业界的代表近80人。

10月　环境物理学专业委员会联合在南京召开第九届全国噪声与振动控制工程学术会议，主题是“噪声振动与人居环境”，170人参加了会议。

10月14～15日　在北京承办由国家环境保护总局科技司主办首届全国室内环境与健康研讨会，提出了意见和建议。100余人参加了会议。

10月28～29日　核安全与辐射环境安全专业委员会在北京召开全国核设施辐射防护经验交流会。58位专家参加会议。会议就辐射防护政策与管理、核设施审核及建造运行中的辐射防护、“三废”处理与退役等问题进行了研讨。

10月29日　与英国大使馆商务处共同举办了“中英废物处置与管理研讨会”，中英有关方面代表110人参加会议。

11月6日　召开学会分支机构领导会议，学习中国科协对学会的分支机构、代表机构管理办法的文件；进行工作经验介绍。

11月24日～12月3日　组织环保系统及有关单位环保管理人员赴德国参加“中德环境技术合作会议”及进行环保交流考察。

11月27日　与瑞典使馆商务处共同举办“中瑞城市可持续发展研讨会”。会议规模100人。

12月　应台湾大学环境工程研究所的邀请，组织7人赴台湾进行了为期10天的环保学术交流与技术考察。

12月10～11日　在北京召开中国环境科学学会2002年学术年会暨环境

安全与可持续发展会议。收到论文140多篇。会议期间举办"人类历史上最大灾难BHOPAL事件"国际摄影展。

本年 《中国环境科学》共发表文章130篇。12月,荣获中华人民共和国新闻出版署颁发的"第二届国家期刊提名奖"。

2003年

本年起至2006年 受国家环境保护总局委托,举办了9期"建设项目竣工环保验收监测技术人员培训班",来自全国省、自治区、直辖市、计划单列市以及地市环境监测(中心)站的1 000多名技术骨干参加了培训。

3～12月 根据国家环保总局和民政部的部署和要求,进行了分支机构复查登记,进行了自查,并对分支机构设置、挂靠单位和主任人选分别作了相应调整和变更。

5月16日 组织召开了"防治'非典'与环境保护专家座谈会",出席座谈会的专家来自清华大学、北京大学、中国人民大学、中国科学院、中国环境科学研究院、北京师范大学、国家环保总局。中央电视台、《科技日报》、《中国环境报》等多家媒体也出席了会议。同时,还向国家环保总局、中国科协提交了"中国环境科学学会防治'非典'与环境保护专家座谈会专家建议"。

5月20日 由学会牵头,中华医学会、中国农学会、中国青少年基金会、中国野生动物保护协会等国内32家非政府组织联合发出"移风易俗、倡导生态文明"的倡议书,号召公众移风易俗,切实承担责任,大力弘扬生态文明,用科学、健康、环保、文明的生活方式,抵御疾病对人类的侵害。

6月5日 为纪念世界环境日,在搜狐网站主办了以防治"非典"与环境保护为主题的网上聊天活动,5名专家应邀在网上与网友进行了两个小时的对话,就"非典"爆发、我国垃圾废弃物管理的现状以及今后垃圾废弃物处置、管理科学化等问题与网友进行了探讨,并解答了网友提出的相关问题。活动当天共计1.8万人次网友参与了网上提问,共计15万人次网友上网浏览了讨论会页面。

6月20日 固体废物专业委员会在北京召开了"医疗废物管理与处理处置"专家研讨会,20余人出席研讨会。会议深入地讨论了目前我国医疗废物管理与处理处置政策、法规、标准体系,并就SARS疫情的突发所暴露的我国医疗废物管理及处理处置中存在的各种问题进行了研究。

7月 组织了中华医学会等13个全国性学会开展国际性、全国性纪念日资助项目的申报、评审、编辑制作与纪念日相关的科普知识文字、图片网页等工作。

7月10～11日　在北京召开了2003年度环境保护科学技术奖的评审会。评审委员会经分组初评、全体会议评审和项目异议三个阶段进行，产生了二等奖获得者5项，三等奖获得者25项，一等奖空缺。

7月16日　在江西召开“全国二氧化硫排放总量控制、排污权交易和污染控制技术交流研讨会”。收到论文70余篇，70多人参加了研讨会。

7月29～30日　固体废物专业委员会和四川省环境科学学会固体废物专业委员会在成都举办了“特殊危险废物处理处置技术研讨会”。100多人出席。

8月11～12日　由国电环境保护研究所、华北电力设计院等以及加拿大凯帝集团联合协办在北京举行“全国燃煤电厂氨法脱硫技术专题研讨会”。对美国玛苏莱电力集团研发的氨法脱硫技术在中国推广的可行性进行了交流与研讨。

8月28～31日　在昆明举办了“环境影响评价至环境风险评价高级研修班”。100人出席了会议。

9月4～16日　受国家环保总局国际司委托，组织由地方环境保护局、工业园区、环保企业等单位共10名有关人员参加的环保技术代表团赴德国参加“中德循环经济研讨会”，并就环保技术合作专题访问参观了德国、荷兰有关环保机构、企业。德国相关机构和企业共60多人参会。

9月25日　在北京承办由国家环保总局和国际铜业协会主办的“国际环境(生态)风险评价和生物配体模型高级研讨会”140余人出席了研讨会。

9月30日　召开第五届理事会第四次常务理事会。进行理事增补和调整，会议决定增补刘昌明院士担任学会理事、常务理事，并经理事会通讯选举增补为副理事长；会议根据秘书处汇报的学会发展总体工作思路和近期工作，特别是《关于学会发展的总体构想》，对学会工作提出了意见和建议。

10月9日　“千乡万村环境保护科普宣传”在内蒙古自治区包头市九原区拉开帷幕，组织开展了6天的培训宣传活动。共下发近5 000套挂图，制作了25块展板巡回展出7次。中国农业大学的专家除在培训班讲课外，还为农民作了专题讲座4场，听众主要以村书记、村长、科技带头人、致富能手为主，约200余人次参加；为县级中学初、高中学生讲课2场，约4 000余人次参加。

10月11日　经环境保护科学技术奖励委员会批准，在北京举行2003年度环境保护科学技术奖颁奖大会，共有30个项目获奖。

10月27日　国防环境分会举行环保学术报告会，来自军内外环保科研战线的120多位专家学者相聚一起，共商国防环保建设大计。

11月5～7日　与云南省环境学会共同主办在昆明召开“西部地区环境与发展经济技术国际研讨暨环保应用技术交流会”，近百人参加了会议，收到论文40多篇。

11月13～25日　应美国EOP环境咨询集团邀请，组团参加环保技术考察团，赴美国进行了为期12天的环保技术参观、交流和考察。

11月14～26日　组织环境科学普及教育考察团，赴澳大利亚进行了为期12天的环境科学普及教育考察。

11月25日～12月9日　经中国科协批准，组团赴加拿大和美国有针对性地对国内环境污染治理领域急需的环保高新实用技术进行为期14天的交流考察。

12月　经组织专家评审和常务理事会审定，授予李耀阳等149人第五届优秀环境科技工作者奖；授予张燕茹等50人第五届优秀学会工作者奖；授予王文杰等102人第四届青年科技奖。同时，选拔确定王文杰等6人荣获本届青年科技奖特别提名奖；李耀阳等11人荣获本届优秀环境科技工作者特别提名奖。

12月5日　在湖南长沙召开了全国环境学会秘书长会议，46人参加了会议。会议交流工作经验，探讨学会的改革发展方向。

12月6日　在湖南长沙召开“首届可持续消费与可持续生产国际论坛暨中国环境科学学会2003年学术年会”。国际环保领域官员和知名专家20人，国内两院院士等专家近30人作主题发言，共有400多名国内外专家出席。

12月11～13日　与中国烟草学会、中国吸烟与健康协会共同在上海主办“2003年烟草生产与人体健康和环境保护协调发展研讨会暨中外烟草环保科技展示会”。近300人出席了大会。

12月11～14日　在深圳市召开由国家环保总局主办的“全国小城镇环境保护高级研讨会”。与会者100多人，征集论文60多篇。

12月12～14日　在湖南长沙召开“首届室内环境安全与可持续发展国际论坛”。加拿大、澳大利亚、丹麦、日本和香港特区及国内代表总计150人参加了会议。6位海外专家和6位国内专家进行了特别演讲，提交论文近100篇。

12月18～19日　受国家环保总局污染控制司的委托，在北京承办由国家环保总局污染控制司主办的“氮氧化物污染控制研讨会”。93 人出席会议。会议还编印了《全国氮氧化物污染控制研讨会》论文集。

2003 年《中国环境科学》全年共发表文章 146 篇，根据理事会的建议，《中国环境科学》版面由 96 页增至 112 页。

## 2004 年

1 月 7～10 日　与香港公开大学在香港举办“首届两岸四地环境论坛”。会议就两岸四地共同面临的环境问题与对策，从环境安全与健康、循环经济与可持续发展战略以及“珠三角”的环境合作等专题进行了研讨。来自内地和港、澳、台地区共 107 位专家、学者和产业界人士参加了研讨会。

2 月 27～29 日　在广西桂林举行由国家人事部主办、国家环保总局承办，与桂林市人大常委会具体组织的“西部经济发展与环境保护——百千万人才工程学术技术专题论坛”。来自全国 22 个省、区、市著名专家学者，西部 12 个省、市、区环保工作者共计 120 余人到会，收到论文 140 余篇。

3 月　中国环境科学学会创办《绿色财富》内刊。

3 月～10 月　联合新疆、云南、宁夏、青海等省(自治区)环境保护局，分别在新疆昌吉市六工镇，云南保山、大理地区，宁夏银川市大兴乡，青海西宁市大通县麦李惠环保希望小学启动了“千乡万村环保科普行动计划”。主要内容：举办县以上环境保护局领导干部培训班；专家为当地农民和中、小学生作科普报告；大量发放宣传材料；举办小型农村环保科普知识展示；征集对农村环保科普知识挂图、展板、读本等宣传品内容的意见和建议。

3 月 4～5 日　组织科普专家一行 4 人，赴江苏盐城国家级珍禽自然保护区进行科普考察活动，研究探讨了盐城保护区今后科普场馆软、硬件设施的建设和发展问题，并就改进保护区科普工作滞后现状、创科普精品提出了若干意见。

4 月　组织的“2003 年大手拉小手青少年科技传播行动——全国青少年优秀环保论文和环保警示摄影作品评选”活动历时 7 个月，有 14 个省、自治区、直辖市的环境学会和中小学校参加了推荐工作，共征集到环保论文 1 514 篇，环保警示摄影作品 627 幅，在搜狐网站 IT 频道及学会网站上进行了宣传。

4 月 8～11 日　与中国材料研究会、东京大学生产技术研究所可持续发展材料国际研究中心、东京大学“生态效益与生态设计”特别研究会、中国高技术新材料专家委员会共同主办了“中日环境材料、循环产业与环境经营研讨会”，共有近200名代表出席会议，其中日方55名。

4月11～13日　在河南洛阳举办“2004年全国燃煤二氧化硫、氮氧化物污染治理技术交流会”。270余人到会。

5月　与中国昊华(化工)集团环保事业部共同开展对已有的铬渣无害化、资源化实用技术筛选评审工作。对12个企业和单位的18个项目进行了评选。

5月13～14日　与环保总局污染控制司在北京召开“2004年全国大气环境容量核定技术研讨会”。80多名环保专家与会，针对城市环境容量计算与分析中遇到的数据资料、技术方法等方面的问题进行了充分研讨。

5月22日　为纪念“国际生物多样性日”，按照“全人类、食物、水和健康的保障”的主题，编辑制作了9张展示生物多样性与人类之间内在联系的科普知识展板。从4月23日起至2005年1月在各大公园巡展。

5月22～23日　参加由中国科协、北京市科协、崇文区政府等单位在龙潭湖公园联合举办的2004年科技周“科学健身、奔向奥运”大型专题科技游园活动。制作15块涵盖野生动物保护、家居装修安全、空气污染、汽车环保、食品安全、旅游环保、核能源利用和环境影响评价内容的展板，散发2 000份资料。

6月　在北京北海、天坛、香山、中山、玉渊潭、紫竹院、龙潭湖七家公园科普画廊组织了环保科普知识巡展工作。

成立了技术咨询与推广部负责环保技术咨询推广工作。

6月5日　围绕“六・五”世界环境日“海洋存亡，人人有责”主题，制作了9张关于赤潮及其危害与防治、濒临灭绝的海洋生物等科普知识展板，在北京天坛公园等6家公园进行为期半年的巡展。在搜狐网站制作了专题网页播出。

6月5日　海洋环境保护专业委员会在青岛中国科学院海洋研究所举办了开放日活动，活动当天有近4 000人参观。

6月10～11日　开展“大手拉小手环境保护科技传播行动”，邀请一上南极、八上北极考察的著名科学家位梦华，分别在北京钢院附中和北京师范大学二附中作了“南极、北极环境保护科普报告”，800多名师生聆听了报告。

7月3日　与日本越谷金属株式会社组织了“废物再生利用技术及其企业化运营专家座谈会”，重点讨论了电子信息废弃产品、办公废物回收利用和处置技术及其企业化运营等问题。

作为协办单位之一，协助组织环保专家对“科学发展观：人与自然和谐发展篇——大自然的警示与启示”展览脚本进行审阅修改。

7月4日　与北京市西城区青少年科技馆合作，参加由中国科协青少年部组织的海淀区北太平庄街道太月园社区“全国科普日——青少年科学体验活动”社区科普活动。中关村第一小学和东坝河育丰打工子弟小学演示互动式环保小实验。

7月8～9日　在北京召开2004年度环境保护科学技术奖评审会。按照评审程序对106个有效申报项目进行了评审和全体评委无记名投票，报经环境保护科学技术奖励委员会批准，32个项目获2004年度环境保护科学技术奖。其中一等奖1项，二等奖5项，三等奖26项。

7月10日　环境物理学专业委员会召开了全国环境声学研讨会，50多人参加了会议。

7月13～15日　在北京怀柔举办了“携手北京现代，共创绿色未来——2004年北京现代大学生征文大奖赛暨绿色环保夏令营”活动，90名征文获奖入围者参加了本次活动。

7月22～23日　核安全与辐射环境安全专业委员会联合中国核学会辐射防护学会等5个学会，召开了“高放废物地质处置学术研讨会”。30多个单位108位代表参加了会议。国际原子能机构和美国核管会的专家也应邀参加了会议。

7月28日　在宁夏银川召开了全国农村环境保护科普工作会议，来自15个省(市)和部分地市的环境科学学会秘书长或代表36人参加了会议。

8月20～24日　核安全与辐射环境安全专业委员会与中国核学会辐射防护分会等4个学会合作召开了“21世纪初辐射防护论坛第三次会议暨21世纪初核安全论坛第一次会议”。来自国家环保总局、中核集团、广核集团以及各大学、研究所、学会等20余个单位70多位代表参加了会议。

8月30～31日　环境影响评价分会在北京召开了“环境影响评价公众参与研讨会”。40多位国内外专家交流了环境影响评价中公众参与的研究成果。

9月6日　召开了第五届第五次常务理事会。会议决定增补香港何建宗、何向亮为第五届理事会理事。会议还审议通过了“三项奖”和第三届“优秀环境科技实业家”奖的评审结果。

9月12日　环境监测专业委员会在大连举办了“第七次环境监测技术学术交流会”，200名来自全国环境监测岗位的技术人员参加了会议。收到论文275篇，评审出优秀论文112篇，入选论文99篇。

9月23～24日　在辽宁沈阳举行"2004年学术年会——发展循环经济落实科学发展观暨环境保护与振兴东北老工业基地交流研讨会"。包括4名两院院士和各地科技人员共计400多人参加了会议。收到论文300余篇。

10月　环境物理学专业委员会与北京电视台联合制作"春天的聚会——解答氦气中声音为什么变调"、"海螺里的海浪声"等环境科普节目，在黄金时段播出。

10月12日　核安全与辐射环境安全专业委员会利用国际放射防护委员会(ICRP)在北京活动期间，与国际放射防护委员会共同组织召开了"国际放射防护最新进展学术报告会"。180名专家参加了会议。

10月18～20日　由国家环保总局、美国环境保护局、日本环境省和加拿大环境部主办，在杭州承办召开"二噁英类持久性有机污染物削减和控制国际研讨会"，10个国家、2个国际机构的官员、专家等人士共142名代表出席会议。

10月23日　大气环境分会主办的第十一届全国大气环境学术会议在山东济南召开。全国160多位专家及环保实业家参加会议，收录论文122篇。

10月29日　召开了学会分支机构负责人会议。各分支机构进行工作汇报和经验交流；讨论分支机构改革问题及修改现行分支机构管理办法。

11月　在重庆举办"首届应急监测应用技术培训"，70个监测站的100多名技术人员参加了培训，提高了第一线检测技术人员的专业技能水平。

11月3～6日　承办由中国科协、中国工程院和世界工程师联盟(WEC)和上海市政府组织的"世界工程师大会"第四分会场——"环境保护与灾害防治工作"。大会规模3 000余人，其中第四分会场规模200多人，外宾50多人。

11月15～20日　水环境分会在杭州市召开了"中国水环境污染控制与生态修复技术高级研讨会"。近300人参加会议，收到论文170多篇。其中有很多是国家"863"、"973"项目研究成果。

11月22日　在中国科协2004年学术年会上，主办了"最佳人居环境"分会场论坛。到会近100人。

11月28～29日　环境经济学专业委员会协办在北京召开首届"东亚环境自然资源经济学国际研讨会"。

12月6～8日　与国际室内空气品质与气候协会、湖南大学在深圳(汕头)主办"第二届室内环境与健康国际研讨会"。

12月30日　在北京召开第五届第六次常务理事会。重点传达中国科协学会改革工作座谈会会议精神；研究筹备第六届理事会换届工作。

2004 年《中国环境科学》全年共发表文章 171 篇。版面由 112 页增至 128 页。11 月获得中国科协科技期刊择优资助基金。12 月荣获中华人民共和国新闻出版总署的“第三届国家期刊奖百种重点期刊”。

## 2005 年

1 月　编写了内蒙古、新疆、云南、宁夏、青海、浙江 6 省(自治区)开展农村环境保护科普活动试点情况报告，并上报国家环保总局，为 2005 年下发《关于进一步开展“千乡万村环境保护科普活动”的通知》提供了决策依据。

2 月　进行了两院院士增补候选人推荐工作。学会组织推荐小组进行工作，推荐江桂斌为中国科学院院士候选人。

向中加清洁生产办公室申请到小额资金，协助国家环保总局科技司标准处完成生态工业园区评价指标体系研究报告。

3 月 30 日　召开了学会第五届第七次常务理事会。重点研究了学会第六届理事会改选换届工作；讨论通过成立中国环境科学学会植物资源与环境保护分会；决定增补王维平为学会常务理事等。

经鲍强副理事长带队实地考察，对云南格瑞环保工程有限公司“利用糖蜜酒精废醪液制作有机肥料工艺技术”进行评审，认为应该推广。

4 月　组织中国农学会等 12 家学会编辑科普宣传知识文字达 25 万字，相关法律条文约 4 万字，图片 200 多幅，先后在搜狐网展示。其中包括世界湿地日、世界气象日、世界电信日、世界地球日、世界环境日、全国爱眼日、世界艾滋病日、全国高血压日等 13 个纪念日的科普知识，内容涉及水资源、植树、防治荒漠化和干旱、海洋环保、建筑等十几个领域。

4 月 8～10 日　在厦门市组织召开了第一届全国环境保护科普工作经验交流会，100 余人到会。会议对率先开展“千乡万村环保科普行动”的内蒙古、新疆、宁夏、云南、青海、浙江 6 省(自治区)环境科学学会进行了表彰。同时向河北等 29 个环境科学学会赠送了《有机食品讲座》光盘 800 盘。

4 月 20～30 日　环境地学专业委员会邀请德国美因兹大学著名地理学家 Domroes、著名气候变化研究学者 Scharfe 一行 10 余人，联合考察了福建省水土流失等环境问题。

5 月　参加了科技部等 6 部委举办的“振兴老区，服务三农科技列车井冈行"大型科普活动。筹集捐赠了价值10余万元的环保科普科技图书，为吉安县和井冈山市做了两场农村环保专题报告，受众干部、群众约700人。

5月8日 生态农业专业委员会受国家环保总局自然司农村处委托，就《农村小康环保行动计划》举行了专题会议。对实施农村小康行动计划的目的和意义以及工作目标、工作任务等问题进行讨论。

5月14～15日 组织环境教育工作委员会、环境影响评价分会、核安全与辐射环境安全专业委员会共同参加了由科技部、中宣部、中国科协主办的2005年"以人为本、关爱生命、科学减灾、和谐发展"科普游园会，展出了以家居健康、生物多样性、环境影响评价等内容为主题的科普展板18块，发放了价值近4万元的环保书籍和宣传册。

5月17日 中国科协批复同意设立"环境损害评估鉴定研究中心"(科协学发[2005]043号)。

6月～8月 为配合中国科协新疆年会的召开，受中国科协科普部委托，组织中国麻风防治协会等19个全国性学会在新疆举办了国际性、全国性纪念日科普知识展览。制作展板151块，编辑文字5万多字，编辑制作图片700余幅，涉及世界防治麻风病日等30个国际性、全国性纪念日的科普知识。

6月～9月 为配合"千乡万村环保科普行动"计划，与中国科协科普部开展了编制科普精品挂图项目，印制挂图1 000套，用于开展环保科普活动。

6月4日 在北京召开"2005年中国环境保护与经济发展国际论坛暨中国环境科学学会学术年会"。6位院士和专家、学者共计600余人到会交流，共收到论文近千篇，选取600篇编印出版了《中国环境科学学会2005年会论文集》。

6月5日 与搜狐网科学和汽车频道联合推出了以"汽车尾气与环境保护"为主题的专家网上咨询活动，就"国三"标准、OBD车载诊断系统、柴油燃料与汽油燃料对环境污染比较、新旧机动车尾气排放对环境污染的影响等广大车迷和网友所关心的话题进行了在线解答和详细介绍。参与网友共计8 300余人次。

组织召开了全国环境科学学会工作会议，会议传达了中国科协有关学会改革的有关文件和改选换届以及建立会员库的有关精神，并就学会改革方向、遇到的问题以及学会工作经验进行了交流。

6月9～10日 核安全与辐射安全专业委员会与所属4个分会在北京联合举办"21世纪初辐射防护论坛第四次会议暨低中放废物管理和放射性物质运输学术研讨会"。大会代表约90人，提交学术论文50余篇，会议还特邀来自日本、韩国的5位辐射防护专家出席了会议。并通过了《关于加强我国中低放废物管理和放射性物质运输安全的建议书》。

7月　与日本越谷金属株式会社开始接触，共同协商引进日本先进技术，推进我国产业化废弃物资源化处置。在经过技术引进考察、合作谈判、市场调研、公司组建、战略发展制定的基础上，共同创建了“中国环境科学学会越谷国际资源循环利用技术研发中心”。

7月18～20日　环境地学专业委员会组织接待了英国30余名地理专业大学一年级学生来访，并就环境科学、地理科学等领域进行了专题讨论和交流。

协助总局科技司承办了“土壤污染防治经验国际研讨会”。

7月31日　海洋环境保护专业委员会利用中国科学院海洋所对公众开放日的活动，组织海洋环境保护专业委员会人员以自身的研究成果为平台，对外宣传海洋环境领域的研究成果和发展动态，提高公众的环境保护意识。

8月4～7日　咨询评估工作委员会在北京师范大学举办“流域环境管理与可持续发展”高级研讨班，国内外学者80人参加。

8月8～12日　环境物理学专业委员会在甘肃省嘉峪关市召开了“全国环境声学研讨会暨中国环境科学学会环境物理学专业委员会年度工作会议”，来自同济大学、西北工业大学等18个单位的27名代表和委员出席了会议。

8月20～23日　在中国科协2005学术年会上主办了以《西部开发与生态保护》为主题的专题论坛。160余人出席会议。150篇论文会后正式出版。

8月21～23日　环境法学专业委员会协助举办了环境行政执法研讨班，参加研讨会人员达100多人。

8月23～24日　在北京召开2005年度环境保护科学技术奖评审会，产生了一等奖1名，二等奖3名，三等奖24名。

8月29～31日　组织人员出席纪念联合国第四次世界妇女大会10周年会议暨中国妇女研究会年会会议，并在会上主持举办了妇女与环境专题论坛。

9月～12月　主办“关注绿色未来——北京农民工子女学校环境保护科普公益系列活动”。举办了农民工子女环保科普互动课；为600名农民工子女学校的师生们作环保特别演讲；举办了两场环保文艺演出；向北京150余所农民工子女学校赠送了《环保与健康科普知识读本》3万册，上述互动课和环保演讲文艺演出光盘200套；组织驻京部队老军人向北京农民工子女学校捐赠。

9月17日　全国科普日，与中国睡眠研究会科普部联合举办了“居住环境与健康睡眠网络调查”活动，并在搜狐网上播出。580 多名网友填写了调查表。

9 月 22～27 日　水环境分会在宜昌市主办召开了“中国水环境污染控制与生态修复技术高级研讨会”。有 200 多名专家参加会议，收集论文近 200 篇。

9 月 25 日　完成中国政法大学环境资源法研究和服务中心委托的某地 46 位村民“氟污染致人体健康损害鉴定”案例的鉴定评估。

10 月 17～18 日　大气环境分会在丹东举办第十二届全国大气环境学术会议。130 余位专家、学者、环保企业家参加会议。会议收集 86 篇论文，并编辑出版《大气环境科学技术研究进展》一书。

10 月 28～29 日　环境经济学专业委员会在四川举办了“公共环境财政与环境税收政策国际研讨会”，讨论环境税理论与实践、环境财政投入及效率。

10 月下旬　环境法学专业委员会，在济南举办环境法律实务研习班，免费培训法官和律师各 40 名。

11 月　与国际可持续发展研究所(IISD)在北京共同举办了“国际可持续发展能力建设研讨班”，并邀请国际可持续发展研究所和朝鲜代表参观访问了中国环境监测总站、中国科学院生态环境研究中心和丰台区环境保护局。

主持制定《环境现场执法技术规范》、《环境影响评价技术导则——人体健康》和《废旧塑料回收利用污染控制技术规范》等 3 项标准。

11 月 4 日　召开环境友好型社会专家座谈会，邀请了来自环境、经济、社会、法律、企业等相关领域 20 多位著名专家和学者参加。

为贯彻十六届五中全会精神，加快建设资源节约型环境友好型社会，会同国家环保总局科顾委组织召开了“环境友好型社会专家座谈会”。

11 月 10～11 日　与澳门环境委员会在澳门共同主办了“2005 两岸四地环境论坛——环保科技与产业”。200 余人就两岸四地环保产业发展现状及趋势，国际环保产业发展趋势与分析，两岸四地在发展环保产业中的定位、优势与制约因素以及经验和问题等 7 个方面进行了研讨。

11 月 15 日　会同日本 KRI 共同举办了“中日生物质资源论坛”。在杜邦公司支持下，推动了在生物质资源的战略、政策和技术领域的沟通与交流。

12 月 16～18 日　在北京召开“首届中国绿色财富论坛暨构建资源节约与环境友好型社会高峰会”。70 多人出席了大会。

11 月 24～28 日　环境物理学专业委员会在深圳与 7 个相关学会联合召开“第十届全国噪声与振动控制工程学术会议”，收到论文 90 余篇。

12月26日　以通讯方式召开学会第五届第八次常务理事会。重点通报第六届理事会改选换届工作有关事宜，对章程修改稿草稿等文件征求意见。

2005年《中国环境科学》共发表学术论文169篇，12月获得中国科协2005年度科技期刊择优资助基金。

## 2006年

1月20日　组织召开环境科技发展座谈会，就贯彻全国科技大会精神，实施《国家中长期科学和技术发展规划纲要》，落实科学发展观进行讨论。

2月20日　组织召开"生物配体模型和环境生态风险评价高级研讨会"。会议对制定金属离子在水体中的基准和标准，建立基于环境风险评估的环境管理等课题进行了研讨。120多人次参加了研讨会。

2月27日　在广州举办《确定点燃式发动机在用汽车简易工况法排气污染物排放限值的原则和方法》国家环保标准培训班，100多人参加。

3月　承接总局与世界卫生组织(WHO)首个合作项目"中国农村室内环境污染与健康调查课题"，与北京大学医学部联合承担。3月启动，2007年上半年完成课题。

3月3～6日　在佛山市举办"简易工况及双怠速等新颁国家机动车污染物排放标准"学习研讨班，50多人出席。

4月　召开了《环境现场执法技术规范》开题论证会。

开展征集遴选环保型人居工程推荐部(产)品暨设立全国环保产品性能查询系统。继续开展环保型人居工程评估推介。

4月11日　在北京召开学会分支机构工作会议，讨论分支机构加强管理办法等。

4月13～14日　在湖南组织召开"城市垃圾填埋场渗滤液问题对策研讨会"，109人参加会议，收到53篇论文。

4月21日　会同荷兰瓦格宁根(Wageningen)大学Alterra研究中心，联合召开了"中荷环境科学与技术研讨会"。就土壤污染、气候变化、生物多样性、地理信息系统和遥感、景观生态等方面进行了交流和研讨。会议增补冯之浚院士为顾问，增补曹广晶为特邀副理事长。

4月26～28日　在上海组织召开"全国水体污染控制、治理技术与突发性水污染事故应急处理高级研讨会"，273人参加会议。

4月28～30日　在上海主办“第七届中国国际环保科技展览会暨高新技术成果研讨交流会”。参展企业达600多家，展览面积近13 000平方米。

5月　编制印发了《中国环境科学学会“十一五”环保科普工作规划纲要》。

参与承办科技部等7部委主办的“振兴陕北，服务三农，科技列车延安行”科技周活动，向陕北20个农村图书室捐赠14余万元环保科技科普图书、挂图、光盘；在延安、榆林两区建立了“国家环保总局捐赠农村科技图书室”。

5月11日　完成聊城市中级人民法院委托的“电厂二氧化硫污染致林木损害因果关系鉴定”案例的鉴定评估。

5月20日　组织环境教育工作委员会、环境影响评价分会参加了“2006年北京科技周科普游园会”，发放了宣传品5 000余份。

5月23～26日　中国科协第七次全国代表大会及第七届全委会在北京召开。王玉庆、任官平、陈吉宁、张远航作为中国环境科学学会代表出席大会。经选举，王玉庆和任官平当选为中国科学技术协会第七届全国委员会委员。

5月24～26日　在绵阳召开“2006年全国循环经济基础理论与发展模式学术研讨会”。

6月　组织开展“环境友好型技术与产品”评审和推荐活动。

6月1日　与河北省环境保护局、环境科学学会共同策划筹备了“2006年河北省科技周‘发展循环经济、创建环境友好型社会’暨河北省环境保护‘十百千’宣传教育活动”，组织环保专家进行讲解和答疑；举行环保科普知识展板、挂图展览；发放环保科普光盘300套、宣传手册3 000册及其他大量相关科普资料。

6月5日　向公众宣传2006年世界环境日的主题知识，开展环保知识问卷调查。

6月8日　在北京召开北京移远通公司开发的“UIC环境突发事件处理系统”专家评审会。

6月12日　召开第五届第九次常务理事会。重点研究第六次会员代表大会筹备工作。会议通过第六次会员代表大会议程，确定会议主席团人员建议名单，理事候选人建议名单，理事长、副理事长、秘书长建议名单；通过主要会议文件以提交会员代表大会讨论；通过邀请名誉会长、名誉理事长的提议，并就会员大会事宜听取了常务理事的意见和建议。

6月20日　在北京举办“水之魂”技术专家评审会。

6月24～25日　在北京举行了中国环境科学学会第六次全国会员代表大

会和六届一次全体理事会，会议选举了第六届理事会以及理事长、秘书长，修改了章程，通过了大会决议，圆满完成第六届理事会换届工作。会议选举王玉庆为理事长。副理事长为(以姓氏笔划为序)宁吉喆、朱坦、张远航、李家洋、陈吉宁、金相灿、郝吉明、魏复盛。秘书长为任官平。选举 45 人为常务理事，选举 130 人为理事。此外还聘任了第六届理事会顾问和名誉理事。授予 124 人第六届优秀环境科技工作者奖，32 人第六届优秀学会工作者奖，50 人第六届青年科技奖。

代表大会结束后立即召开了第六届常务理事会第一次全体会议。王玉庆理事长主持。重点通报 2006 年学会工作任务，讨论通过了《常务理事会议事规则》。杨经纬、刘志全担任专职副秘书长。

7 月 7～9 日　在江苏省苏州市召开 2006 学术年会，主题是建设资源节约型环境友好型社会。共收到论文 1 700 余篇，收录 800 余篇出版。会议由 1 个主会场和 9 个专题会场组成，700 余代表参加研讨。最终形成的会议总结和专家建议报送到国家相关部委。

7 月 25～26 日　在北京召开烟气污染物排放控制、水处理和清洁燃料技术研讨会。会议针对烟气脱硫、脱氮技术，生物处理技术在污水处理中的应用，MTBE(甲基叔丁基醚)对地下水的污染以及替代品的研究等方面开展研讨。120 多人参加了会议。

9 月 25～26 日　与沈阳市环境保护局承办了由国家环保总局与卫生部在沈阳共同主办的“国家环境与健康论坛”。本次论坛得到了世界卫生组织和欧盟等国际组织的支持。近 260 人参加了论坛，并就如何制订国家环境与健康行动计划和推动我国环境健康工作进行了讨论。会后出版了《国家环境与健康论坛论文集》，收录论文 100 多篇。

11 月 16 日　在云南玉溪举办“第二届中国绿色财富论坛暨科技创新与可持续发展研讨会”。本届绿色财富论坛把建设和谐社会下的科技创新与可持续发展列为重点研讨议题。与会代表近 300 人，

12 月 26 日　在北京召开了中国环境科学学会第六届理事会第二次常务理事会。重点研究六届二次理事会筹备方案；审定分支机构调整方案、分支机构管理办法、分支机构重新申报登记管理办法等。会议增补冯之浚院士为顾问，增补曹广晶为特邀副理事长。

本年　《中国环境科学》全年共出版 7 期(1 期增刊)，发表学术论文 198 篇

(增刊发表31篇)。

## 2007年

1月18～19日　在三亚市召开“水泥工业可持续发展与环境保护论坛”。

3月底　完成《环境保护科学技术奖励办法(试行)》修订工作,由国家环保总局正式公布了《环境保护科学技术奖励办法》。

3～12月　联合北京大学、清华大学等10所高校团委共同开展大学生暑期社会实践志愿者“千乡万村环保科普行动”,3 000余名大学生志愿者共组建农村环保科普小分队370余支,奔赴31个省、市、自治区,1 100多个村庄开展环保科普活动。此活动入选由大众科技报和中国公众网共同主办的“2007年十大科普事件”。

4月　召开了第二届全国环保科普工作经验交流会,总结交流“千乡万村环保科普行动”的经验。

4月18～20日　在上海举办“全国铅污染监测与控制治理交流研讨会”,近240人出席。

4月19～20日　在杭州市组织召开了第二届全国环保科普工作经验交流会,同时举行了第一届“ERM—环保科普创新奖”颁奖仪式。

4月25～27日　在上海举办“全国水体污染控制、治理、生态修复技术与突发性水污染事故应急处理体系建设高级研讨、交流会”,参会代表80余人。

在上海市举办“生态建设补偿机制与政策设计高级研讨、交流会”,140余人出席。

4月27～29日　在上海国际展览中心主办“EPTEE 2007第八届中国国际环保展览会”,参展企业567家,参展观众2万余人,展览面积达22 000平方米。

5月24～25日　在北京召开2007年学术年会,主题为环保科技创新。600余人参加了会议。年会设立了循环经济、清洁生产、清洁能源技术等多个专场,并同时召开了“第十一届全国二氧化硫氮氧化物污染治理技术暨烟气脱硫脱氮技术创新和发展交流会”和“烟气污染物排放控制、水处理和清洁燃料技术研讨会”。120余人在分会场作了专题报告。会议形成的专家建议,经国家环境保护总局以专报信息报送给国务院,曾培炎副总理作了重要批示。

6月5日　作为世界环境日活动,在北京理工大学为北京大学10所高校的大学生志愿者骨干举办了农村环保知识培训讲座。特邀请专家为大学生志愿者培训“如何走进农民作科普”和农村环保科普知识。

6月6日　组织专家对北京云辰天环保科技有限公司的“油墨印刷中多组分有机废气循环利用技术及成套设备”举行了专家论证会。

6月9～11日　在广州市举办“全国土壤污染监测与控制修复、盐渍化利用技术交流、研讨会”，参会代表110余人。

6月16日、18日和25日　分别组织召开了学会分支机构挂靠单位和负责人专家评审会。对分支机构的挂靠单位和拟任负责人提出意见和建议。

6月18～27日　应丹麦水利研究所的邀请，组织专家赴丹麦进行环保交流。

6月19～21日　核安全与辐射环境安全专业委员会在北京召开了“香山科学会议第304次学术讨论会”。

6月21日　受中国科协学会学术部委托，承担了以“环境污染与人体健康”为主题的中国科协第9期新观点新学说学术沙龙。沙龙由召集人华中科技大学同济医学院公共卫生学院徐顺清、北京大学城市与环境学院院长陶澍共同主持，25名专家学者出席。中国科协学会学术部副部长杨文志出席并发言。

6月28～29日　在广州市召开摩托车环保政策、排放标准、认证管理与技术研修班。50多位代表参加了本次研修班。

7月　在新疆喀什与自治区环境保护局、自治区科协共同主办了大型农村环保科普活动。展示100多块科普展板；开展咨询活动；为喀什市中小学校师生、乡及街办基层干部、农三师四十一团职工600余人举办了3场环保科普讲座。

7月18～19日　固体废物分会在北京召开了“第二届固体废物管理与技术国际会议”。

7月18～22日　在新疆乌鲁木齐市举办“全国水土保持及生态恢复建设技术交流研讨会”，130人出席。

7月19日　召开“2007中国(乌鲁木齐)节能环保产品(技术)暨废水、脱硫除尘与废气治理技术、设备应用交流与工程项目信息发布会”，80余人参会。

7月19～20日　在北京召开“2007年度环境保护科学技术奖”项目评审会，从108个申报项目中共评选出一等奖4项，二等奖15项，三等奖22项，并同时完成了2007年国家奖和专利奖的推荐工作。

7月20～22日　支持举办的“2007中国(乌鲁木齐)节能环保产品(技术)暨

水处理设备博览会”在新疆乌鲁木齐市召开，参展企业 80 余家。

8 月 8～14 日 赴瑞典斯德哥尔摩参加国际水周活动，为 2009 年我国举办第十三届国际湖泊大会做准备。

8 月 12～14 日 国防环境分会在合肥召开了第三届学术研讨会。

8 月 15 日 经国家新闻出版总署批准，由中国环境科学学会主办的科普性期刊《环境与生活》正式出版。

8 月 24～25 日 与日本地球环境战略研究机构（IGES）在成都市承办“亚太环境与发展论坛第二阶段第三次全体会议”。

8 月 27～29 日 水环境分会在昆明召开了“2007 中国滇池水污染控制与技术专题研讨会”，来自全国知名专家学者 100 余人参加了会议。

9 月 海洋环境专业委员会在青岛召开了“海洋环境战略研究”第一次专题工作会议。

环境标准与基准专业委员会在北京召开“重点行业国家污染物排放标准制修订工作会议”。

9～11 月 承担并完成了“第一次全国污染源普查办公室”委托的“第一次全国污染源普查宣传挂图”设计任务。按照“第一次全国污染源普查办公室”确认的设计方案，印制了 30 万套宣传挂图，向全国各地共 390 个单位寄送。

9 月 4～5 日 生态与自然保护分会在北京召开了“遗传资源及相关传统知识获取与惠益分享国际研讨会”。

9 月 4～6 日 在广州市举办“生态建设补偿机制建立、政策设计与立法研讨、交流会”，参会代表 60 余人。

在广州市举办“持久性有机污染物监测与防治技术交流、研讨会”，140 余人出席。

9 月 6 日 在广州主办“第二届中国广州环保产业、资源利用博览会”，参展企业 200 余家。

9 月 10～11 日 环境监测专业委员会在青岛召开了“第八次全国环境监测学术交流会”。

9 月 15～10 月 15 日 编制“节能减排共享蓝天”公益广告牌 8 块，在首都 21 条线路 100 辆公交车上进行为期一个月展示。297 万人次乘客接受宣传。

10 月 17 日 生态农业专业委员会在北京召开了“全球背景下有机农业国际学术会议”。

10 月 22 日　大气环境分会在昆明召开第十四届全国大气环境学术会议。

10 月 26 日～11 月 1 日　环境法学分会在北京举办了第七期“环境法律实务研习班”，94 位学员参加了培训。

10 月 31 日～11 月 5 日　王玉庆理事长为团长的中国环境科学学会代表团，参加在印度斋普尔举办的第十二届世界湖泊大会，为 2009 年在中国举办第十三届世界湖泊大会进行宣传。期间与世界湖泊理事会进行了会谈。

11 月 5～10 日　核安全与辐射环境安全专业委员会在北京召开了“全国核与辐射设施退役学术研讨会”，来自全国的核专家 220 人参加了会议。

11 月 6～9 日　在北京召开“第二届全国规划环境影响评价技术与管理交流会”。

11 月 9～12 日　水环境分会在南京召开了“2007 中国水环境污染控制与生态修复高级研讨会”，来自全国的知名专家、学者 400 余人参加了会议。

11 月 12～15 日　环境物理学分会在宁波召开“2007 全国环境声学学术会议”。

11 月 17 日　在北京召开“第三届中国绿色财富论坛暨节能减排与企业家的社会责任系列研讨、交流会”，全国人大副委员长顾秀莲，国家环保总局副局长吴晓青，中国科协书记宋南平，中国科学院孙鸿烈院士、刘昌明院士，中国工程院丁一汇院士、金涌院士等领导和院士、经济学家、企业总裁参加了论坛开幕式。与此同时，还先后组织开展若干专项科技咨询服务工作。

11 月 18～21 日　环境化学分会在北京召开了“第四届持久性有毒化学污染物国际研讨会”。

11 月 21～23 日　在天津召开了第六届第二次理事会全体会议暨第六届理事会第三次常务理事会扩大会议。学会理事长、全国污染源普查领导小组办公室主任王玉庆介绍了第一次全国污染源普查工作的情况并听取了各位理事的意见和建议。大会听取了《中国环境科学学会第六次会员代表大会一年多来的工作总结及 2008 年工作计划要点》、《关于第六届理事会拟新增理事候选人的报告》、《关于分支机构工作情况及下一步工作意见》的报告，代表们对分支机构挂靠单位的负责人进行了讨论，以决议方式确定了 29 个分支机构挂靠单位及负责人。本次理事会向各位理事征集到 50 余篇有关环境管理、环境与经济、环境与健康等方面的咨询建议，并编辑出版了《中国环境科学学会第六届理事会第二次全体会议理事咨询建议汇编》。

11月26～28日 环境医学与健康分会在郑州召开“2007环境与健康研讨会”。

11月28日 环境地学分会在北京举办“水利建设与生态环境保护论坛”。

12月25～30日 与台湾中山大学共同主办“第三届两岸四地环境论坛”。在台湾高雄市中山大学，会议探讨了全球气候与环境变化的重要议题，并围绕两岸四地共同关心的先进环保技术与区域合作这一主题进行了深入的研讨。来自两岸四地的代表280余位出席了论坛，共收到论文98篇，并汇编了论文集。

12月26日 在北京京民大厦召开了编委会换届改选暨第六届编委会会议。《中国环境科学》获得中国科协2007年度精品科技期刊工程项目资助。

## 2008年

1月 与北京林业大学、北京农业大学、浙江大学环境资源系团委合作，组织1 100多名大学生志愿者利用寒假返乡时机，将环保科普挂图张贴到1 100多个村庄。同时，组织28支大学生志愿者小分队赴山西、山东、河南、湖南、浙江等省进行环保科普实践活动。

《中国环境科学》由双月刊变更为月刊。

科普性期刊《环境与生活》由双月刊改为月刊。

1月9～20日 应日本环境研究机构和美国铜业协会的邀请，组织有关专家赴日本、美国进行环境健康方面的学术交流与考察。

1月10～12日 在深圳市举办“全国畜禽和水产养殖污染监测与控制治理技术交流研讨会”。近百余人出席了会议。

1月30日 完成环境保护部委托的课题《环境污染事故与纠纷相关健康损害研究》。

2月 组织完成《大学生志愿者农村环保科普社会实践活动经验汇编》工作，赠送给有关领导、地方环境学会以及高校团委和社团。

启动亚太环境与发展论坛（APFED）2007年度创新示范项目“电子垃圾收集和处理”项目。

2月22日 在北京召开学会分支机构工作会议。会议邀请中国科协学会学术部学会管理处颜利民副处长做专题报告。会议主要进行了交流与总结，讨论了《中国环境科学学会分支机构考评办法（讨论稿）》。各分支机构负责人以及学会秘书处各部门负责人40多人参加了会议。

3月　承担了中国科协“企业创新方法培训”项目中有关环境科学领域内的相关工作。

与河南省委机关幼儿园合作，开展学龄前儿童环保知识科普示范实验班，为期3年，2008年主要完成学龄前小班幼儿的自然常识识别教育示范实验，使幼儿养成热爱自然、保护自然和与自然和谐相处的习惯。

3月14日　为中国环境监测总站完成的“中国环境监测总站地表水环境监测空间信息平台”科技成果组织召开鉴定会。

3月27～29日　在长沙市举行“有毒化学污染物监测与风险管理技术交流研讨会”。120人出席了会议。

3月28日　在北京召开了“工业污染源产排污系数核算及应用研讨会”。会议探讨工业污染源产排污的特征及产排污量测算的理论和方法，及其进一步开发利用的途径。

3月31日　在北京召开了“2007年度环保科技奖”颁奖会。

4月25～27日　在上海召开“全国水体污染控制、生态修复技术与水环境保护的生态补偿建设交流、研讨会”，与会代表近200人，提交论文100余篇。

在上海召开“全国生物多样性保护及外来有害物种防治交流研讨会”，与会代表百余人，提交论文60余篇，会议围绕生物多样性保护、外来有害物种防治等主题展开热烈的讨论并提出建议。

4月27～29日　主办第九届“中国国际环保展览会与中国国际给排水水处理展览会”。吸引了来自25个国家和地区的近689家国内外参展商，其中有290多家海外企业、7个海外国家展团前来参展，展览面积达30 000平方米，其中国际展览面积达1/3。

4月29日　组织完成环境保护部委托课题“环境污染相关健康损害案例数据库”的开题工作。

5月21～22日　在北京与拜尔公司等单位合作，召开“VOC污染控制与管理研讨会”。150余名代表到会。

5月29～31日　在重庆市召开了2008年中国环境科学学会学术年会。会议以落实“十一五”规划提出的节能环保目标，建设资源节约型、环境友好型社会为主题。环境保护部、中国科协、重庆市领导、工程院院士和来自环保界的500多名代表出席会议。

5月30日　与重庆市环境保护局、环境科学学会共同主办“关注三峡库区生态保护，创建城乡优美宜居环境”大型环保科普活动。

5月31日　录制以大学生志愿者农村环保科普行动为背景的“同一片蓝天”农村环保科普节目，于“六・五”世界环境日播出。

6月　与中国石油学会合作，在辽河油田开展节能减排科普活动。内容包括举办节能减排科普报告会和举办油田职工节能减排献计献策科普互动活动。

7月10日　在北京召开了第六届第五次常务理事会。会议通报了学会上半年工作情况，审议《纪念中国环境科学学会成立30周年活动建议草案》，研究通过《中国环境科学学会会员管理办法（讨论稿）》、《中国环境科学学会分支机构年度工作考评办法（讨论稿）》和《中国环境科学学会分支机构印章管理使用办法（讨论稿）》，研究召开第三次理事会会议方案，研究理事、常务理事增补与变更事宜。会议还通过由张全接替徐祖信任第六届理事会理事、常务理事；刘艺担任理事。

# 名人与学会

# 名人与学会

中国环境科学学会是在科技工作者特别是知名专家的支持和参与下创建和发展起来的。他们为中国环境科学学会做了大量工作,奉献了智慧和力量,作出了永载史册的贡献。由于篇幅所限,不能一一介绍,只重点选出历届理事长以及担任过学会常务理事、分支机构负责人的两院院士作为代表进行简要介绍。

## 一、理事长

**李超伯**(1919～1983) 山西省平遥县人。1936年冬在山西太原参加"牺牲救国同盟会",任村队长和县政治干事,1938年加入中国共产党。抗日战争时期,参加晋中游击战争,任晋中游击三支队二大队教导员,后历任太行第六、第二专署建设科长,太行工商行政管理局二分局副局长。1947年随军南下,后任豫皖苏第八专署副专员、河南商丘市市长、第二野战军后勤部财经处副处长、南京市贸易总公司经理等职。

新中国成立后,历任川南财经委员会秘书长、商业厅党组书记、副厅长,西南财经委员会副秘书长,西南行政委员会统计局长,国家统计局工业统计司司长、副局长。1956 年 12 月调化学工业部工作，先后任部长助理兼计划司司长、办公厅主任、副部长。1962 年 11 月调任国家物资管理总局任副总局长、国家经委委员、物资管理部副部长。

1969 年 4 月下放到物资部干校劳动。1972 年 6 月恢复工作，调任兰州化学工业公司党委书记，后任甘肃省委常委、省委书记等职，并当选为中国共产党第十一次全国代表大会代表。1978 年 7 月，调任国家建委副主任、国务院环境保护领导小组副组长兼办公室主任，并被选为中国环境科学学会第一届理事长。此间，他主持制订了我国第一部环境保护法。后任城乡建设环境保护部顾问和化学工业部顾问。

**李景昭**(1921～1990)　河南省南乐县人。于 1938 年 3 月奔赴革命圣地延安，分别在安吴堡抗日青年训练班、延安“抗大”(中国人民抗日军政大学)和职工学校接受马列主义理论教育。1938 年 5 月加入中国共产党，后任延安新华化工厂总务科科长、营业部主任。解放战争时期，历任张家口龙烟铁矿公司事务所主任，大连聚兴商行(晋察冀办事处)营业部主任，东北军区军工部材料处科长，东北兵工局材料处副处长、处长。

新中国成立后，根据党的需要转做基本建设工作。历任建工部东北管理局第四工程公司代经理、东北机电安装公司代经理、工业设备安装公司经理、建工部第二工业设备安装公司书记兼经理、包头第二工程局党委副书记、渤海工程局党委书记兼局长、第二工程局党委书记兼局长、建工部副部长、国家建委党组成员、施工局局长、建委副主任等职，1982 年任城乡建设环境保护部顾问。

1965 年，李景昭在担任渤海工程局党委书记兼局长时，带领渤海工程局去西南参加三线建设，完成了许多艰巨工程。1978 年，他担任国家建委副主任，主管全国村镇建设工作，是我国村镇建设事业的奠基人之一。1982 年以后，他又分管环境保护工作，并被选举为中国环境科学学会第二届理事会理事长。此间，他积极努力，为中国环境保护事业和中国环境科学学会的发展做了许多卓有成效的工作。

**曲格平**(1930～　)　山东肥城人。毕业于山东大学。教授,环境科学专家。原国家环境保护局局长,原全国人大常务委员会委员,全国人大环境与资源保护委员会主任委员,中华环境保护基金会理事长。

他先后担任保定胶片厂副厂长、化学工业部处长、国务院计划起草小组处长。1972年他作为中国政府代表团成员出席了在斯德哥尔摩召开的第一次人类环境会议,从此献身于环境保护事业。1976年后历任中国常驻联合国环境规划署首席代表、国务院环境保护领导小组办公室副主任、城乡建设环境保护部环境保护局局长、国家环境保护局局长。他是北京大学、清华大学、武汉大学、同济大学、南京大学和中国人民大学等院校的兼职教授,也是美国哈佛大学、英国牛津大学客座教授,英国布莱德福大学授予他工学博士荣誉称号,香港城市大学授予理学博士荣誉学位。1989年被聘为《世界资源报告》编辑委员会委员,1993年被聘为由十多名世界名流组成的联合国可持续发展高级咨询委员会委员,1994年被聘为全球环境基金高级顾问,2002年被聘为联合国可持续发展世界首脑会议名人专家组成员。

曲格平在认真总结国内外环境保护经验的基础上,系统地提出了适合中国国情的、具有独创性的环境保护理论。他运用系统科学原理提出了经济建设与环境保护协调发展的理论;从中国人口与环境关系的历史改革出发,阐明了人口与环境的演变规律和相互作用的机制;运用一般系统论和系统工程的原理和方法建立和完善了我国环境管理的理论体系和政策体系;他还成功地运用环境科学的理论和方法相继主持了许多环境战略和环境规划的制定等。他指出:只有发展经济才能创造出包括适宜的环境在内的高度物质文明和精神文明,强调在发展的同时保护环境,避免走西方国家"先污染,后治理"的弯路。

曲格平先后发表数十篇论文,并撰写了《中国的环境问题及对策》、《中国的环境管理》(中、英文版)、《中国的环境与发展》、《世界环境问题的发展》、《中国人口与环境》、《困境与选择》、《我们需要一场变革》、《梦想与期待》等著作,主编了《中国自然保护纲要》(中、英文版)、《2000年中国的环境》、《环境科学大辞典》、《环境保护知识读本》等书籍。其中《2000年中国的环境》获国家科技进步一等奖和国务院经济技术中心特等奖,《中国自然保护纲要》获国家科技进步奖三等奖，《中国的环境管理》获“第四届中国图书奖”。

曲格平参与了“预防为主，防治结合”、“谁污染谁治理”和“强化环境管理”三大环境政策体系的制定。在改革开放初期，他大胆地提出引进国外先进的管理经验，结合国情制定了 8 项环境管理制度和措施，并在全国普遍实施，从而使中国在经济倍增的 20 世纪 80 年代，避免了环境状况的进一步恶化，为建立和完善具有中国特色的环境保护道路做出了突出的贡献。

他在理论和实践上的贡献，得到国内社会各界的积极评价，同时也受到国际社会的广泛赞誉。为表彰他在制定、指导和执行具有中国特色的环境管理政策方面的献身精神和优异成就，1987 年联合国环境规划署授予他“联合国环境规划署金质奖章”。1992 年 6 月在里约联合国环境与发展大会期间又荣获联合国环境大奖，这是目前世界上在环境领域里的最高荣誉。1993 年获中国首届绿色科技特别奖。1995 年获荷兰王储颁发的“金方舟”大奖。1999 年获日本国际环境奖——“蓝色星球奖”，这是目前国际上与联合国环境大奖齐名的最高奖项之一。

1979 年 3 月，曲格平被选为中国环境科学学会第一届理事会理事、常务理事，1984 年 1 月被选为中国环境科学学会第二届理事会副理事长、秘书长，1990 年 12 月被选为中国环境科学学会第三届理事会理事长，1995 年 12 月担任中国环境科学学会第四届理事会名誉理事长，2001 年 4 月担任中国环境科学学会第五届理事会名誉理事长，2006 年 6 月担任中国环境科学学会第六届理事会名誉理事长。

**解振华**(1949～　)　天津市人。1977 年毕业于清华大学物理系，1991 年获武汉大学环境法硕士学位。任中共十五届中央纪律检查委员会委员，中共十六届中央委员，中共十七届中央纪律检查委员会委员。

1982 年起从事环境保护工作，历任国家环境保护局处长、司长。1990 年 5 月任国家环境保护局局长。1993 年 6 月任国家环境保护局局长，党组书记，兼国务院环委会副主任。1998 年 3 月起任国家环境保护总局局长、党组书记，兼任全国爱国卫生运动委员会副主任、中国环境与发展国际合作委员会副主席。2006 年 12 月任国家发展和改革委员会副主任（正部长级）。

曾荣获联合国环境保护最高奖“联合国环境署笹川环境奖”、全球环境基金“全球环境领导奖”、世界银行“绿色环境特别奖”。

1995年12月，解振华被选任中国环境科学学会第四届理事会理事长，2001年4月担任中国环境科学学会第五届理事会名誉理事长，2006年6月任中国环境科学学会第六届理事会名誉理事长。

**叶汝求**(1932～　)　无党派人士，研究员。1963年于苏联列宁格勒大学化学系研究生毕业，获副博士学位。业务领域：环境保护、全球环境问题、环境与贸易、环境管理、环境科学技术、环境化学等。现任国务院参事、国家环境保护部顾问。历任中国科学院半导体研究所室主任，中国环境科学研究院环境分析测试所所长，国家环境分析测试中心副主任、研究员，国家环境保护局副局长，中国科协第五、第六届全委会委员，中国劳动保护科学技术学会常务理事，中国环境科学学会环境化学专业委员会委员，中国化学试剂学会理事。现为中国职业安全健康协会荣誉会员，中国环境科学学会理事会顾问。

叶汝求曾任中国人民政治协商会议第七、第八届全国委员会委员，经济委员会委员，中国人民大学、对外经济贸易大学、无锡轻工大学客座教授，世界野生生物基金会(WWF)贸易与可持续发展专家委员会成员(1996～2000年)，丹麦联合国环境署能源与环境合作中心科学顾问委员会委员(1998～2004年)，日本全球环境战略研究所评议委员会委员(1998年起)，中国环境与发展国际合作委员会工作组中方组长(1995～2001年)、课题组中方组长(2002～2004年，2006年至今)。

叶汝求发表科技论文100余篇，著编译8种。著有《环境与贸易》，主编了《An Environmental Impact Assessment of China's WTO Accession》、《Trade and Sustainability: Challenges and Opportunities for China as a WTO Member》、《贸易与环境对策》、《中国环境保护21世纪议程》。译有《工业废水中有害有机化合物手册》和《金属-绝缘体-半导体电子学系统的物理基础》，并译校了《环境与贸易手册》。曾任《联合履约季刊》(Joint Implementation Quarterly,

Paterswolde, the Netherlands)国际顾问委员会委员,《分析测试学报》、《国外科学仪器》编委。

1995年12月,叶汝求被选为中国环境科学学会第四届理事会副理事长,2001年4月被选为中国环境科学学会第五届理事会理事长,2006年6月担任中国环境科学学会第六届理事会顾问。

**王玉庆**(1945～　) 河北肃宁人。1970年毕业于北京大学生物系,1993年获武汉大学法学硕士学位。任第十一届全国政协委员、人口资源环境委员会副主任、中国环境科学学会第六届理事会理事长、中国野生动物保护协会副会长、中国城市科学研究会副理事长、亚太环境与发展论坛(APFED)中国委员。

他于1970～1978年11月在贵州省沿河县官舟中学教书。1978年11月～1982年4月在国务院环境保护领导小组办公室工作。1982～1994年2月,历任城乡建设环境保护部、国家环境保护局副处长、处长、司长。1994年2月～2006年底先后任国家环境保护局副局长、国家环保总局副局长。2004～2006年兼任国家核安全局局长。曾任中国资源环境法协会副会长、中国生态经济学会常务理事、中国鸟类学会常务理事、中国人与生物圈国家委员会第四届委员会副主席等。

组织并参与了国家环境保护"七五"计划、"八五"计划和"十一五"规划的编制工作。组织编写了《中国自然保护纲要》、《中国自然保护地图集》、《中国生物多样性国情研究报告》、《中国环境保护行动计划》等一些重要的国家报告,组织起草了一些重要的环境法规,主编了《环境经济学》,先后在瑞典皇家科学院《AMBIO》、《中国环境科学》等杂志报纸发表过多篇文章。荣获国家科技进步奖三等奖、部级环境保护科技进步奖一等奖、中国科学院科技进步奖二等奖。

王玉庆长期从事国家环境法规、政策和规划的研究制定工作。20世纪80年代初,面临森林滥伐、水土流失、草原退化、珍稀濒危物种灭绝等自然破坏,他具体负责组织起草了《中国自然保护纲要》,这是中国第一部自然保护领域的政策性文件,其确定的一些原则至今仍有重要指导意义。他作为项目组长,在世界银行、世界自然保护联盟(IUCN)等帮助下,组织完成了首份《中国生物多样性国情研究报告》。这份报告第一次详细记录了中国丰富的生物多样性状况，并对其在各方面的价值作出了评估。该报告发布后获得了各方面的好评。在主持环境政策法规工作期间，针对当时的环境形势，他明确了加强立法和标准的工作思路，认真细致地起草或修改了许多重要的环境法律，推动了我国环境法制建设。在他主持国家核安全局工作期间，进一步理顺了放射性和核安全管理体制，加强了核安全监管能力建设。

2006 年 6 月，王玉庆被选为中国环境科学学会第六届理事会理事长。

## 二、院士

**刘东生**（1917～2008） 天津市人。1942 年西南联合大学地质系毕业。中国科学院、第三世界科学院、欧亚科学院院士。中国科学院地质与地球物理研究所一级研究员。曾任全国人大常委会委员，国务院环境保护委员会首席科学顾问，国际第四纪研究联合会主席，中国第四纪研究委员会主任，中国科学院环境地球化学、黄土与第四纪地质国家重点实验室学术委员会主任，中国登山协会副主席，中国科学探险协会主席，中国青藏高原研究会理事长，中国环境科学学会副理事长，学术工作委员会副主任委员，中国科学技术协会书记处书记，科技馆馆长，澳大利亚国立大学名誉科学博士，岭南大学名誉法学博士。还担任过《第四纪研究》、《极地研究》、《环境科学》等杂志主编。

早年，师从杨钟健教授从事古脊椎动物研究，是我国著名鱼化石研究专家。1953 年任我国第一个第四纪地质研究室主任。从 20 世纪 50 年代起，刘东生参与和组织了黄河中游水土保持的综合考察，撰写了《黄河中游黄土》、《中国的黄土堆积》、《黄土的物质成分和结构》、《黄土与环境》等专著，创立了黄土的“新风成学说”，根据中国黄土-古土壤序列，重建了过去 260 万年东亚气候环境演变历史，揭示了冷暖与干湿的频繁气候波动，为建立第四纪时期气候变化的多旋回理论奠定了科学基础，使黄土沉积、深海沉积、极地冰芯成为记录全球气候环境变化的三大自然档案和国际对比标准。被英国著名黄土研究史专家 Smalley 教授誉为全世界12位黄土研究的杰出科学家之首，也被国际地圈-生物圈计划古全球变化科学指导委员会主席Oldfield教授称为“中国黄土古环境研究之父”。

组织领导了希夏邦马峰、珠穆朗玛峰、托木尔峰、南迦巴瓦峰和极地等综合科学考察，开创了青藏高原隆升对东亚乃至全球环境影响的研究领域。开创了克山病等地方病的地学环境调查，通过北京西郊环境质量评价，初创了我国环境质量的评价体系，主持并参与早期国家环境保护规划的制订。20世纪70年代初，在国际上环境科学兴起之际，在我国建立了环境地学的研究体系，是我国环境科学的创始人之一。

刘东生在中国黄土、青藏高原、干旱区及极地环境演变研究中取得的很多卓越成就，获得了多项国家和省部级奖励，有国家自然科学奖一等奖1次、二等奖3次，中国科学院科技进步特等奖1次，中国科学院自然科学一等奖4次，以及马以思奖、竺可桢野外科学奖、陈嘉庚地球科学奖、“中华绿色科技”特别金奖、李四光地质科学奖荣誉奖、何梁何利科技进步奖、泰勒环境成就奖、欧洲地球科学联合会“洪堡奖章”，2003年获得了中国国家最高科技奖。

刘东生始终活跃在国际科学舞台上，是第一次在中国乃至亚洲成功举办国际青藏高原学术研讨会和国际第四纪研究联合会大会的主要组织者和领导者。

曾任中国环境科学学会第一届理事会理事、常务理事、副理事长，第四、第五、第六届理事会顾问，学术工作委员会副主任委员。

**马大猷**(1915～　)　生于北京，原籍广东潮阳。北京大学物理系学士，哈佛大学硕士、哲学博士。中国科学院声学研究所研究员，全国声学标准化技术委员会主任。《声学学报》(中、英文)主编。1955年当选中国科学院学部委员(院士)，1998年为资深院士。

马大猷院士曾任清华大学和西南联合大学副教授、教授，北京大学教授兼工学院院长，哈尔滨工业大学教授兼教务长，中国科学院研究员。曾先后兼任电子学研究所副所长，声学研究所副所长；兼中国科学技术大学教授，研究生院副院长；国际声学委员会委员，数学物理学部副主任。任中国声学学会会士名誉理事长，中国电子学学会会士，美国声学学会会士，美国科学促进协会会员。

马大猷院士在学生时代就注意简正波理论，1938 年，在 UCLA 拏特森教授处学习时发表了第一篇论文《矩形室内低频简正频率的分布》。这篇论文成了声学中应用简正波理论的基础，也是严格室内声学的基础。随后参加了哈佛大学特教授和白瑞奈克先生的"矩形室内的声衰变的研究"工作，并以第三篇论文"矩形室内不均匀边界问题"被授予哲学博士学位。从那时起，发表了室内声学方面的论文约 30 篇，连同其他方面的共约 180 篇。1959 年曾负责人民大会堂的音质设计工作；组织了语言声学的研究工作，取得了汉语语音的基本参数，并在 20 世纪 60 年代初自动识别汉语普通话的 10 个元音。设计和建造了全国第一座声学实验室，包括混响室、隔声实验室、消声室、水声实验水池以及高声强实验室，可以做声学实验和校准。组织了大气声学和次声学的研究工作。发展了以抑制简正波为手段的有源室内噪声控制的原理和技术。开展了非线性声学和强噪声研究。在驻波管里产生了近 180 分贝的强声场，并建立了非线性驻波理论，解决了长期未解决的问题，继续发展了微穿孔吸声体的理论并发现了它的新物性和新应用。发展了微缝板吸声体理论。根据瑞利解释发展了黎科管振荡理论。

马大猷在 50 多年的科研活动中，取得了突出的科研成果，先后获全国科学大会奖，中国科学院重大成果奖，国家自然科学奖，德国夫琅和费协会金质奖章及建筑物理研究所 ALFA 奖，何梁何利科学进步奖。

曾任中国环境科学学会第一届理事会理事、常务理事、副理事长，第二届理事会理事、常务理事，第四、第五届理事会顾问，环境声学专业委员会主任委员，国际交流工作委员会主任委员，环境声学专业委员会主任委员，学术委员会副主任委员。

**曾呈奎**(1909～2005)　福建省厦门人。海洋生物学家，藻类学家，中国海藻学的奠基人。1931 年毕业于厦门大学植物系获理学学士学位，1934 年毕业于广州岭南大学研究生院获理学硕士学位，1942 年毕业于美国密执安大学研究生院，获理学博士学位和拉克哈姆博士后奖学金。为中国科学院资深学部委员（院士），第三世界科学院院士，曾任山东大学系主任、海洋研究所副所长，中国科学院海洋研究所所长，中国海洋湖沼学会理事长、名誉理事长，国际藻类学会主席，山东省科协主席、名誉主席等职。

曾呈奎教授是我国海藻学研究的奠基人。他从事教学和科研达70年之久，取得了许多科研成果。在海藻资源调查和分类区系研究方面，发表了一系列具有国际国内先进水平的学术论文。自1933年发表《厦门的海萝及其他经济海藻》以来，持续地开展了海藻资源调查和分类研究，并培养出一大批海藻分类学家。他对渤海、黄海、东海和南海的底栖海藻调查和分类区系研究，发现了上百个新种，2个新属，1个新科和1门藻类(原绿藻门)。他在海藻分类区系领域的研究奠定了中国海藻分类学在国际学术界的地位。首次发现并报道了西沙群岛原绿藻，并编著了《中国经济海藻志》(1962)，《中国常见海藻》(1983，英文版)，后者获得1986年中国科学院科技进步奖三等奖；“西沙群岛海洋生物调查研究”获1987年国家自然科学奖三等奖。

在海带栽培生物学研究方面，创造了海带夏苗培育法、陶罐施肥法，并组织完成了商品海带南移栽培实验，使海带在我国长江以南大面积海域栽培成功；并合作主编了《海带养殖学》(1962)。该项研究获1978年全国科学大会奖。

在紫菜研究方面，“紫菜生活史的研究”获1956年国家自然科学奖三等奖。他提出了紫菜壳斑藻阶段的大量培养方法，并成功地进行了我国紫菜的半人工和全人工栽培实验等。在他的倡导下，国家科委启动了以他为首席科学家的国家攀登计划B项目“海水增养殖生物优良种质和抗病力的基础研究”，极大地推动了我国海洋生物技术研究向生产的转化，并使我国海洋生物技术的研究与应用跻身于国际领先行列。

曾呈奎院士先后独自撰写和与他人合作发表了400余篇高水平学术论文和14部学术专著。先后获全国科学大会奖、国家自然科学奖、国家科技进步奖、中国科学院重大科技成果奖和省(部委)奖。1991年被山东省政府授予“杰出贡献科学家”荣誉称号，1995年被太平洋科协授予太平洋地区科学大会奖(“烟井新喜志奖”)，1996年获香港求是科技基金会“中国生物志集体奖”，1997年9月获由朱镕基总理和香港最高行政长官亲自颁发的何梁何利基金科技进步奖，2001年获美国藻类学会杰出贡献奖，2002年获山东省首次设立的科学技术最高奖，2004年获“全国爱心捐助奖”等。

曾任中国环境科学学会第一届理事会理事、常务理事、副理事长，第二届理事会顾问。

**马世骏**(1915～1991)　山东兖州人。生态学家。1937年毕业于北京大学农学院生物系。1948年获美国犹他大学研究院科学硕士学位。1950年获美国明尼苏达大学研究院哲学博士学位。

1938～1943年先后在山东省、湖北省从事有关农业害虫的研究工作,1948年赴美国犹他州立大学攻读昆虫生态学,1949年获科学硕士学位,1951年获明尼苏达州哲学博士学位,当年回国,并创建了国内第一个昆虫生态学实验室。1980年当选为中国科学院学部委员(院士)。除兼任北京大学、南开大学、北京农业大学、复旦大学教授外,先后任中国科学院实验生物研究所研究员,昆虫生态学研究室主任,西北高原生物研究所研究员、业务所长,动物研究所副所长、学术委员会主任,中国科学院生态环境研究中心主任、生态环境研究中心名誉主任、学术委员会主任。历任国务院环境保护委员会顾问、中国生态学会第一届和第二届理事长。在国际上,曾担任联合国粮农组织和环境规划署有害生物专家委员会委员、国际昆虫学会常务理事、国际系统与进化生物学委员会委员、国际生物科学联合会中国委员会主席、国际地圈-生物圈计划中国委员会副主席、欧洲生态科学院通讯院士、英国皇家科学院昆虫学会会员。

他于20世纪50年代深入蝗区研究东亚飞蝗生态及蝗区结构转化规律,提出“改治结合,根除蝗害”的治蝗原则和具体措施,使东亚飞蝗蝗害得到了控制,这项工作1982年获国家自然科学奖二等奖。20世纪60年代曾领导黏虫研究工作,探明黏虫的越冬迁飞规律。对昆虫种群生态学及生态地理学有较深的研究,以新系统论及控制论观点,阐明害虫大发生机量,昆虫种群的空间、数量、时间的结构及其动态,提出“变境成长”的论点,为我国生态学特别是昆虫生态学的理论研究做出了贡献。20世纪70年代提倡经济生态学原则,把经济效益与生态效益列为控制有害生物的设计与评价指标,进一步发展了有害生态综合防治的理论并取得显著经济效益。20世纪80年代又把生态学与系统工程结合起来,提出和建立了社会-经济-自然复合生态系统理论,为中国生态学事业发展做出了开创性和奠基性的工作。早在20世纪70年代就提出了可持续发展的论点,曾与挪威首相布伦特兰夫人等共同起草了著名的布伦特兰宣言:“我们共同的未来”。博学的才华、孜孜以求的治学精神与精深的学术造诣，使他成为生态学的巨匠、系统生态学理论与生态控制、可持续发展理论与应用的先驱。

曾任中国环境科学学会第一届理事会理事、常务理事，第二、第三届理事会理事、常务理事、副理事长，学术工作委员会主任委员，环境理论专业委员会主任委员。

**陶诗言**（1919～　）　浙江嘉兴人。气象学家。1942 年毕业于中央大学地理系。中国科学院大气物理研究所研究员。中国气象学会理事长、名誉理事长、联合国世界气象组织全球气候计划科学技术委员会委员，中国人民政治协商会议第五、第六、第七届全国委员会委员。

陶诗言多年来一直从事大气环流和天气动力学研究，为中国气象预报业务的建立和发展作出了重要贡献。他系统研究了中国暴雨的活动规律、机制和预报，是我国最早将卫星资料用于大气分析和预报的研究者和指导者之一。在对我国寒潮和梅雨的研究中，划分了入侵我国的寒潮路径，指出我国长江流域的梅雨与东亚和北半球大气环流的突变有密切关系。在对亚洲季风进行深入的研究后，提出了东亚季风是独立于印度季风，但两者又有密切关联的观点，使我国季风研究达到国际先进水平。20 世纪 60 年代初，又为我国“两弹”试验提供了准确的气象保障，先后荣立一等功和二等功。1987 年获国家自然科学奖一等奖，1994 年获中国科学院自然科学奖一等奖，1996 年获香港何梁何利科学技术进步奖。1980 年当选为中国科学院学部委员（院士）。

陶诗言曾任中国环境科学学会第一、第二届理事会理事，第四、第五届理事会顾问。现任第六届理事会顾问。

**章　中**（1933～2002）　江苏常熟人，中共党员。1956 年毕业于南京农学院土壤农业化学系，获学士学位。1962 年在苏联莫斯科大学生物土壤系获生物学副博士学位。博士毕业后进入中国科学院地理研究所从事科研工作，曾任中国科学院地理研究所学术委员会主任、博士生导师，中国科学院环境科学委员会副主任。1991 年当选国际欧亚科学院院士，1993 年当选中国科学院院士。

章申院士长期从事微量元素景观地球化学、生物地球化学及其与人类健康关系的科学研究，以及水、土环境污染与其控制研究，在相关领域取得了令人瞩目的成就。发表论文 200 余篇，编著 10 余种，先后获得国家、中国科学院、部委级科技成果奖 17 项。

章申在中国科学院地理研究所首先建成微量元素实验室，开展化学地理研究，通过对黑钙土、褐土、棕壤、黄壤、红壤和砖红壤以及河湖沉积物中生命与污染微量元素含量分布及成因规律的研究，发现第一长周期中大部分过渡元素与汞、铅等重金属多富集于土壤和河湖沉积物的黏粒部分，但砖红壤中微量元素则富集在较大颗粒中。通过我国陆地水中约 30 种微量元素的含量分布和赋存形态研究，发现清洁河湖水中碱金属、碱土金属、卤素元素、形成含氧阴离子的元素以及汞是以溶解态为主，稀土元素、钍、硒、铁、锰等元素以悬浮颗粒态为主，而大部分第一长周期过渡元素和一些重金属元素介于上述两者之间，这是世界上以大量样品实测研究而揭示陆地水环境地球化学规律的成功实例。20 世纪 60～70 年代对珠穆朗玛峰(包括顶峰)地区冰、雪、水中氢氧同位素含量、分布的研究，首次揭示其分馏效应，促进了我国高山极地水环境地球化学的发展。用同位素(137Cs 和 210Pb)年代法揭示我国高山、干旱地区和亚热带的湖泊沉积速率和微量元素含量百年来的历史变化规律及其成因。首次精确地查明蓟运河沉积物汞污染的三度空间分布规律(立体分布图)，为汞污染的防治提供了科学依据。对中国主要土类 272 个 A 层的稀土元素研究，准确地获得中国土壤稀土元素丰度及其分布模式，探讨了稀土元素在成土过程中的行为，发现它们在土壤灰化过程中累积在灰化层(A2)的现象，研究结果居国际先进行列。

1967 年章申对南泥湾大骨节病和克山病水土病因研究，引领和促成了我国地方病生物地球化学病因说研究大规模开展，他与同事们一起提出大骨节病硫酸根疗法，这是 20 世纪 70 年代我国防治大骨节病的主要方法之一。他与合作者提出了化学地理和生物地球化学系统的学术思想；提出了生命与环境的化学组成相关律，揭示活质、植物和人的化学元素平均丰度增减变化趋势与地壳、土壤、海水的化学元素平均丰度的增减变化趋势具有一致性；根据 Bertrand 的最适营养浓度规律和他本人提出的生物地球化学质、量、比概念，提出了新的化学元素地球化学生态学分类，提出生物地球化学省的技术成因说，划分我国生物地球化学省。

作为主持人之一的章申进行了官厅水库污染与治理研究，为我国开辟水环境研究、防治水污染提供了一套完整的研究程序、原则和方法。为推动我国环境保护事业，发展环境科学做出了重大贡献。

章申曾任中国环境科学学会第一、第二、第三届理事会理事、常务理事，第四、第五届理事会理事、常务理事、副理事长，环境地球化学与污染地理专业委员会主任委员，环境地学专业委员会主任委员，学术工作委员会主任委员。

**刘鸿亮**(1932～　)　出生于辽宁省大连市。环境工程专家。1954 年毕业于清华大学。1994 年 5 月至今曾担任中国工程院院士，中国工程院环境委员会常务副主任，中国工程院主席团成员，环境与轻纺学部主任，国家环境保护部科学技术顾问委员会副主任，中国环境科学研究院学术顾问委员会主任，科技部 S863、973 专家顾问委员会委员，清华大学、北京师范大学博士生导师。

1986～1992 年连任两届国际湖泊环境委员会常务理事(联合国 UNDP 分支机构)，并 20 余次代表中国出席世界各地的环境学术研讨会，发表许多论文，获得国内外同行的好评，是我国湖泊研究首席学术带头人。对我国的湖泊调查、湖泊环境数据库、湖泊富营养化机制、湖泊污染综合防治技术等方面做了大量研究工作。

近年来，在水、垃圾污染综合防治技术方面开展了广泛、深入的研究，并发表了系统论文和著作。在“六五”、“七五”、“八五”、“九五”期间连续担任国家攻关课题或专题组组长。曾获得国家及部级科学技术进步奖多项成果，先后获得国家科技进步奖一等奖 1 次、二等奖 2 次，部级一、二、三等奖各 1 次，还获得中宣部、人大资环委等八部委“中国环境世纪行”个人奖。

刘鸿亮曾任中国环境科学学会第二届理事会理事，第三届理事会理事、常务理事，第四、第五届理事会顾问，水环境分会主任委员。现任第六届理事会顾问。

**唐孝炎**(1932～　)　女,出生于上海,原籍江苏省太仓县。环境科学专家。1954年北京大学化学系毕业,1959～1960年为苏联科学院地球化学分析化学研究所访问学者,1985～1986年任美国Brookhaven National Laboratory和大气科学研究中心(NCAR)客座科学家。目前是联合国环境署臭氧层损耗环境影响评估组共同主席,全球大气化学(IGAC)学术指导委员会委员,国际全球大气化学亚太地区环境研究委员会(APARE)委员。曾任国际纯粹与应用化学联合会大气化学委员会委员和国家教委高校环境科学教学指导委员会副主任、主任等职务。1995年当选为中国工程院院士。现任北京大学环境科学系教授。

20世纪70年代初期,在国内对光化学烟雾尚无了解的情况下,唐孝炎院士从文献调研、建立分析方法、现场观测、实验室模拟、建立模式到制定控制对策,进行了全面系统的研究,确证我国首次光化学烟雾污染。她主持设计建造了我国第一个光化学烟雾模拟装置,在当时国内无计算机软件的困难条件下,开发了国内最早的用以描述二次污染物时空分布的大气质量模拟模式,制订了我国大气环境质量标准中光化学氧化剂标准和标准分析方法。这些工作不仅是国内起步最早的,而且至今仍是研究最多和最系统的。

20世纪80年代初期,我国出现了酸雨。唐孝炎敏锐地提出我国存在输送类型酸雨的观点,经多方面研究,确证了氧化剂在华南地区酸雨形成中的作用。她在酸雨研究中的许多见解如干沉降的重要性、大气碱性尘对酸雨的中和作用,以及细粒子可能是酸性硫化物远距离传输的主要形式等,均对我国酸雨研究和酸雨污染控制对策具有重要学术价值。

唐孝炎是中国最早认识到臭氧层破坏机制的科学家,从1987年开始研究臭氧层破坏机制、替代品性质和履行国际公约对策等系列研究,她领导的研究小组已成为中国履行《京都议定书》最重要的技术和决策支持机构。她主持编写了《中国逐步淘汰消耗臭氧层物资国家方案》,主持开发完成的行业机制被国际社会认可,并被《蒙特利尔议定书》执委会译成五国文字,作为其他国家的参考范本。

近30年来,她孜孜不倦地教书育人,为国家培养了一大批优秀的环境保护专业人才。1972年她创建了我国最早的环境化学专业，率先开出了环境概论、“三废”治理、环境化学和大气化学等一系列环境新课程，为我国培养大量优秀的硕士生和博士生，其中许多人已成为我国环境管理、科研和教学的骨干和学术带头人。她热心公益事业，多年来一直担任我国环境科学界的领导职务，积极推动我国妇女和各阶层环境保护意识的提高，促进社会各界参与环境保护事业，尤其在妇女与环境方面取得了世界瞩目的成绩。

唐孝炎曾任中国环境科学学会第一、第二届理事会理事，第三届理事会理事、常务理事，第四、第五届理事会理事、常务理事、副理事长，妇女与环境分会主任委员，环境化学专业委员会副主任委员。现任第六届理事会顾问。

王文兴（1927～　）　出生于江苏萧县（现属安徽），祖籍山东临沂。环境化学家。1952年毕业于山东大学，在吉林大学化学系研究班进修两年，苏联卡尔波夫物理化学研究所进修一年。1999年当选为中国工程院院士。现任中国环境科学研究院顾问（中国环境科学研究院原副院长）、山东大学环境研究院院长、北京化工大学兼职教授、国家环境咨询委员会委员、中国国家环境与发展国际合委员会中方委员、环境保护部科学技术顾问委员会委员、国际大气科学及其应用学术会议（ASAAQ）组织委员、美国《Environment Research》杂志原副主编等。

长期从事科学研究，在工业催化研究方面，重点研究了烃类催化氧化反应，建立和应用放射性同位素示踪技术、电磁泵流动循环法，研究了烃类催化氧化反应机理与动力学，研究结果在烃类催化氧化工业催化剂的研制方面有重要参考价值。编著了我国第一本《工业催化》。

在环境化学研究方面，参与了中国环境科学研究院的创建技术领导工作，同时参加大气化学现场观测、实验室实验和应用基础研究，先后承担多项国家科技攻关重大项目。在大气光化学污染规律和防治、煤烟型大气污染与控制、大气环境容量、酸沉降化学等方面，组织进行了大量的现场观测和实验室模拟工作。建立了室内、室外光化学反应模拟试验装置，与合作者发现我国兰州光化学烟雾和煤烟型污染的形成机理及长距离的传输规律。

在大气酸沉降研究方面，先后承担了国家“六五”至“九五”科技攻关的重大项目，进行了酸沉降的观测和实验研究，首次计算了全国大气二氧化硫和氨的排放量和排放强度，查清了我国酸雨现状及其分布规律和沉降通量。研究发现我国酸雨面积已达300多万平方千米，继欧洲和北美酸雨区之后，我国已经成为世界上第三大酸雨区；创建了我国第一套材料暴露自动试验装置，建立了材料二元损伤函数式等。这些研究结果，为我国政府大气环境立法和制订污染控制对策，提供了重要的理论基础和实验依据。

近年来，组建了应用量子化学计算方法研究污染物形成和降解机理与化学动力学新领域的团队，并取得了重要进展。

共编著8本图书，发表论文160多篇。获得国家科学技术进步奖一等奖1项、二等奖3项、三等奖1项，以及省部级科技奖多项。

王文兴历任中国环境科学学会第一、第二、第三、第四届理事会理事、常务理事，第五、第六届理事会顾问，编辑工作委员会主任委员，大气环境分会主任委员，学术工作委员会副主任委员，环境标准专业委员会副主任委员。历任《中国环境科学》第二至第六届编委会主编。

**刘昌明**(1934～　) 出生于湖南汨罗。1956年7月大学毕业后，赴莫斯科大学留学(1961～1962年)和在美国亚利桑那大学做高访学者(1981～1982年)。1964年后曾任中国科学院地理研究所水文室副主任、主任，1986年聘为研究员。1995年当选为中国科学院院士。曾任中国科学院石家庄农业现代化研究所所长、北京师范大学资源与环境学院院长、中国地理学会副理事长。现任中国科学院水问题联合研究中心主任、北京师范大学环境学院水科学研究院院长、国际地理联合会(IGU)副主席、全球水系统计划(GWSP)科学指导委员会委员、综合地球水循环观测计划科学咨询组成员，并任《地理学报》与《中国生态农业学报》主编、英国《水文过程》国际杂志与《水资源开发》杂志国际编委、美国《Water International》(SCI)杂志评委。

刘昌明长期从事水文、水资源等方面研究，是我国地理水文研究领域的倡导者与开拓者，他发展了地学方向的水文学和水资源研究，在水循环、产汇流模式、水文试验、农业水文、森林水文、生态与环境水文、气候变化与人类活动对水文水资源影响等方面多有建树。将水文学的地球物理、工程方向与农田水利等学科相结合，在水文与水资源研究中开拓创新，有系统性的贡献。解决了缺少资料地区小流域暴雨洪水计算难题，有突出创新；在南水北调环境影响的研究中，发展了地理系统分析，建立了模型；在水文过程、水量转化及调控研究中提出的多水转化，深化了水循环理论；提倡的雨水资源化具有概念上的革新。承担多个向国家咨询的重大咨询研究，包括“两院”关于全国、西北、东北、黄河、长江等水问题以及生态和环境保护等重大项目。至2004年已发表著作360余篇、本，获全国科学大会奖、国家科技进步奖二等奖、中国科学院科学进步奖二等奖等国家级、省部级科技成果奖12次。从1978年开始至今，已培养博士、硕士研究生70名，多次被中国科学院评为优秀导师。

刘昌明曾任中国环境科学学会第五届理事会理事、常务理事、副理事长。现任第六届理事会顾问。

**魏复盛**(1938～　) 生于四川简阳县。1964年于中国科技大学化学系毕业，留校任教。1983年5月调入中国环境监测总站。1997年当选为中国工程院院士。先后曾任分析研究室主任，监测总站副站长、研究员、总工程师，全国环境监测专业委员会主任，第十届全国人大常委委员。

从1974年开始，魏复盛从事环境污染物质分析技术与方法的研究。1985年领导并组织了全国按照“水和废水”、“空气和废气”、“土壤”、“固体废物”等要素进行监测分析方法的研究、统一验证和标准化，对建立和发展我国的环境监测技术与方法体系做出了重要贡献。

他先后承担了国家一系列的重大科技攻关课题。近10年他关注环境污染与健康的研究，开展与美国的多项合作研究，如“空气污染对呼吸健康的影响研究”，“PAH's暴露量及其代谢物与肺癌风险评价研究”，“硼污染对男性生殖健康影响研究”等，取得了一系列重要成果。获国家科技进步二等奖两项(此两项也获得部级进步一等奖),部级科技进步奖二等奖 3 项,部级三等奖 1 项。出版专著 10 余部,发表论文 180 余篇。

曾任中国环境科学学会第五、第六届理事会理事、常务理事、副理事长,科普工作委员会主任委员。现任第六届理事会理事、常务理事、副理事长,环境监测专业委员会主任委员,科普工作委员会主任。

**李家洋**(1956～　) 出生于安徽省肥西县。植物分子遗传学家。1982 年获安徽农业大学(原安徽农学院)学士学位,1984 年获中国科学院遗传与发育生物学研究所(原遗传研究所)硕士学位,1991 年获美国布兰代斯大学博士学位,同年进入美国康乃尔大学 BTI 植物研究所从事博士后研究工作。自 1994 年归国后,先后任中国科学院遗传与发育生物学研究所研究员、所长助理、所长,2004 年 1 月任中国科学院副院长,2001 年当选中国科学院院士,2004 年当选第三世界科学院院士。现任中国遗传学会理事长、中国农学会副会长、中国作物学会副理事长、中国野生动物保护协会副会长等职。

李家洋主要从事植物分子遗传学研究,他利用模式植物拟南芥与重要粮食作物水稻探索植物生长发育的调控机理。近年来的主要研究工作包括采用图位法克隆了水稻分蘖控制基因 MOC1,开拓了水稻分蘖控制分子机理研究的新领域;利用水稻脆秆突变体分离了 BC1 基因,阐述了水稻机械强度的控制机理;通过获得的拟南芥胆碱生物合成突变体,初步明确了胆碱合成与植物温度敏感雄性不育性的关系;通过图位克隆法分离出导致细胞死亡的基因 MOD1,明确了初级代谢途径的缺陷会导致植物细胞凋亡;利用转基因技术,创制出色氨酸与吲哚乙酸合成量改变的转基因植物,从而提出植物生长素吲哚乙酸生物合成途径的新模式;建立了一种简易的基因芯片体系,鉴定出一批油菜素内酯的应答基因,并证实了油菜素内酯对植物细胞分裂的促进作用;发展了系统鉴定植物功能基因的植物表达文库转化法,分离出一批株型与育性等生长发育性状改变的拟南芥突变体,克隆了相关的基因。

先后获得 1995 年度“国家杰出青年基金”、1997 年度中国科学院“百人计划”基金、2003 年度国家自然科学委员会优秀团队研究基金，2004 年获得全球华人生物科学家大会生命科学成就奖和何梁何利生命科学奖，2005 年获得国家自然科学奖二等奖和第三世界科学院讲演金奖。

2006 年 6 月当选为中国环境科学学会第六届理事会理事、常务理事、副理事长。

**郝吉明**(1946～ ) 出生于山东省梁山县。环境工程专家。1970 年清华大学本科毕业，1981 年获清华大学硕士学位，1984 年毕业于美国辛辛那提大学土木与环境工程系，获哲学博士学位。现为清华大学教授、博士生导师、环境科学与工程研究院院长，教育部长江学者奖励计划首批特聘教授。2005 年当选为中国工程院院士，2006 年获国家级教学名师称号。曾任清华大学环境工程系副主任、主任，国家“十五”“863”计划“环境污染防治”主题专家组首任组长、资源环境领域专家委员会副主任。现兼任国家自然科学基金委学科评审组成员、教育部环境科学与工程教学指导委员会主任、中国环境与发展国际合作委员会委员、国家环境咨询委员会委员、北京市人民政府参事，同时兼任世界工程组织联合会工程与环境委员会委员、美国健康影响研究所国际科学咨询委员会委员、美国科学院空气污染物国际传输委员会委员、《J. Air & Waste Management Association》副主编。

经过 20 多年的系统研究，郝吉明在酸雨控制规划方面取得的成果，为确定我国酸雨防治对策起了主导作用。建立了城市机动车污染控制规划方法，促成我国轻型车排放标准与欧洲标准的接轨。针对我国城市大气污染的特点，在大气复合污染的形成及控制策略方面有深入研究。自 1985 年以来，先后承担国家级科研课题 30 余项、完成国际合作项目 10 余项。现承担国家“973”课题 1 项、“863”计划分课题 1 项、环保部公益性课题 1 项、国家自然科学基金重点项目 1 项。在酸沉降与二氧化硫污染控制对策与战略、机动车污染控制、城市大气污染控制等领域取得了系统的成果，10 次获得国家和省部级科技进步二等奖以上奖励，其中一项为国家科技进步一等奖。

在国内外核心学术期刊发表论文 150 余篇，其中 SCI 论文 83 篇，获中国发明专利5项，编写教材、专著8部，代表性箸作有《大气污染控制工程》、《燃煤二氧化硫污染控制技术手册》、《酸沉降临界负荷及其应用》、《城市机动车排放污染控制》、《燃烧源可吸入颗粒物的物理化学特征》等。其中一部获国家级优秀教材奖，两部分别获第十一届和第十三届中国图书奖。1996年被评为全国环境保护科技先进工作者，2000年12月被国家环境保护总局授予“环境保护杰出贡献者”称号。主讲“大气污染控制工程”多年，2004年被评为国家级精品课程。

郝吉明曾任中国环境科学学会第四届理事会理事。现任第六届理事会理事、常务理事、副理事长，教育工作委员会主任委员。

**任阵海**（1932～　）　出生于河北省大名县，原籍河南新乡人。大气环境科学专家。1955年毕业于北京大学物理系。1959～1960年在苏联地球物理观象总台学习及从事研究。1995年当选为中国工程院院士。现任国家环境保护部气候影响研究中心总工程师、大气边界层物理与大气化学国家重点实验室学术委员会主任、国家气象局气象中心学术委员会副主任。

20世纪50年代末，任阵海参加国家战略作物防寒害工程；从事云雾催化工程。20世纪60年代以来，受命组织军事环境研究；负责核试验场边界层污染实验及三线基地防止环境污染研究；倡议建立大气环境实验基地；创造性地解决建立适宜模型、发展探测技术、获取综合参数等关键问题，国内最早组织大气环境航测着重边界层中、下层包括市区内和区域性研究，最早组织大气颗粒物沉降速度测量和二氧化硫转化率实验，填补学科空白；建立大气环境容量理论，解决了环境规划、控制的难点，应用于多个区域性经济与环境的调控对策；首次揭示我国与跨国大气输送宏观规律；创立大气环境资源背景场；主持气候变化对我国环境影响研究，向联合国提交国家报告；利用卫星资料研究陆面生态变化，参加沙尘暴研究。曾获国家科技进步奖一等奖、二等奖、三等奖等共七项。国家“八五”攻关项目“我国大气输送宏观规律及计算表达方法”在1998年获国家科技进步奖一等奖。

任阵海曾任中国环境科学学会第四届理事会顾问、大气环境学专业委员会主任委员。现任第六届理事会顾问。

**金鉴明**(1932～ ) 出生于浙江省杭州市。环境生态学专家。1955年毕业于上海复旦大学，1960年毕业于苏联列宁格勒大学研究生院，获副博士学位。1997年当选为中国工程院院士。曾任国家环境保护局总工程师、副局长等。现任国家环境保护部研究员、总局科学顾问委员会副主任、总局局长顾问、中国环境科学院学术委员会委员、复旦大学和北京林业大学博士生导师、中国生物圈国家委员会副主席、中国生物多样性保护基金会常务副理事长等。

在环境工程学科领域中做出了重大贡献和富有创造性的成就。他是生物多样性保护研究、物种移地、就地保护工程和自然保护区设计、建设工程等领域的开拓者和奠基者之一。在生态定量化的研究和应用、辽宁蛇岛保护区的建设、广西花坪林区生态定位站的研究、广西容县农业区划、全国14碳脂肪酸植物资源研究和产业化、南药(穿心莲)北移研究、北京留民营生态农业以及麋鹿回归大自然的遗传生态工程的设计等方面都取得了突破性的进展，其成果具有开创性、指导性和应用性。由此获得国家和省部级科技进步奖、何梁何利基金、全国优秀图书奖、国家“七五”科技攻关突出贡献者等奖项，被国务院表彰为对中国科技事业有突出贡献的专家等奖励。出版学术著作10余部，国内外发表学术论文90余篇。

金鉴明曾任中国环境科学学会第五届理事会顾问、自然保护专业委员会主任委员、环境摄影分会主任委员、环境文学分会主任委员。现任第六届理事会顾问。

**孙铁珩**(1938～ ) 辽宁省海城市人。污染生态学、环境工程学专家。1963年毕业于沈阳农业大学。2001年当选为中国工程院院士。曾任中国科学院沈阳应用生态研究所所长。现任沈阳大学校长、中国科学院沈阳应用生态研究所学术委员会主任、研究员、博士生导师。现兼任中国人与生物圈国家委员会委员、国家环境咨询委员会委员、辽宁省科协副主席、沈阳市科协主席、辽宁省环境学会副理事长、沈阳市环境学会理事长，兼任南开大学、哈尔滨工大、东北大学、中国科学院研究生院、沈阳建筑大学等高校教授和特聘博士生导师。

孙铁珩先生长期致力于污染生态学与生态恢复工程技术研究，在建立与发展污水土地处理和污染土壤生物修复为主体的污染生态环境工程技术体系等方面做出了突出贡献：开展土壤污染防治研究，开展有机、无机污染物在土壤-植物系统的生态过程研究，发展了我国土壤复合污染生态学；根据土壤的净化功能和环境同化容量，建立了污水土地处理技术体系，为在我国实施污水人工处理与自然处理并行的水处理政策提供技术支撑；通过对石油、多环芳烃与重金属污染的土壤开展清洁与生物修复研究，在土壤生态毒理诊断与建立特异工程菌，生物泥浆反应与预制床等方面，取得重要成果。

获国家科技进步奖二、三等奖各1项，中国科学院科技进步奖一等奖1项。出版专著、译著15部，发表论文180篇，国家专利10余项，培养博士硕士研究生60余人。被评为国家中青年有突出贡献专家、国家环境保护杰出贡献者、中国科学院优秀博士生导师、辽宁省优秀科技专家、辽宁省及沈阳市优秀科技工作者、沈阳市劳动模范，获辽宁省“五一”劳动奖章。

曾任中国环境科学学会第四届理事会理事。现任第六届理事会顾问。

**潘自强**(1936～　)　湖南省益阳市人。辐射防护和环境保护专家。1957年毕业于北京大学。1997年当选为中国工程院院士。现任中国核工业集团公司科学技术委员会主任、研究员。

1958年3月～1984年9月，在原子能研究所从事研究工作，历任研究实习员、助理研究员、副研究员和研究员。1984年10月至今，在中国核工业集团公司(原核工业部)工作，历任安防环保卫生局副局长、局长，科学技术委员会副主任和主任。兼任国家环保部核与环境委员会副主席，中国辐射防护学会理事长，国务院事故应急专家委员会成员，博士生导师，清华大学兼职教授，香港天文台科学顾问，联合国原子辐射效应科学委员会副代表、代表，国际放射防护委员会主委员会委员等职。曾先后兼任国际原子能机构放射性物质安全运输顾问委员会委员、放射性废物管理顾问委员会委员、放射性废物安全顾问委员会委员和辐射防护顾问委员会委员。

在我国辐射防护学科发展的初期，提出了我国的实用保健物理学框架，完成了具有国际水平的“低本低气流式测量装置”等多项监测装置和方法。参与指导和解决了大量技术问题，为建立我国辐射防护监测和学科体系奠定了基础。在多项军工任务和重水堆改建工程的辐射安全中解决了辐射防护最优化原则，显著降低了集体剂量，为保证核工业良好的安全记录做出了重要贡献。自 20 世纪 70 年代末开始，率先开展并参与指导完成了“全国环境天然放射性水平调查”，发展了能源-环境评价方法学，设计了评价方案，并主持完成了“中国核工业 30 年辐射环境质量评价”、“不同能源对健康、环境和气候影响的比较研究”等多项重大项目，对推动我国核电事业的起步和发展做出了重要贡献。积极推动“辐射事故和应急体系”的建立，在我国辐射防护法规和标准体系的建立方面作了开拓性工作，并受委托主持编制新的“国家辐射防护标准”。提出了“放射性废物管理应以处置为中心的观点”，奠定了我国放射性废物安全管理的基础。

发表论文 150 余篇，编著学术著作 20 余册。获国家和部级奖 9 项，1996 年美国保健物理学会授予摩尔根学术奖。

现任中国环境科学学会第六届理事会顾问、核安全和辐射环境专业委员会主任委员。

**钱　易**（1936～　）女，江苏苏州人。清华大学环境科学与工程系教授、博士生导师。1956 年毕业于同济大学卫生工程系本科，1957 年进入清华大学土木系攻读研究生，1959 年完成学业后留校任教至今。先后任助教、讲师、副教授、教授、博士生导师。1994 年当选为中国工程院院士。曾任中国科协副主席、全国人大环境与资源保护委员会副主任委员、全国妇联副主席、世界工程组织联合会副主席，世界资源研究所理事会成员。现任清华大学学术委员会主任委员。

数十年来致力于研究开发适合我国国情的高效、低耗废水处理新技术，对难降解有机物生物降解特性、处理机理及技术进行了卓有成效的工作，完成了

一系列国家重点攻关科研项目及自然科学基金项目。近年来致力于推行清洁生产、污染预防和循环经济，积极对国家环境决策献计献策并参与环境立法工作。累计培养硕士30余名，博士30余名。大力提倡加强对非环境专业大学生的环境保护与可持续发展教育及绿色大学的建设，开设了大学新生公共课“环境保护与可持续发展”，被评为国家精品课程并获2007年国家名师奖。曾应邀赴美国、荷兰、英国、香港多所大学进行讲学，2000年曾被选为“富尔布赖特杰出学者”访问美国7个城市并作了12次学术演讲，积极参与并推进环境保护的国际合作与交流。

主编或与他人合编了著作12种，主要有《工业性污染的防治》、《城市可持续发展与水污染防治对策》、《环境工程手册：水污染防治卷》、《环境保护与可持续发展》、《废水生物处理新技术》、《水体颗粒物与难降解有机物的特性与控制技术原理》等。曾获国家科技进步奖二等奖3次、三等奖1次，国家科技发明奖三等奖1次，部委级科技进步奖一等奖2次、二等奖2次，中国科学院自然科学奖一等奖1次。2006年获香港大学土木工程系荣誉教授称号，2007年获香港公开大学荣誉理学博士称号。

曾任中国环境科学学会第四、第五、第六届理事会顾问，妇女与环境分会副主任。

# 附录

# 附　录

## 附录一　重要文献

### 李鹏同志接见出席中国环境科学学会首届学术年会中外专家时的讲话

（1984 年 12 月 10 日人民大会堂接待厅）

中国环境科学学会年会在北京召开，有这么多外国朋友参加，我代表中华人民共和国政府表示热烈欢迎。

中国是发展中国家，正在进行"四化"建设。随着生产的发展，环境污染是个很严重的问题。我们要避免走先污染、后治理的老路，那样会造成严重的经济损失，代价太大。但是，不幸的是，现在我国某些地区、某些领域已产生了污染的现象。比较突出的是大气的飘尘、二氧化硫和酸雨等污染；其次是水体污染，水的污染直接威胁人民的身体健康；再就是固体废弃物，也就是废渣，包括电厂排的粉煤渣和城市生活垃圾；还有噪声污染。

中国政府很重视环境问题，把治理污染、保护环境作为基本国策。从组织上讲，我国有国务院环境保护委员会，我本人兼主任，曲格平同志是办公室主任；还有国家环境保护局，曲格平同志兼局长。不过，我们的工作才刚开始，做得还不够好。

关于我国环境保护的具体政策，一是我们对新建项目实行"三同时"，也就是主体工程与环境保护设施同时设计、同时施工、同时投产。就是说国家建设要拿出相当一部分的资金放在环境保护上。但标准不能要求太高，这和我们现在的经济水平有关。以发电厂为例，我本人是电力工程师，现在脱硫问题还没解决。要发电厂都安装脱硫设备，暂时也装不起，成本太高，就要先搞电除尘。

二是对已经污染的项目，实行“谁污染、谁治理”的方针，要求企业拿出资金治理污染。否则，将采取行政手段罚款乃至停产限期治理。现在，又有乡镇企业带来的污染。这些企业规模小，但污染很严重。

中国农村最近五年发生了巨大变化，生产水平的提高，生产力的发展，解放出大量农民。我们不提倡农民移居城市。而提倡就地解决就业，即“离土不离乡”，搞些乡镇工业。所以，我们的政策是一方面支持乡镇企业成长，另一方面对其环境质量提出要求。我只是简单介绍一下我国的环境政策。希望外国专家、联合国官员把好的经验传授给我们。比如英国泰晤士河治理得很不错，我访问英国时间水清了，有鱼了，这就很好。

最近，有人访问过苏联。苏联在治理污染上就有成就嘛！恐怕这和把环境保护纳入国家计划有关。总之，你们会给我们带来很好的经验。我也希望中国专家们通过交流，提出更好的报告和论文，促进我国环境保护事业的进一步发展。

衷心祝愿会议成功！祝各位身体健康！

（根据记录整理）

## 曲格平在中国环境科学学会三届一次理事会闭幕式上的讲话

第三届理事会理事长、国家环境保护局局长　曲格平

（1990 年 12 月 29 日）

各位理事、同志们：

中国环境科学学会第三届理事会第一次会议，今天就要闭幕了。这次会议是在我国即将开始第八个五年发展计划，我国环境保护事业也将进入一个新发展时期的形势下召开的。

会议开幕时，马世骏同志代表第二届理事会作了工作报告，两天来同志们进行了热烈讨论，提出了很多好的意见，我都表示赞同。

自 1984 年第二届理事会组成以来，学会团结广大环境科技工作者，积极开展学术交流和决策咨询活动，内容遍及环境科学的“软”、“硬”学科领域，取得了

大量学术成果，向政府有关部门提供了很多有价值的决策建议。特别是在20世纪80年代中期和后期分别进行的几次有关经济发展与环境保护战略的重大学术研讨活动，不仅为环境保护战略提供了科学依据，而且还对国家确定经济与社会发展战略发生了积极的影响，其意义已超过一般环境科学范围，这是应该充分肯定的。

六年来，学会还发挥环境科技工作者之家的作用，认真反映他们的意愿，提供必要的学术阵地，积极向广大群众普及环境科学知识，做了大量工作，基本上起到了作为环境科技工作者之间以及科技工作者与政府之间的桥梁作用。

当前，全国环境保护形势很好。各项环境保护工作正在向纵深发展，迫切需要环境科学研究提供更多更好的决策信息支持。国际上环境保护浪潮也给我们展示了新的研究领域，因此，环境科学研究和学会自身的各项工作都面临着一个新的发展阶段。我们只有振奋精神，继续开拓，才能适应新形势的要求。

在这次会上，大家推选我担任第三届理事会的理事长，我非常感谢大家的信任和鼓励，同时深感责任的重大。衷心希望得到全体理事和广大会员们的支持和协助，共同把学会工作继续推向前进。

## 一、紧紧围绕环境保护事业实际需要，开展学术交流和咨询活动

学术性是学会最鲜明的特点之一，因此，学会在发挥科学研究和决策参谋作用时，一定要体现科学性要求，提出的成果和意见要有科学依据，经得起推敲和历史的验证。现在看来，这一点是基本做到了。作为全国性的环境科学学术团体，今后学会的目标应该更进一步，要提出更有分量的意见和建议，并尽量增强建议的可操作性。

为了使意见和建议更有分量，学会应紧紧围绕环境保护事业实际需要来安排学术交流活动。当前，随着环境管理日益深入，有许多重大问题需要研究，例如中国可持续发展的基本准则、新老八项环境管理制度和措施的研究探讨和理论阐述、环境规划的科学方法、环境保护目标及其支持措施、环境保护投资比例及渠道、分行业的“三同时”合理投资比例、环境法制建设等等，都是实际管理工作中急需回答的问题。应该在学术计划中优先考虑。

在环境科学的“硬”技术方面，问题更多。各种治理技术已经研究开发了不少，在实际应用中也发挥了一定作用，但现在看来还存在两个问题，一是分类、

鉴定、比较、推荐工作做得不够,研究成果与实际需要者之间出现脱节,结果有些优秀成果得不到应用。二是从水、气、固体废弃物等常规的污染治理来看,还是缺少适合中国国情的、成熟的和成功的技术,许多技术细节问题未解决,造成技术不适用、不配套,不能达到控制污染的目标。有关专业委员会应强化对现有技术的整理和评价工作,并把研究方向适当集中一下。

在环境情报方面,主要是要加强分析研究,及时提供有用信息。此外,关于环境污染与人群健康这样的基础性课题,也需要加快进度,及早提供决策依据。

## 二、改进研究方法,提高学术活动质量

学会的中心任务是开展学术交流,进行决策咨询,因此,必须十分重视研究方法。环境科学涉及面非常广泛,跨越软、硬各个学科,在安排学术交流活动时,应把议题适当集中一下,每次讨论得深入一些,拿出有分量的、有后续行动的方案建议。对有些问题,一次讨论可能不够,可以反复磋商,充分论证。这样做可能比那种议题非常广泛、每人只是宣读一下论文的活动效果更好一些。

现在,平均每年要组织四五十次学术交流活动,这还不包括地方各级学会的活动。“环境科学”包含的内容多,活动多一些也是必然的。我想是不是每年确定几个重点议题,每年有重点地办好一、两次有影响的学术活动。比如,1991年确定为“‘八五’规划与五项制度年”,1992年配合联合国环境与发展大会而定为“环境与发展年”等等,这样每年都有特色,有独到的地方。

学会是群众性学术团体,在管理方式上要有一套适合自身性质的方法,不能按行政办法来管理。今后应更加注意发扬民主,重大事项由理事会或常务理事会协商讨论决定,不宜由少数人说了算。

在学术观点方面,在坚持党的领导的前提下,要坚决贯彻“双百”方针,允许和鼓励发表学术见解,活跃学术空气。对现行政策的已有作法,可以评论或批评,可以议论纷纷,最终提出积极可行的改进建议。

## 三、进一步拓展国际交往,积极参与全球环境活动

在进一步发展对外学术交往方面,学会可以大有作为。一是积极开展同国

外学术团体或科研机构的合作研究，为中国环境科技工作者参与全球环境问题的科学研究创造条件。同时，也为引进国外智力和资金，提高我国环境科学研究水平而开辟更多的渠道。二是尽量争取和利用国外有关科学基金，帮助中国科技工作者出国访问、交流，出席学术会议等，使他们开阔眼界，增长见识，回来后能更好地促进国内研究水平的提高。现在国际上各种学术会议很多，对国内也发了很多邀请，囿于外事经费方面的原因，很多人不能成行。与会者个人争取对方资助一般不容易，因此，学会应争取多开通一些渠道。三是认真接待好国外来访学者或学术团体，同他们建立比较稳固的合作联系。

在对外学术交往中，学会的主要任务，一是向国外介绍中国在环境保护方面的做法和进展，介绍中国环境科学研究的成果，二是引进国外先进的科学研究成果，有益的学术观点和管理经验等。鉴于温室效应、臭氧层破坏等全球环境问题与气象、能源、工业等各有关科学领域密切相关，学会在开展对外交往中不应单枪匹马，应该积极同气象学会、能源学会等团体广泛联系，有的以我们为主，有的以他们为主，这样能团结更多的科技工作者来关心环境问题。

学会还应该通过学术交往，积极为和平统一祖国服务。要主动与台湾环境科技界联系，提出学术交流和科研合作意向，邀请他们来访，也可提出出访要求。与此同时，要继续发展同港、澳地区业已开展的学术往来。

## 四、广泛开展宣传教育，提高全民族的环境意识

学会要继续把开展形式多样的环境宣传教育，提高全民族环境意识作为重要任务之一。学会在这方面同政府所做的工作目标是一致的，但身份、角度和方式不一样，其对象主要是各学科领域的科技工作者和广大人民群众。学会同某些发达国家的非政府组织也不同，不是对政府的压力集团，而是协助政府更好地实现环境保护目标的群众组织。目前，学会在宣传、普及、教育和联系群众方面，有很多工作要做。

首先，要提供更多的机会和阵地，让人民群众参与对我国环境问题的讨论，实现自我教育，改变那种让群众处在被教育、被宣传地位的状况。其次，要组织环境科技工作者同其他领域的科技工作者进行交流、对话，促进相互沟通，达到既接受来自其他学科方面的新知识，又把环境意识渗入到其他领域的双重目的；第三，组织环境科技工作者同普通群众见面，一方面传播科学知识，另一方

面听取人民群众的心声。第四，为各级正规和业余教育编写更多更好的环境教材。此外，还要继续办好各类学术刊物，做好编辑出版、报告会、联谊会等各项工作。

五、加强组织建设，真正把学会办成环境科技工作者之家

学会作为环境科技工作者自己的组织，要积极为广大科技工作者创造良好的学术环境和工作条件，充分发挥他们的智慧和创造能力，同时要十分关心他们的疾苦，反映他们的心声，帮助解决困难，维护其合法权益。广大环境科技工作者也要积极配合和支持学会的工作，献计献策，共同努力，把学会真正办成环境科技工作者之家。

要进一步采取措施，鼓励和扶持青年环境科技工作者成长。下一届理事和常务理事的选举应更注意吸收优秀的中青年科技工作者，使理事会和常务理事会的平均年龄再适当降低一些。在各项学术活动和学会选举中，要更加看重真才实学和实际成果，减少论资排辈的影响。在对外学术交往中，青年人往往资历浅，名气小，靠自身努力有时有一定困难，学会应该在关键时刻帮助他们一把。此外，我国中青年科技工作者往往还存在着外语会话能力比较弱的困难，在这方面，学会可以考虑采取一些培训措施，帮助他们突破这个难关。

为了鼓励中青年科技工作者成长，学会决定设立“科技工作者奖”。相信这一措施将会对我国环境科学研究起到促进作用。

这次会后，约有50多位同志因年事已高，或因工作变动等原因，退出了理事会，他们为学会的发展壮大和我国环境科学事业的发展作出了积极的贡献，学会要继续关心他们，发挥他们的作用。同时，也希望这些同志今后继续关心学会的工作，经常提出宝贵的指导意见。

同志们，我们这次会议在与会同志的共同努力下，开得很成功。希望大家回去后认真贯彻这次会议精神，更加广泛地团结环境科技工作者，发扬中国科协提倡的“奉献、创新、求实、协作”精神，为进一步繁荣我国环境科学研究，为促进社会主义现代化建设和环境保护事业的发展贡献力量。

现在我宣布，中国环境科学学会三届一次理事会胜利闭幕！

# 解振华在中国环境科学学会第四届理事会第一次全体会议上的讲话

第四届理事会理事长、国家环境保护局局长　解振华

（1995 年 12 月 13 日）

中国环境科学学会第四届理事会第一次全体理事会会议今天开幕了。首先，请允许我代表国家环境保护局向大会的召开表示热烈祝贺，预祝大会圆满成功，并向全体理事致以亲切的问候。

## 一

中国环境科学学会作为我国环境界最大、最具有影响力的学术性团体，它吸引和汇聚了我国环境界各个专业中著名的专家和学者、优秀环境管理专家和科技实业家代表。目前，全国 30 个省、自治区、直辖市，计划单列市，以及绝大部分地、市（县）都成立了环境科学学会，大约 3 万名具有中级以上职称的环境科技工作者、环境管理工作者、环境教育工作者和科技实业家等参加了中国环境科学学会，以及各级学会。多年来，中国环境科学学会和各省、市学会，在各级环境保护局和科协的直接领导和支持下，在全体理事和广大会员的共同努力下，在各级学会和各专业委员会专（兼）职干部的积极工作下，围绕着环境保护的中心任务，在网络人才、组织国内外学术交流和合作、开展决策咨询服务、传播科技知识、成果推广、中介服务、产业发展，以及维护科技工作者的合法权益等方面作了大量的工作，为推进我国环境保护事业的发展和科技进步做出了贡献，也为学会工作的进一步发展打下了良好的基础。

应该说，十几年来，中国环境科学学会在前几届理事会的领导下，取得了很大成绩。昨天的主席团预备会议原定是主要讨论会议议程的有关问题，但我们却更多地讨论了学会今后的改革、学会的发展问题。主席团成员希望我在今天的讲话中把我们的想法、决心向理事们汇报一下。主席团建议，应该把第四届理事会第一次全体会议开成学会工作再创辉煌的一次动员大会。

## 二

目前，我国的环保工作正处在一个非常有利的时期。党的十四届五中全会为我们的环保工作指明了方向。王丙乾副委员长在最近的一次讲话中说，党中央五中全会的召开和会上提出的环保目标把中国的环保事业推上了一个新的台阶。这是一个新时期的开始，希望全国的环境工作者要抓住这个机遇把工作作好。

在这次五中全会上，党中央的建议对我国的环保工作提出了很高的要求和目标。在党中央的建议中，在江总书记、李总理的讲话中都多次提到环境问题。比如，在党中央的建议中对中国环保形势的评价，指出现在中国的"环境问题突出"，认识到中国面临的环境问题比较严重。这是在中央历次全会文件中第一次把中国面临环境问题的严重性提出来了。而且，在建议文件中和李鹏总理的讲话中都提到，要解决这些问题，必须在我国今后的发展中重视经济、社会、环境协调发展。在实现两个根本性转变中，实现可持续发展。党中央在建议中提出到2000年社会经济发展目标的同时，也提出环境保护的目标，即力争在2000年使我国环境污染、生态恶化的趋势得到基本控制，部分地区和城市的环境质量要有所改善。党中央还为我国的环境保护提出了跨世纪的宏伟目标。应该说，要实现这个目标，任务是很艰巨的。为落实党中央向全党全国提出的这个号召，国务院领导同志提出了具体的工作目标。这就是，为解决基本控制问题，提出要力争在2000年把我国主要污染物的排放总量控制在1995年的水平上；为实现部分地区和城市环境质量有所改善的目标，国务院听取了国家环境保护局的汇报后，同意在中国推出一个跨世纪的"绿色工程计划"。在这个计划中，从1996年到2000年，基本确定了1 000多个项目，计划投资1 500亿元，真正解决一些区域性、流域性和各个省的突出的环境问题。国家环境保护局进一步提出要重点抓三湖、三河的治理，即淮河、海河、辽河、滇池、太湖、巢湖；在大气污染防治方面，主要抓解决二氧化硫的问题。根据《大气污染防治法》的规定，要尽快地划出酸雨污染严重的酸雨区，在这些地区采用更严格的管理措施，以解决我国二氧化硫排放造成的酸雨问题。

江总书记在讲话中指出了我国社会经济发展应正确处理的十三大关系，其中第三大关系就是论述如何正确处理经济发展与环境保护、资源保护的关系。

总书记要求,绝不能吃祖宗的饭,断子孙的路,应该将环境保护同社会经济发展一起综合考虑,实行可持续发展。最近,全国人大环境与资源委员会提出加大我国环保工作力度的两个重大举措:一是加强立法和执法,二是要增加环保投入。会上传达了乔石同志的讲话,要把环保投入由现在占国民生产总值的0.7%～0.8%增加到1.5%,并要纳入我国的法律中,从法律上保证环保的投入。所有这些都表明了党和国家十分重视我国环保工作,并为我国今后的环保工作提出了明确的目标。我们应该积极行动起来,响应党中央、国务院号召,把我们的工作做实,真正将我国环保工作搞上去。

当前的全球环境问题给我们国家的环保工作带来了许多机遇,也带来了很大的压力。从几个大的数字能看出,一个是我国 $CO_2$ 的排放总量列世界第二位;二是 $SO_2$ 的排放总量排在世界第一位;三是 CFCs 的排放也排在世界第一位;再有,就生物多样性保护工作而言,在世界濒危动植物目录中,我国占了1/4。在一些跨国界的区域环境问题上中国也面临着很大的压力:比如,日本公开地提出它们的酸雨来自中国;泰国提出大湄公河的保护问题,他们认为,中国是上游,云南的经济发展带来的污染已影响到湄公河上游。最近我访问了韩国,在与韩国的外长、环境部长会见时,他们希望中国在经济发展中应更重视环境问题。他们认为韩国二三月份的黄沙弥漫,几米内看不见人,这些黄沙主要来自中国。另外,他们还认为黄海的污染越来越严重与中国的渤黄海地区的经济发展造成的污染有关。韩国也出现了酸雨,有研究人员认为来自中国。当然,这还需要进一步研究。俄罗斯最近提出了松花江的污染对他们的阿穆尔河的影响问题。总之,我们的一些周边国家都对我们国家提出了环境上的问题。当然,这些问题都还没作定论,需要我们多方合作作进一步的研究。

由此我们看到,全球环境对我们有很大的压力,区域环境问题也越来越突出,我们自身也面临许多严重环境问题,这就对我们环境保护工作的各个方面提出了许多任务和课题,要求我们把工作做好。比如,环境保护的自身建设问题,必须将环境保护的能力建设搞好。我们提出要加强执法,这对我们的基础工作又提出了很高的要求。再比如,实行总量控制,我们目前的排放总量到底是多少,这需要我们的科技界、管理部门及企业界等多个方面一起来确定。1995年排放总量我们现在不十分清楚。这说明我们的基础工作还很薄弱,亟须得到科技界的支持,把我们国家的底数搞清楚。这对于我们的管理工作,对于改善我国的环境质量都很重要。

要完成我们所面临的艰巨任务，需要发挥各方面的作用。一个重要的方面就是发挥非政府组织的作用。目前，非政府组织在世界各领域发挥出越来越大的作用。现在联合国召开的政府间国际会议都附设一个非政府组织会场，为政府会议提出各种建议。非政府组织都要事先开会讨论，并派代表到政府间会议上为大会的宗旨、目标提出建议。随着经济的发展，法制健全，民主化进程的推进，非政府组织发挥的作用将越来越大。中国环境科学学会是中国环境界最大的非政府组织。中国环境科学学会应该是中国环境管理方面的一个大的智囊团，在提供咨询服务，特别是在提供高层次的方针、政策咨询服务方面发挥智囊团的作用；中国环境科学学会也是国家在环保领域内实施科教兴国的重要执行者之一，她在环境界汇集了科技教育方面大批的高层次的专家，在进行普及、传播环保知识，提高全民环境意识、提高我国环境科学技术水平方面应当发挥更积极的作用；中国环境科学学会是由政府管理部门、科技、教育、企业界等各方面专家、学者、管理人员组成，是多方面军的一个大联合体，具有使环境科学技术成果转化为生产力，尽快尽早实现产业化的特殊优势，应发挥出特殊的作用；中国环境科学学会是政府联系科技界、企业界及社会各界的桥梁和纽带，应当是团结我国社会各界热心环保的人士和力量的凝聚剂，通过学会的工作，把各方面的力量团结起来，为我国环保事业出谋划策，促进我国环保事业的发展；中国环境科学学会是我国在环境保护方面实现群众监督、社会监督、反映公众正确意见的一个很好的组织形式，是政府鼓励、实行群众参与的一条很重要的渠道；中国环境科学学会应该为环境界出成果、出人才贡献力量，很多好的科研课题、优秀的科技人才学会可以推荐。中国环境科学学会理事会成员中有不少各级人大代表、政协委员，在各级人大、政协参政、议政方面可以增加环境保护方面的参政、议政能力，并发挥作用。所以我们说，中国环境科学学会发展的潜力非常大，会大有作为的。大会主席团建议应充分发挥中国环境科学学会的作用，集中学会的几万名会员的聪明才智，把我们的工作做好，真正地在我国的环保事业中做出我们应有的贡献。

## 三

为了使学会工作适应形势发展的需要，更好地发挥学会的社会职能作用，各级学会必须联系当前学会工作实际，更新观念，深化改革，树立新观点、新思想和新方法，摆脱计划经济长期形成的运行模式的束缚，使学会的各项工作更加适应社会主义市场经济发展规律和学会自身工作的特点。使其既能促进社会主义市场经济的发展，又要运用和依靠社会主义市场经济增强学会的社会功能，增强科学性，增强社团自身发展能力，不断提高学会的凝聚力、影响力和实力。同时，社团的组织活动、改革和发展，不仅是单纯的行政管理和技术处理问题，而是具有极强的社会性和政治性。因此，学会作为社团组织，其活动应遵循党的基本路线，坚持四项基本原则，遵守国家宪法、法令，要维护国家的根本利益，服从和服务于党的中心任务，要为改革、发展和稳定服务。

在会员组织建设中，既要十分尊重中、老年环境科学工作者的意见和要求，维护广大会员的合法权益，为会员提供服务。在会员组织建设中，既要十分尊重中、老年环境科学工作者的意见和建议，特别是一批老科学家的知识和经验，这是党和人民的宝贵财富，同时又要更多地听取青年环境科技工作者的意见和呼声，要更多地吸收他们参与学会的活动。青年环境科技工作者和一批科技实业家肩负着环境保护的历史责任，是繁荣和发展我国环保事业的希望。充分发挥中青年科技工作者的积极性，促进人才成长，体现中青年科技人才在学术活动中的主体地位，这是我们党和政府的一项长期坚持的战略任务。

## 四

学会理事会是具有广泛代表性和学术上最高权威性的领导集团，发挥理事会的领导作用和理事会的领导核心作用是学会组织建设的一项重要任务。所以，每一位理事要热心于学会工作，应以自己的实际行动支持学会的工作。学会办事机构要定期向理事会和常务理事会汇报工作，经常听取理事和常务理事的意见，形成民主办会的风气。

本届理事会除了一批知名学者和各省市环境保护主管部门领导骨干外，还吸收了部分科技实业家，吸收了青年环境科技工作者，注重老、中、青三结合，使其更具有活力和学术上的权威性，为学会的跨世纪发展作了组织上的准备，也是学会适应新形势发展的一个举措。

学会所属的各专业委员会，以及各省市学会是开展学会工作的基础，也是联系广大会员的主要渠道。加强这方面的建设，增强他们的活力和凝聚力，充分发挥省市各级学会和各专业性委员会的积极作用，是本届理事会工作的一项重要任务。我们衷心希望各位理事积极行动起来，在自己所能达到的范围内，团结更多的环境保护工作者，积极参加各级学会和各专业委员会的活动，为环境保护的理论探索、政策研究、科技与产业发展等，当好党和政府的助手和参谋，进一步发挥桥梁、纽带作用。

五

中国各类社团组织，都相应"挂靠"在各有关行政主管部门，这也算是中国社团的一大特色。中国环境科学学会以及各级环境学会，从学会成立以来，各级环境保护行政主管部门为各自的所属学会，不仅在各项业务活动和办会方针政策上进行了宏观指导，而且在干部编制、办公用房和事业费上给予了大力支持，使学会在人、财、物等方面有了基本的保证条件，使学会的各项工作得到顺利健康发展。但从发展的观点看，实行政（政府）社（社团）分开，如同政企分开一样，都是市场经济发展的必然方向。只是由于目前各级学会产生的背景、人员构成等与政府内在的联系，以及社团法律法规建设等许多实际问题尚未完善解决，政社完全脱钩还不可能在近期内实现。在今后的一定时期内，各级学会仍须挂靠在各级环境保护行政主管部门，需要得到政府主管部门的扶持和帮助，这样才有利于学会的发展。

希望各级环境保护局对学会的工作继续给予支持，帮助他们解决一些实际困难，真正发挥各级学会的作用。各级环境保护局都应该在这方面下一番工夫，真正重视社会团体的作用和工作。当然，我们也应该指出，各级学会也不要躺在政府身上。各级学会绝对不能沾上政府的"官气"，只要学会有了"官气"就不可能发展。国家环境保护局要支持学会工作，学会要充分发挥自己非政府组织的优势和特点。各级学会都不应套用行政的模式开展工作，在机构设置、工作方法、管理模式等方面，都应体现社团的鲜明特点，要始终不渝地以服务为宗旨，加强自身建设，依靠实在的有效的工作赢得声誉，树立权威，加速发展。

当前改革开放和现代化建设的新形势对科技社团提出了更高的要求和新的挑战，同时也提供了进一步发挥社团组织在经济、社会和环境发展中的作用的有利条件和机遇，也为我们广大环境保护工作者，为各位专家、教授、科技实业家发挥作用提供了更加广阔的前景。我们要在邓小平同志建设有中国特色社会主义理论和党的基本路线指引下，围绕着经济建设这个中心和环境保护这一基本国策，根据党的十四届五中全会精神和环境保护战略目标，在以江泽民同志为核心的党中央的领导下，抓住机遇，迎接挑战，在深化改革中求得学会工作的新发展，为迎接21世纪的到来做出新的贡献。

再次预祝第四届理事会第一次全体会议圆满成功！

谢谢大家。

## 周生贤在中国环境科学学会第六次全国会员代表大会上的致辞

国家环境保护总局局长　周生贤

（2006年6月25日）

各位领导、各位嘉宾、各位代表：

上午好！

中国环境科学学会第六次全国会员代表大会今天隆重开幕了。这是继今年4月国务院召开第六次全国环境保护大会之后，我国环境科技界的一次盛会。开好这次大会，对于激发全国各条战线上的环境科技工作者以科学发展观为指导，全面落实第六次全国环保大会精神，不断提高我国环境保护的科技支撑能力，具有十分重要的意义。

在这里，我代表国家环境保护总局向大会的召开表示热烈的祝贺！向应邀出席大会的各位领导、各位嘉宾和与会代表，多年来对环保工作的关心和支持表示衷心地感谢！并通过你们向全国各条战线上为环保事业辛勤耕耘的广大科技工作者，致以崇高的敬意和亲切的问候！

党中央、国务院历来重视环境保护工作，把保护环境作为一项基本国策，把可持续发展作为一项重大战略。温家宝总理在第六次全国环保大会上指出，做好新形势下的环保工作，关键是要加快实现三个转变：一是从重经济增长轻环境保护转变为保护环境与经济增长并重；二是从环境保护滞后于经济发展转变为环境保护和经济发展同步；三是从主要用行政办法保护环境转变为综合运用法律、经济、技术和必要的行政办法解决环境问题。将环境科技作为“十一五”四大环保任务之一，要求集中力量组织攻关，切实提高我国环境保护的科技含量。

大量国际经验表明，发展经济的同时，保持或改善环境质量，必须依靠科技进步。据测算，到 2020 年我国 GDP 翻两番，如果保持当前的环境质量状况，那么单位资源消耗的产出就需要提高 4～5 倍；如果使环境质量明显改善，达到全面建设小康社会的目标，单位资源消耗的产出必须提高 8～10 倍。要想做到这一点必须依靠科学技术的进步。这说明环境科技对可持续发展的支撑作用越来越明显，已成为推进历史性转变的重要力量。发展环境科技是时代赋予我们的神圣使命，它离不开广大环境科技工作者的艰苦劳动和卓越创造。

围绕加强环境科技工作，最近，环保总局党组作出了两项决定。一是成立国家环境咨询委员会和环境保护总局科学技术委员会，由知名环境学者、专家和富有实际经验的管理专家组成。为了提高决策水平，我们规定三个“不决策”：未经调查研究的不决策，未经专家论证的不决策，未经集体讨论的不决策。成立“两委”是科学决策的重要保障。二是近期召开全国环保科技大会，团结系统内外有志于环境保护的所有科技工作者，共同推进中国环境科技事业的大发展。环保总局将为各条战线上的环境科技工作者搭建平台，做好协调，提供服务。

中国环境科学学会作为我国环境界历史最长、最具影响力的学术性团体，聚集了一大批跨部门、跨行业、跨领域、跨学科的著名专家、学者，有近 30 个分支机构，4 万多会员，联系着几十万环境科技工作者。学会成立近 30 年来，在中国科协和国家环保总局的领导和支持下，在前五届理事会和广大会员的共同努力下，取得了很大成绩。多年来围绕环境保护的中心任务，在组织国内外学术交流与合作、编辑出版学术刊物、开展决策咨询服务、普及科技知识、组织科技成果推广、提供中介服务、促进产业发展、发现和举荐人才等方面做了大量工作，充分发挥了党和政府联系广大环境科技工作者的纽带和桥梁作用，为推动我国环境保护事业的发展和科技进步做出了积极的贡献，也为自身发展打下了良好的基础。为进一步推动环境科学学会的发展，动员全国环境科技界的力量为环保事业建功立业，下面我讲几点意见：

第一，要充分发挥环境科学学会的桥梁和纽带作用，放开搞活。环境科学学会是推动环境保护事业发展的一支重要力量，具有促进环境科学技术转化为生产力和实现产业化的优势，在科技界、企业界和政府之间架起了沟通的桥梁。环境科学学会应当发挥学会跨学科、跨地区、跨行业的组织和专家优势，围绕环保工作的重点、难点、重大环境问题和科技前沿领域，开展决策咨询和学术研讨活动；发挥学会科普工作主力军的作用，配合建设社会主义新农村和落实全民科学素质行动计划，实施“千乡万村环保科普行动”计划，开展广泛的环保科普宣传，开发环保科普产品，不断提高公众的环保素养；发挥学会国际民间科技交流载体作用，实施“请进来、走出去”战略，广泛开展各类环境科技学术交流活动；发挥学会作为全国环境科学最高学术团体的权威优势和作用，提供中介服务，开展环保科学技术评价、科技人才评价、科研成果评价、环境损害评估鉴定、环境友好型产品评定等工作。

第二，要深化改革和加强环境科学学会自身建设，外树形象。要改革学会管理体制和运行机制，加强学会自身建设，特别是学会秘书处的能力建设，加强对30多个分支机构和专业委员会的管理，充分发挥理事会、理事和会员的作用。要尊重学会的法律主体地位，坚持民主办会，通过制度建设，促进学会规范、有序和健康发展。要围绕环保中心任务，服务环保重点工作，积极争取各级环保部门和其他政府部门的大力支持。学会还要在市场中求得生存和发展，广泛依靠社会力量来推动学会发展，切实提高学会“自主、自立、自强、自律”能力，努力创建一流的学术团体。

第三，要充分发挥环境科技工作者的积极性和创造性，诚信创新。“功以才成，业由才广。”推进历史性转变，关键在人才，解决环境问题的一些重大技术创新更加需要一流环境科技人才。环境科学学会要坚持以人为本，竭诚为会员和科技工作者服务，增强对会员和科技工作者的凝聚力，努力把学会办成名副其实的“环境科技工作者之家”。同时，要加强环保科技工作者职业道德建设，引导广大环保科技工作者树立社会主义荣辱观，大力弘扬自主创新精神，以及松花江水污染防控战役中展现的“忠于职守、造福人民，科学严谨、求实创新，不畏艰难、无私奉献，团结协作、众志成城”的中国环保精神，逐步建立环保科技人员诚信档案，反对学术浮躁和急功近利的不良风气，坚决抵制弄虚作假、抄袭剽窃的行为，鼓励严谨求实、探索创新的优良学风，维护环境科技工作者的良好社会形象。

第四，要加强对环境科学学会的领导和支持，多予少取。中国环境科学学会是由中国科协和国家环保总局共同管理的全国学会。地方各级环境科学学会也实行地方科协和环境保护局双重领导的管理体制。各级环境科学学会办事机构在行政上是由同级环保部门组织领导的。希望各级环保部门要重视学会的工作，加强学会领导班子建设，将学会的工作纳入环保工作计划，为重点工作服务，在人、财、物等方面创造条件，提供保障。总局和地方各级环保部门每年至少要专门听取一次学会的工作汇报，每年要为学会办几件实事，切实解决学会的困难。应充分发挥学会的优势，将一些环境科技的社会性工作移交给学会，把环境科学学会办得更好，促进环保事业更快发展。

最后，预祝本次会员大会圆满成功！

## 邓楠书记在中国环境科学学会第六次全国会员代表大会上的致辞

中国科协常务副主席书记处第一书记　邓　楠

（2006 年 6 月 25 日）

各位领导，各位代表，各位来宾：

中国环境科学学会第六次全国会员代表大会在北京隆重召开。我谨代表中国科协、代表韩启德主席向大会的召开表示热烈的祝贺，并通过各位代表向辛勤工作在全国各条战线上的广大环境科技工作者表示诚挚的问候和崇高的敬意！

生态环境是人类社会生存和发展的基础。良好的生活环境和自然环境不仅是经济社会持续发展的基本条件，也是国家富强、人民幸福、社会文明的重要标志。多年以来，我国经济持续高速增长，社会繁荣稳定，人民生活水平显著提高，同时也要看到，由于人口基数过大，片面追求经济增长，资源利用不合理，增长方式粗放带来的问题越来越突出。基于对资源环境形势的深刻认识，党中央、国务院明确把资源环境问题列为制约我国经济社会发展的主要瓶颈和事关全局的重大问题之一，号召科技工作者发挥科技优势，强化科技支撑，努力把资源消耗和污染排放降下来，为解决资源环境问题做出自己的贡献。

中国环境科学学会作为国内成立最早、专门从事环境保护事业的科技社团组织，也是我国环境学科的最高学术团体，具有跨部门、跨行业、横向联系广泛的独特优势。长期以来，环境科学学会团结带领全国环境科技工作者、环境工程技术人员、环境教育工作者和环境管理工作者，围绕重大环境科技与环境政策问题，开展学术交流，进行调查研究，积极建言献策，提供技术咨询，推广科技成果，普及环境科学知识，举荐科技人才，做了大量工作，为推动环境科学进步和环保事业发展作出了重要贡献。在新时期新形势下，党中央、国务院提出落实节约资源和保护环境基本国策，加快建设环境友好型社会，这既对广大环保科技工作者提出了更高、更迫切的要求，同时也为广大环保科技工作者提供了建功立业、大有作为的广阔空间。环境科学学会一定要抓住机遇，乘势而上，发扬优良传统，加强自身建设，努力把学会建设成为适应社会主义市场经济体制，符合科技社团活动规律，具有鲜明特色、充满生机和活力的现代科技社团，为推动解决资源环境问题贡献自己的力量。

在刚刚结束的中国科协七大会议上，党中央对科技工作者提出了明确的要求。我们相信，在本次大会选出的新一届理事会领导下，中国环境科学学会一定能够团结带领广大环境科技工作者，坚持以邓小平理论和"三个代表"重要思想为指导，全面落实科学发展观，学习贯彻中国科协七大精神，不断开创学会工作新局面，创造新辉煌，为发展中国的环境科技和环保事业做出新的、更大的贡献！

最后，预祝大会圆满成功！

谢谢大家。

## 附录二　中国环境科学学会历届理事会机构人员名单

### 第一届理事会

（1979 年 3 月 21 日～1984 年 1 月）

**第一届理事会顾问（以姓氏笔画为序）**

白希清　国务院环境保护领导小组顾问、中国医学科学院副院长

吴学周　学部委员、中国科学院长春应用化学所所长

芮　沐　北京大学法律系教授、社科院法学所副所长

赵宗燠　石油科学院总工程师

柳大纲　国务院环境保护领导小组顾问、中国科学院化学所所长、研究员

黄秉维　中国科学院地理所所长、研究员

**第一届理事会正、副理事长**

理 事 长：李超伯　国家建委副主任、国务院环境保护领导小组办公室主任

副理事长：马大猷　学部委员、中国科学院声学所副所长

过祖源　北京市环境保护科学研究所总工程师

刘东生 中国科学院地质所研究员

曲仲湘 云南大学生物系教授

李　苏 中国科学院副秘书长

陈西平 国务院环境保护领导小组办公室副主任

郭子恒 卫生部副部长

曾呈奎 中国科学院海洋所所长、研究员

### 第一届理事会正、副秘书长

秘 书 长:陈西平(兼)

副秘书长:王子石 中国医学科学研究院卫生研究所副所长

刘天齐 北京工业大学环境工程与化学工程系副主任

张云岗 中国科学院计划局

郭　方 中国科学院四局局长

舒惠芬 电力部环境保护办公室副处长

### 第一届常务理事(以姓氏笔画为序)

马大猷　马世骏　王子石　王文兴　王德铭　过祖源　刘东生
刘天齐　刘永良　刘培桐　朱震达　朱钟杰　曲仲湘　曲格平
毕之先　吕有佩　李　苏　李宪法　李家瑞　李超伯　吴　锦
杨树珍　汪寅人　张书农　张云岗　陈东明　陈西平　陈冠荣
罗钰如　金瑞林　胡汉升　郭子恒　郭　方　高　鸿　段伯萍
顾康乐　黄新民　章　申　曾呈奎　陶葆楷　舒惠芬

### 第一届理事会理事

丁树荣　马大猷　马世骏　马锡栋　王子石　王文兴　王松田
王宝贞　王德铭　王宪钊　王国柄　王蘅文　王渤洋　方　至
方丹群　叶扬眉　甘景镐　乐美煜　申葆诚　朱震达　朱钟杰
过祖源　过基同　吕有佩　孙焕林　买永彬　刘天齐　刘长林
刘永良　刘东生　刘培桐　刘毓谷　曲格平　曲仲湘　车世光
毕之先　李　苏　李宪法　李家瑞　李之保　李炳光　李超伯
李贤沛　吴　锦　吴大胜　吴中伦　吴宝铃　吴鹏鸣　汪寅人

| | | | | | | |
|---|---|---|---|---|---|---|
| 余贻骥 | 陈　复 | 陈东明 | 陈西平 | 陈栋生 | 陈敏之 | 陈绎勤 |
| 陈静生 | 陈嘉禾 | 陈冠荣 | 严兴忠 | 张万欣 | 张云岗 | 张书农 |
| 张家平 | 张钖光 | 张锡声 | 季　欧 | 岩　流 | 胡汉昇 | 胡振元 |
| 胡家骏 | 黄新民 | 黄钖畴 | 周运昌 | 郑胡德 | 陆　鑫 | 杨树珍 |
| 杨鸿如 | 杨惠芳 | 杨铭鼎 | 金瑞林 | 郜启生 | 赵圣瑞 | 赵松令 |
| 段伯萍 | 唐孝炎 | 唐永銮 | 钮式如 | 高　鸿 | 高良文 | 高承平 |
| 高拯民 | 董万堂 | 夏家淇 | 郭　方 | 郭子恒 | 章　申 | 陶诗言 |
| 陶葆楷 | 罗钰如 | 龚坤元 | 蒋嘉云 | 彭克诚 | 舒仁顺 | 舒惠芬 |
| 曾呈奎 | 蔡宏道 | 蔡铭昆 | 贾国良 | 樊德方 | 潘秀荣 | 戴树桂 |
| 魏履新 | 魏荣爵 | 顾康乐 | 瞿建增 | 马杏绵 | | |

## 第二届理事会

（1984 年 1 月 4 日～1990 年 12 月）

**第二届理事会顾问（以姓氏笔画为序）**

于光远　中国社会科学院顾问

过祖源　北京市环境保护局总工程师、一级工程师

过基同　四川医学院卫生系教授

买永彬　农牧渔业部环境保护研究所所长、研究员

曲仲湘　云南大学生物系教授

吴中伦　中国林业科学研究院研究员

吴　锦　中国科学院环境科学研究所教授

芮　沐　中国社会科学研究院法学研究所所长
　　　　北京大学法律系教授

汪寅人　煤炭科学研究院教授

陈绎勤　太原工学院土木系教授

张书农　华东水利学院教授

杨铭鼎　上海第一医学院教授

费孝通　中国社会科学院社会学研究所名誉所长

赵宗燠　石油化工科学研究院总工程师、一级工程师

胡汉升　北京医学院卫生系教授

陶葆楷　清华大学土木与环境工程系、一级教授

顾康乐　城乡建设环境保护部一级工程师
　　　　原国家城建总局副局长、全国人大常委
曾呈奎　中国科学院海洋所所长、研究员
薛葆鼎　中国城乡建设经济研究所长、教授、博士生导师

**第二届理事会正、副理事长**

理 事 长：李景昭　城乡建设环境保护部顾问
副理事长：曲格平　国家环境保护局局长
　　　　　马世骏　中国科学院生态环境研究中心名誉主任、学部委员
　　　　　陈西平　原国务院环境保护领导小组办公室副主任
　　　　　蔡宏道　武汉医学院卫生系主任、教授

**第二届理事会正、副秘书长**

秘 书 长：曲格平　（兼）
副秘书长：朱钟杰　（专职常务）
　　　　　郭　方　中国科学院环委会副主任
　　　　　刘天齐　北京工业大学化学与环境工程系主任
　　　　　舒惠芬　能源部安全环保司副司长

**第二届常务理事(以姓氏笔画为序)**

马大猷　马世骏　凡　明　王文兴　王德铭　方丹群　刘天齐
刘培桐　刘静宜　朱钟杰　朱震达　曲格平　李　苏　李国鼎
李宪法　李家瑞　李景昭　余贻骥　吴宏美　吴宝铃　吴鹏鸣
陈西平　金瑞林　张家麟　章　申　郭　方　段伯萍　胡家骏
钮式如　夏家淇　高拯民　盛　愉　舒惠芬　蔡宏道　傅立勋
宋昌龄

**第二届理事会理事(以姓氏笔画为序)**

于锡忱　万国江　凡　明　马大猷　马世骏　马杏绵　王天佑
王文兴　王守家　王志波　王育文　王宝贞　王宝祥　王宪钊
王渤洋　王超俊　王黎华　王焕校　王德铭　车世光　区用乾

毛欢庆　方丹群　甘景镐　邓峰林　曲格平　朱竹年　朱启东
朱钟杰　朱振岗　朱震达　刘天齐　刘中正　刘洪年　刘培桐
刘维德　刘鸿亮　刘瑞玉　刘静宜　郭　斌　江小珂　孙启爽
孙昌仁　孙嘉绵　汤双振　李宪法　李志庸　张振亚　李　苏
李金昌　李国鼎　李家瑞　李晓丹　李景昭　李超云　吴宏美
吴宝铃　吴景学　吴福仁　吴鹏鸣　宋昌龄　杨孙楷　杨德仁
杨沛源　杨树珍　杨惠芳　余贻骥　余谋昌　范涡河　罗典荣
罗钰如　张　旭　张　珂　张宝昌　张登云　张家铭　张家麟
张锡声　邹泽宇　陈西平　陈东明　陈庆敖　陈栋生　陈秉彝
陈　复　陈清龙　陈敏之　金瑞林　陈江涛　岩　流　胡家骏
赵士修　赵丛礼　赵连生　赵培栋　钮式如　保育钧　段伯萍
姚志麒　侯剑秋　顾方乔　徐耀中　高拯民　高　鸿　郭士勤
郭　方　唐永銮　唐孝炎　夏家淇　涂锦葆　黄鸿恩　黄锡畴
陶诗言　章　申　盛　愉　傅立勋　舒惠芬　廉　皓　缪天成
蔡宏道　蔡铭昆　樊德方　戴树桂　瞿建增

变更说明：

1. 1984 年 12 月 15 日召开的第二届第二次全体理事会通过，增聘经济学家薛葆鼎为顾问。

2. 1986 年 2 月 13 日召开的第二届第五次常务理事会同意增补张宝昌为理事；同意青海省理事人选变更为杨德仁；同意江西省变更理事的要求；同意黄宗礼辞去理事职务。

## 第三届理事会

（1990 年 12 月 29 日～1995 年 12 月）

**第三届理事会正、副理事长、秘书长**

理 事 长：曲格平　国家环境保护局局长
副理事长：马世骏　中国科学院生态环境研究中心名誉主任、学部委员
　　　　　张坤民　国家环境保护局副局长
　　　　　唐孝炎　北京大学环境科学研究中心主任、教授
　　　　　陆雨村　国家环境保护局机关党委书记

秘 书 长:陆雨村(兼)

鲍　强(1994 年 1 月起接任)

副秘书长:王树起(专职常务)　中国环境科学学会副秘书长

陈志远(专职)　中国环境科学学会办公室主任

舒惠芬　能源部安全环保司副司长

傅立勋　国家科委综合计划司研究员

周永玲　青海省环境保护局局长

**第三届理事会常务理事(以姓氏笔画为序)**

马世骏　王文兴　王华东　王保祥　王德铭　井文涌　曲格平
孙启爽　刘鸿亮　刘静宜　朱启东　朱震达　李金昌　吴宏美
努尔加合甫　余超然　陆雨村　金瑞林　周永玲　周家义
张坤民　杨时光　钮式如　段伯萍　顾国维　徐厚恩　高　方
唐孝炎　聂桂生　郭　方　郭士勤　章　申　强炳寰　舒惠芬
傅立勋　鲍　强　戴树桂

**第三届理事会理事(以姓氏笔画为序)**

于铭萱　于越峰　马世骏　马骧聪　井文涌　毛焕章　王文兴
王礼先　王华东　王呈发　王连生　王宝贞　王保祥　王树起
王钦亮　王焕校　王敬明　王德铭　从选功　卢复中　甘海章
田炳中　白　瑛　刘　文　刘卫邦　刘中正　刘仁平　刘少宁
刘汉杰　刘洪年　刘维德　刘鸿亮　刘静宜　孙启爽　孙昌仁
曲格平　朱启东　朱钟杰　朱震达　江小珂　余谋昌　余超然
努尔加和甫　吴宏美　吴振烈　宋昌龄　张　珂　张　真
张如彦　张坤民　张亮银　张振业　张象枢　张德义　张耀民
李世龙　李兴生　李国鼎　李金昌　李思宇　李炳光　李贵友
李香棣　李家瑞　李益健　杨孙楷　杨时光　杨沛源　杨惠芳
杨瑞周　汪贻水　沈小珍　沈成孝　肖隆安　邹景忠　陆雨村
陆福宽　陈　复　陈业材　陈志远　陈秉林　陈秉彝　陈栋生
陈猷翔　单忠健　周　静　周永玲　周百兴　周家义　周富祥
岩　流　林　甄　郑英铭　金瑞林　姜印明　段伯萍　赵从礼

赵德宏　钮式如　唐云梯　唐永銮　唐孝炎　徐厚恩　柴文琦
秦文娟　聂桂生　郭　方　郭　斌　郭士勤　陶诗言　陶显亮
顾国维　高　方　高拯民　高炳章　屠玉麟　章　申　黄锡畴
傅立勋　强炳寰　曾北危　舒惠芬　鲁生业　廉　皓　鲍　强
潘天声　薛同科　戴树桂　戴乾圜

变更说明：

1. 1991 年 2 月 4 日，第三届第二次常务理事会同意河北省的申请，由姜印明接替张振业作为河北省环境科学学会代表担任理事。

2. 第三届第六次常务理事会取消刘仁平理事资格。

3. 1994 年 3 月 11 日，第三届第七次常务理事会同意鲍强担任学会秘书长。

## 第四届理事会

（1995 年 12 月 14 日～2001 年 4 月）

**第四届理事会名誉理事长**

曲格平

**第四届理事会顾问**

刘东生　马大猷　陶诗言　刘鸿亮　钱　易　汤鸿霄
任阵海　顾夏生　李　苏

**第四届理事会名誉理事**

孙启爽　朱启东　余超然　陆雨村　杨时光　钮式如
段伯萍　聂桂生　郭士勤　戴树桂　朱震达　强炳寰
刘静宜　王德铭　李家瑞　周富祥

**第四届理事会正、副理事长、秘书长**

理 事 长：解振华　国家环境保护局局长
副理事长：叶汝求　国家环境保护局副局长
　　　　　唐孝炎　北京大学环境科学中心教授、中国工程院院士

章　申　中国科学院地理研究所研究员、所学术委员会主任、中国科学院院士
徐厚恩　北京医科大学卫生毒理所教研室教授
舒惠芬　电力部龙源环保科技开发公司教授级高级工程师

秘书长：鲍　强　中国环境科学学会秘书长、高级工程师

副秘书长：陈志远（专职）　中国环境科学学会副秘书长、高级工程师
石洪祥　总参防化研究院院长
张云岗　中国科学院中科集团高工、总裁
高振宁　国家环境保护局南京环境科学研究所高级工程师、所长
韩小清　北京晓清环保技术公司高工、经理

**第四届理事会常务理事（以姓氏笔画为序）**

井文涌　尹　改　牛建华　王文兴　王华东　王灿发　王葆青
叶汝求　甘海章　江小珂　何升韬　张云岗　杨志峰　陈　复
陈志远　单孝全　周永玲　赵忠祥　唐孝炎　徐厚恩　郭　方
顾国维　章　申　傅立勋　舒惠芬　韩小清　解振华　鲍　强
谭立明

**第四届理事会理事（以姓氏笔画为序）**

万本太　万国江　于　红　于永德　马怀理　马登奇　井文涌
孔昌俊　尹　改　牛建华　王文兴　王兴南　王华东　王灿发
王连生　王绍文　王恒发　王洪春　王钦亮　王振刚　王振江
王桂民　王葆青　冉　莹　叶汝求　左宝昌　甘泽广　甘海章
田　静　田炳申　申立贤　白先宏　石洪祥　刘凤凯　刘长培
刘玉机　刘兴华　刘成海　刘志荣　刘学义　刘学成　刘昌昭
刘金生　刘铁生　刘喜礼　吉光树　孙宁璋　孙铁珩　安惠民
朱　坦　朱克伦　江小珂　江绍真　邢素玉　那基樑　何升韬
何长江　何兴凯　何富荣　吴子琳　吴国忠　吴坤霖　吴振烈
吴振斌　宋七棣　张云岗　张有祥　张国安　张忠顺　李广润
李兆斌　李国明　李金昌　李厚国　李家政　杜　琳　杨　震
杨永仁　杨志峰　杨明奕　杨清雨　沈德中　邵学田　邹景忠

陆亚州 陆福宽 陈 复 陈竹舟 陈志远 陈鸣楼 陈新庚
单孝全 周 凯 周永玲 周洪泉 周斌炎 周献慧 孟宪文
林大泉 林华焯 罗 毅 范毓强 郑易生 郑菁英 郑集生
金瑞林 施中岩 段武德 洪华生 洪钟祥 赵忠祥 赵德宏
郝吉明 钟森荣 唐孝炎 徐国平 徐厚恩 秦文涛 袁克昌
郭 方 郭 斌 郭振仁 钱怡松 陶 战 顾国维 高元柱
高振宁 梁文海 章 申 黄家矩 傅立勋 曾维伦 游成龙
舒惠芬 董洪运 谢剑辉 韩小清 韩景全 解振华 雷加富
鲍 强 蔡拾贰 谭立明 潘天声

变更说明：

1. 第四届第九次常务理事会同意牛建华接替谭立明同志担任理事、常务理事。

2. 第四届第十一次常务理事会同意杨志峰担任理事、常务理事。

## 第五届理事会

（2001 年 4 月 12 日～2006 年 6 月）

### 第五届理事会名誉会长、名誉理事长

名 誉 会 长:宋 健 赵南起

名誉理事长:曲格平 林宗棠 解振华 刘华秋 宋瑞祥

### 第五届理事会顾问

马大猷 王文兴 史培军 朱震达 刘东生
刘鸿亮 任振海 李 苏 张坤民 汤鸿霄
林学钰 金鉴明 顾夏生 钱 易 陶诗言

### 第五届理事会名誉理事

王葆青 王德铭 刘静宜 余超然 杨时光
罗 毅 段伯萍 陆雨村 聂桂生 曹秀英
傅立勋 郭 方 强炳寰 蔡贤武 戴树桂

**第五届理事会正、副理事长、秘书长**

理 事 长:叶汝求　国家环境保护总局研究员、顾问、国务院参事

副理事长:唐孝炎　北京大学环境科学中心教授、中国工程院院士

章　申　中国科学院地理科学与资源研究所学术委员会主任、研究员、中国科学院院士

魏复盛　中国环境监测总站总工、中国工程院院士

徐厚恩　北京大学公共卫生学院教授

舒惠芬　国家电力公司科学技术委员会委员教授级高级工程师

井文涌　清华大学环境科学与工程系教授

陈　复　中国环境科学研究院研究员、院长

鲍　强　中国环境科学学会研究员、秘书长

刘昌明　中国科学院地理科学与资源研究所研究员、中国科学院院士(2003 年 9 月增选为副理事长)

秘 书 长:鲍　强　中国环境科学学会秘书长、研究员

任官平　(2002 年 7 月起接任)

副秘书长:杨经纬(专职)　中国环境科学学会副秘书长

周志中(专职)　中国环境科学学会副秘书长(2002 年增补)

牛建华　中国人民解放军总后勤部环保绿化科训局原局长

甘泽广　陕西省环境保护局环保产业管理办公室研究员

何升韬　国家经贸委教授级高级工程师

张云岗　中科实业集团(控股)公司总裁

孟广勤　青岛市环境科学学会理事长、教授级高级工程师

高振宁　国家环保总局南京环境科学研究所所长、研究员

**第五届理事会常务理事(以姓氏笔画为序)**

尹　改　牛建华　井文涌　王如松　王灿发　王维平　叶汝求

甘泽广　甘海章　任官平　全　浩　刘昌明　刘洪胜　江小珂

何升韬　余德辉　吴德强　张　坤　张　波　张云岗　张忍奎

杨志峰　杨经纬　陈　复　陈　铎　陈志远　单孝全　周志中

孟广勤　郑菁英　金相灿　唐孝炎　夏堃堡　徐厚恩　顾国维

高振宁　曹保榆　章　申　舒英钢　舒惠芬　鲍　强　魏复盛

**第五届理事会理事(以姓氏笔画为序)**

万本太  于亮君  马成思  井文涌  孔昌俊  尹　改  牛建华
王　毅  王力军  王如松  王志宏  王灿发  王良恩  王国才
王洪春  王荫焜  王康平  王维平  王联社  付秀平  叶汝求
甘泽广  甘海章  田　静  田保国  田炳申  白金明  艾南山
任官平  全　浩  刘　军  刘凤凯  刘纪远  刘志培  刘昌明
刘洪胜  刘健伟  刘根元  孙公圣  孙天一  孙吉民  孙晓珑
庄宇洋  曲久辉  朱　坦  朱法华  江小珂  江研因  汤业国
许振成  邢振纲  何　琮  何升韬  何长江  何向亮  何建宗
余德辉  吴子琳  吴国忠  吴松恒  吴振斌  吴曼云  吴德强
宋七棣  张　坤  张　波  张大年  张云岗  张天华  张东果
张永春  张宏伟  张忍奎  张官德  张晓东  张晓鲁  张燕如
李　炜  李　轼  李　唯  李书绅  李文琴  李星文  李建昭
李树魁  李海生  杜培仁  杨　健  杨志峰  杨经纬  杨凌声
杨振科  谷声文  邵先国  邵光海  陆根法  陆福宽  陈　复
陈　铎  陈立民  陈吉宁  陈吕军  陈克平  陈志远  陈志诚
陈凯麒  陈泮勤  陈泽峰  陈英旭  陈嘉封  麦奇杰  单孝全
周名江  周百兴  周志中  周国忠  周惠良  周斌炎  周献慧
孟广勤  欧桂英  郑亚南  郑更新  郑易生  郑菁英  金保升
金相灿  俞志明  俞学曾  姜建军  柏章良  洪钟祥  贺善安
赵克强  赵鹏高  郝卫东  钟森荣  唐子华  唐孝炎  夏堃堡
徐玉明  徐立红  徐厚恩  徐祖信  柴宝成  栾胜基  袁克昌
郭新彪  顾国维  高中琪  高振宁  屠玉麟  康维新  曹保榆
章　申  隋永滨  喻祖卿  舒英钢  舒惠芬  董　林  董金庆
董德明  蒋国平  韩小清  鲁明中  虞银花  赖桂勇  鲍　强
潘天声  潘少波  潘佑民  霍清广  魏复盛

变更说明:

1. 第五届理事会第二次常务理事会增补刘洪胜为理事、常务理事;增补吴德强、张波为常务理事;增补刘凤凯、陈克平、董德明、俞学曾为理事。

2. 第五届理事会第三次常务理事会增补任官平为理事、常务理事、秘书长、法人代表；增补周志中为理事、常务理事、副秘书长；增补张坤为理事、常务理事。

3. 第五届理事会第四次常务理事会增补刘昌明为理事、常务理事、副理事长；增补张忍奎为常务理事；增补朱法华、欧桂英、陈泽峰、陈吕军、李星文为理事。

4. 第五届理事会第五次常务理事会增补徐祖信为理事；增补何建宗、何向亮为香港理事。

5. 第五届理事会第六次常务理事会增补金相灿、王如松、夏堃堡为理事、常务理事。

6. 第五届理事会第六次常务理事会议增补王维平为理事、常务理事。

## 第六届理事会

（2006 年 6 月 25 日至今）

**第六届理事会名誉会长**

蒋正华　全国人大常委会副委员长

韩启德　全国人大常委会副委员长、中国科协主席、中国科学院院士

阿不来提·阿不都热西提　全国政协副主席

姜春云　原中共中央政治局委员、国务院副总理、全国人大常委会副委员长

周光召　全国人大常委会原副委员长、中国科协名誉主席、中国科学院院士

宋　健　全国政协原副主席、中国科学院院士、中国工程院院士

**第六届理事会名誉理事长**

毛如柏　全国人大环境与资源保护委员会主任

解振华　国家发展和改革委员会副主任

邓　楠　中国科协常务副主席、书记处第一书记

曲格平　原全国人大环境与资源保护委员会主任

**第六届理事会顾问(以姓氏笔画为序)**

王文兴　王众托　冯之浚　冯宗炜　左铁镛　刘东生　刘昌明
刘宝珺　刘鸿亮　任阵海　孙铁珩　孙鸿烈　江　亿　李文华
李佩成　张玉奎　张新时　陆佑楣　陆钟武　沈国舫　陈述彭
汤鸿霄　林学钰　金　涌　金鉴明　唐孝炎　钱　易　陶诗言
徐晓白　顾夏生　倪维斗　谢学锦　蔡道基　潘自强　江泽慧
牛文元　井文涌　尹　改　叶文虎　叶汝求　冯之浚　江小珂
刘家义　张坤民　陈　复　胡鞍钢　贺善安　徐厚恩　舒惠芬
鲍　强

**第六届理事会名誉理事**

王　华　甘海章　张云岗　何升韬　陆雨村　陈　铎　孟广勤
郑菁英　顾国维　钱致庆　夏堃堡　曹保榆

**第六届理事会正、副理事长、秘书长**

理　事　长:王玉庆　国家环境保护总局副局长

副理事长(以姓氏笔画为序):

宁吉喆　国务院研究室副主任
朱　坦　南开大学环境科学与工程学院教授、天津市政协副主席
张远航　北京大学环境科学与工程学院院长、教授
李家洋　中国科学院副院长、中国科学院院士
陈吉宁　清华大学副校长、教授
金相灿　中国环境科学研究院湖泊生态创新基地首席科学家、研究员
郝吉明　清华大学环境科学与工程研究院院长、中国工程院院士
魏复盛　中国环境监测总站原副站长、总工程师,中国工程院院士

特邀副理事长:曹广晶　中国长江三峡工程开发总公司副总经理、教授级高级工程师

秘　书　长：任官平　中国环境科学学会秘书长

副 秘 书 长：杨经纬　中国环境科学学会副秘书长

　　　　　　刘志全　中国环境科学学会副秘书长

**第六届理事会常务理事（以姓氏笔画为序）**

| | | | | | | |
|---|---|---|---|---|---|---|
| 马　中 | 王　毅 | 王玉庆 | 王如松 | 王安建 | 王灿发 | 王金南 |
| 王维平 | 王新程 | 史捍民 | 史培军 | 宁吉喆 | 田　静 | 任官平 |
| 全　浩 | 刘纪远 | 刘应杰 | 孙佑海 | 朱　坦 | 吴　波 | 邢振纲 |
| 张　全 | 张玉川 | 张忍奎 | 张远航 | 张国宏 | 张剑鸣 | 李家洋 |
| 李海生 | 李善同 | 陈吉宁 | 陈金元 | 陈燕平 | 孟　伟 | 金相灿 |
| 赵英民 | 郝吉明 | 夏　光 | 姬振海 | 徐凤刚 | 徐祖信 | 郭新彪 |
| 高振宁 | 傅伯杰 | 焦志延 | 潘家华 | 潘盛洲 | 魏复盛 | |

**第六届理事会理事（按姓氏笔画为序）**

| | | | | | | |
|---|---|---|---|---|---|---|
| 马　中 | 马春元 | 牛晓萍 | 王　勇 | 王　毅 | 王力军 | 王玉庆 |
| 王立新 | 王如松 | 王安建 | 王灿发 | 王金南 | 王荫焜 | 王家勋 |
| 王桂华 | 王维平 | 王新程 | 卢　勤 | 史捍民 | 史培军 | 叶伟芳 |
| 宁吉喆 | 田　静 | 石玉山 | 龙广生 | 任官平 | 任南琪 | 伊茂森 |
| 全　浩 | 刘　艺 | 刘占旗 | 刘纪远 | 刘应杰 | 刘志全 | 刘志培 |
| 刘新厚 | 刘毓骅 | 孙　洪 | 孙世文 | 孙兴华 | 孙克勤 | 孙佑海 |
| 师　伟 | 曲爱珍 | 朱　坦 | 朱　岗 | 汤晓文 | 邢振纲 | 何向亮 |
| 何建宗 | 余　刚 | 余兴光 | 吴　波 | 吴振斌 | 宋存义 | 张　全 |
| 张　波 | 张永春 | 张玉川 | 张忍奎 | 张志光 | 张远航 | 张国宏 |
| 张国强 | 张剑鸣 | 张振文 | 李　唯 | 李合意 | 李旭亮 | 李金荣 |
| 李家洋 | 李海生 | 李善同 | 杜培仁 | 杨　哲 | 杨凤林 | 杨立中 |
| 杨志峰 | 杨明瑞 | 杨经纬 | 沈　建 | 陈　茜 | 陈吉宁 | 陈志诚 |
| 陈金元 | 陈维本 | 陈燕平 | 单孝全 | 周宏春 | 周志中 | 周启星 |
| 孟　伟 | 岳建华 | 岳清瑞 | 郑　正 | 郑更新 | 金相灿 | 俞志明 |
| 俞学曾 | 姜建军 | 胡　敏 | 荀逸中 | 赵永生 | 赵英民 | 赵建夫 |
| 赵浩明 | 郝卫东 | 郝吉明 | 钟森荣 | 骆建华 | 唐世蔼 | 夏　冰 |
| 夏　光 | 姬振海 | 徐凤刚 | 徐祖信 | 徐家声 | 袁克昌 | 袁道凌 |

郭新彪　高吉喜　高振宁　巢清尘　康天放　康玉峰　曹广晶
梁　坚　黄海峰　曾文礼　傅伯杰　焦志延　董云社　董德明
谢　辉　韩　力　韩宝平　潘彦昭　潘家华　潘盛洲　潘曙达
魏复盛

变更说明：

1. 第六届理事会第二次常务理事会增补冯之浚为顾问，增补曹广晶为特邀副理事长。

2. 第六届理事会第二次全体会议增补吴波、王新程为理事、常务理事；增补赵建夫、周启星、赵浩明、潘彦昭、任南琪、曾文礼、孙克勤为理事。

3. 第六届理事会第五次常务理事会议决定由张全接替徐祖信任理事、常务理事；增补刘艺为理事。

## 附录三　中国环境科学学会历届理事会分支机构设置情况

# 第一届理事会分支机构设置情况

一、工作委员会

1. 中国环境科学学会学术工作委员会
主任委员：吴学周
副主任委员：马大猷　过祖源　曾呈奎　刘东生　吕有佩
2. 中国环境科学学会编辑工作委员会
名誉主任委员：钱信忠
主任委员：李　苏
副主任委员：曲仲湘　吴　锦　李宪法
3. 中国环境科学学会科学普及、教育工作委员会
主任委员：刘培桐
副主任委员：申葆诚

二、学术委员会所属环境科学专业组及负责人

1. 水污染控制与水源保护专业组　　　　李宪法

2. 大气污染控制与污染气象学专业组　任阵海、张锡光、温玉朴
3. 固体废物污染控制专业组　李家瑞
4. 环境声学与噪声控制专业组　程明昆
5. 环境医学专业组　徐厚恩
6. 环境生物学专业组　王德铭、黄玉瑶
7. 环境化学专业组　陈嘉和
8. 环境地球化学与污染化学地理专业组　章　申、陈业才
9. 海洋环境学专业组　吴宝铃、何悦强
10. 环境分析监测专业组　吴鹏鸣、洪水皆
11. 环境经济学与环境法学专业组　陈栋生、金瑞林
12. 环境标准研究专业组　钮式如、王文兴
13. 环境质量评价研究专业组　王华东、万国江
14. 理论环境学研究专业组　王华东、余谋昌、蔡明昆

## 第一届理事会分支机构调整后设置情况

一、工作委员会

1. 中国环境科学学会学术工作委员会
主任委员：吴学周
副主任委员：马大猷　过祖源　曾呈奎　刘东生　吕有佩
2. 中国环境科学学会编辑工作委员会
主任委员：李　苏
副主任委员：曲仲湘　吴　锦　李宪法　吴景学　黄新民　申葆诚
3. 中国环境科学学会教育工作委员会
主任委员：刘培桐
副主任委员：刘天齐
4. 中国环境科学学会科普工作委员会
顾　　问：侯宝林　严文井　王　浩　保育均
主 任 委 员：吴　锦
副主任委员：方丹群　封根泉　张锡声

5. 中国环境科学学会咨询工作委员会

主 任 委 员:陈西平

副主任委员:朱钟杰　程　宾　宋昌龄　吴景学　杨海林

二、分科学会

1. 中国环境科学学会环境管理、经济与法学学会

顾　　问:于光远　过祖源　芮　沐　费孝通　薛葆鼎

理 事 长:陈西平

副理事长:刘天齐　金瑞林　刘　文

秘 书 长:刘天齐(兼)

2. 中国环境科学学会环境工程学会

理 事 长:过祖源

副理事长:刘天化　李干忠　李宪法　沈干卿　余贻骥　缪天成

秘 书 长:李干忠(兼)

三、专业委员会

1. 中国环境科学学会环境声学专业委员会

主　任:马大猷

副主任:车世光

2. 中国环境科学学会环境质量评价专业委员会

主　任:王华东

副主任:万国江　熊广政

3. 中国环境科学学会环境分析监测专业委员会

主　任:吴鹏鸣

副主任:洪水皆

4. 中国环境科学学会环境医学专业委员会

主　任:徐厚恩

5. 中国环境科学学会环境地球化学与污染地理专业委员会

主　任:章　申

副主任:陈业才

6. 中国环境科学学会环境生物学专业委员会

主　任:王德铭

副主任:黄玉瑶

7. 中国环境科学学会环境标准专业委员会

主　任:钮式如

副主任:王文兴　陆昌森　张　珂　张淑群

8. 中国环境科学学会环境理论专业委员会

主　任:余谋昌

副主任:李长生

9. 中国环境科学学会海洋环境学专业委员会

主　任:吴宝铃

副主任:何悦强

10. 中国环境科学学会环境化学专业委员会

主　任:刘静宜

副主任:唐孝炎

11. 中国环境科学学会大气环境学专业委员会

主　任:任阵海

副主任:张锡光

## 第二届理事会分支机构设置情况

一、工作委员会

1. 中国环境科学学会学术工作委员会

主 任 委 员:马世骏

副主任委员:李国鼎　章　申　金瑞林

2. 中国环境科学学会教育工作委员会

主 任 委 员:刘培桐

副主任委员:刘天齐　黄铭荣　陈清龙　刘瑞莲

3. 中国环境科学学会科普工作委员会

主 任 委 员:方丹群

副主任委员:张锡声　张景德　封根泉　杨时光　任耐安

4. 中国环境科学学会编辑工作委员会

主 任 委 员:王文兴

副主任委员:吴景学　周富祥　臧凤翔

5. 中国环境科学学会咨询工作委员会

主 任 委 员:陈西平

副主任委员:程　宾　蔡贻谟　吴景学　宋昌龄　杨海林

6. 中国环境科学学会国际交流工作委员会

主 任 委 员:马大猷

副主任委员:高拯民　邹宪荣　张崇华

7. 中国环境科学学会组织工作委员会

主 任 委 员:傅立勋

副主任委员:段伯萍　叶庆荣

二、分科学会

1. 全国环境管理、经济与法学学会

顾　　问:于光远　过祖源　芮　沭　费孝通　薛葆鼎

理 事 长:陈西平

副理事长:刘天齐　金瑞林　刘　文

秘 书 长:刘天齐(兼)

副秘书长:周富祥　林道濂

2. 中国环境科学学会环境工程学会

理 事 长:过祖源

副理事长:刘天化　李干忠　李宪法　沈干卿　余贻骥　缪天成

秘 书 长:李干忠(兼)

三、专业委员会

1. 中国环境科学学会环境物理学专业委员会

主 任 委 员:马大猷

副主任委员:方丹群　车世光　王志波

挂 靠 单 位:中国科学院声学所

2. 中国环境科学学会环境标准专业委员会

主 任 委 员:钮式如

副主任委员:陆昌淼　张婉华

挂 靠 单 位:国家环境保护局科技标准处

3. 中国环境科学学会环境监测分析专业委员会

主 任 委 员:吴鹏鸣

副主任委员:洪水皆　戴树桂　江孝绰

挂 靠 单 位:北京市环境监测中心

4. 中国环境科学学会环境医学专业委员会

主 任 委 员:蔡宏道

副主任委员:徐厚恩　耿精忠　徐　芳

挂 靠 单 位:北京医学院卫生系

5. 中国环境科学学会环境地球化学与污染化学地理专业委员会

主 任 委 员:章　申

副主任委员:陈业才　孙昌仁

挂 靠 单 位:中国科学院地理所

6. 中国环境科学学会环境生物学专业委员会

主 任 委 员:王德铭

副主任委员:黄玉瑶　杨彦希

挂 靠 单 位:中国科学院水生生物研究所

7. 中国环境科学学会环境质量评价专业委员会

主 任 委 员:王华东

副主任委员:万国江　陈　复　张志泉

挂 靠 单 位:冶金部北京环境评价公司

8. 中国环境科学学会环境理论专业委员会

主 任 委 员:马世骏

副主任委员:李金昌　程振华　彭天杰

挂 靠 单 位:中国科学院生态环境研究中心

9. 中国环境科学学会海洋环境学专业委员会

主 任 委 员:吴宝铃

副主任委员:刘瑞玉　何悦强　李家祺　周庆麟

挂 靠 单 位:国家海洋局第一海洋研究所

10. 中国环境科学学会环境大气学专业委员会

主 任 委 员:王文兴

副主任委员:张锡光　张锡福　温玉朴

挂 靠 单 位:中国环境科学研究院大气室

11. 中国环境科学学会环境化学专业委员会

主 任 委 员:刘静宜

副主任委员:唐孝炎　戴乾圜

挂 靠 单 位:中国科学院生态环境研究中心

12. 中国环境科学学会自然保护专业委员会

主 任 委 员:金鉴明

副主任委员:王献溥　陈昌笃　朱　靖　马杏绵

挂 靠 单 位:国家环境保护局大自然处

## 第三届理事会分支机构设置情况

一、工作委员会

1. 中国环境科学学会学术工作委员会

主 任 委 员:章　申

副主任委员:刘静宜　王文兴　徐厚恩

2. 中国环境科学学会教育工作委员会

主 任 委 员:王华东

3. 中国环境科学学会科普工作委员会

主 任 委 员:郭　方

副主任委员:余超然　杨时光

4. 中国环境科学学会国际交流工作委员会

主 任 委 员:刘静宜

5. 中国环境科学学会产业促进工作委员会

主 任 委 员:王树起

6. 中国环境科学学会咨询评估工作委员会

主 任 委 员:聂桂生

7. 中国环境科学学会组织工作委员会

主 任 委 员:傅立勋

副主任委员:段伯萍　王树起

二、分会

1. 中国环境科学学会环境管理、经济与法学分会

主 任 委 员:张坤民

副主任委员:刘　文　陈子久　金瑞林

挂 靠 单 位:北京市环境保护研究所

2. 中国环境科学学会环境工程分会

主 任 委 员:朱启东

挂 靠 单 位:冶金部建筑研究总院环保所

3. 中国环境科学学会环境摄影分会

主 任 委 员:金鉴明

副主任委员:杨朝飞　王树起　徐宏力　梁文骏　王　娅

挂 靠 单 位:国家环境保护局宣传教育司

4. 中国环境科学学会植物园保护分会

主 任 委 员:贺善安

副主任委员:张连全　邵应韶　廖舫林

挂 靠 单 位:南京中山植物园

5. 中国环境科学学会环境文学分会

主 任 委 员:金鉴明　杨　矛

副主任委员:杨朝飞　王树起　余超然　杨兆三　许正隆

挂 靠 单 位:中国环境报社

6. 中国环境科学学会国防环境分会

主 任 委 员:高　方　吴德昌

副主任委员:李香棣

挂 靠 单 位:中国人民解放军防化研究院

三、专业委员会

1. 中国环境科学学会环境物理专业委员会

主 任 委 员:李炳光

挂 靠 单 位:中国科学院声学所

2. 中国环境科学学会环境化学专业委员会

主 任 委 员:刘静宜

挂 靠 单 位:中国科学院生态环境研究中心

3. 中国环境科学学会环境质量评价专业委员会

主 任 委 员:乔致奇

副主任委员:吴治成　李惠明　薛祥忠

挂 靠 单 位:国家环境保护局开发监督司

4. 中国环境科学学会环境分析监测专业委员会

主 任 委 员:吴鹏鸣　梁熙彦(1991 年 7 月代理主任)

挂 靠 单 位:北京市环境监测站

5. 中国环境科学学会环境医学专业委员会

主 任 委 员:徐厚恩

副主任委员:鲁生业　薛　彬　姜　槐

挂 靠 单 位:北京医科大学卫生毒理学教研室

6. 中国环境科学学会环境海洋专业委员会

主 任 委 员:吴宝玲

挂 靠 单 位:国家海洋局第一海洋研究所

7. 中国环境科学学会大气环境学专业委员会

主 任 委 员:王文兴

副主任委员:张锡福　张锡光　温玉朴

挂 靠 单 位:中国环境科学研究院大气所

8. 中国环境科学学会自然保护专业委员会

主 任 委 员:金鉴明

副主任委员:陈昌笃　王献溥　汪　松　王礼嫱

挂 靠 单 位:国家环境保护局大自然司

9. 中国环境科学学会环境生物学专业委员会

主 任 委 员:王德铭

副主任委员:黄玉瑶　杨彦希

挂 靠 单 位:中国科学院水生生物研究所

10. 中国环境科学学会环境地学专业委员会(原环境地球化学与污染化学地理专业委员会)

主 任 委 员:章　申

挂 靠 单 位:中国科学院地理所

11. 中国环境科学学会环境基准专业委员会(原环境标准专业委员会)

主 任 委 员:钮式如

副主任委员:郑乃彤　徐庆华　庞应发

挂 靠 单 位:中国预防医学科学院环境卫生与卫生工程研究所

12. 生态农业专业委员会

主 任 委 员:郭士勤

副主任委员:张壬午　贾敬业

挂 靠 单 位:农业部环境保护研究所

## 第四届理事会分支机构设置情况

一、工作委员会

1. 中国环境科学学会学术交流工作委员会

主任委员:章　申

2. 中国环境科学学会组织工作委员会

主任委员:傅立勋

3. 中国环境科学学会科普与教育工作委员会

主任委员:郭　方

二、分会

1. 中国环境科学学会环境管理、经济与法学分会

主任委员:张坤民

挂靠单位:北京市环境科学研究院

2. 中国环境科学学会环境工程分会

主任委员:朱启东

挂靠单位:冶金部建研院环保所

3. 中国环境科学学会国防环境分会

主任委员:谭立明

挂靠单位:全军环境保护办公室

4. 中国环境科学学会植物园保护分会

主任委员:贺善安

挂靠单位:南京中山植物园

5. 中国环境科学学会环境技术分会

主任委员:井文涌

挂靠单位:国家环境保护局清华大学环境工程设计院

6. 中国环境科学学会水环境分会

主任委员:刘鸿亮

挂靠单位:中国环境科学研究院水环境研究所

7. 中国环境科学学会大气环境分会

主任委员:王文兴

挂靠单位:中国环境科学研究院大气所

8. 中国环境科学学会环境评价分会

主任委员:李书绅　乔致奇

挂靠单位:太原核辐射防护研究院

9. 中国环境科学学会自然保护分会

主任委员:金鉴明

挂靠单位:国家环境保护局南京环境保护研究所

10. 中国环境科学学会妇女与环境分会(筹)

主任委员:唐孝炎

挂靠单位:中国环境科学学会秘书处

11. 中国环境科学学会绿色包装分会(筹)

主任委员:高　瞻

挂靠单位:中国包装技术中心

三、专业委员会

1. 中国环境科学学会环境物理学专业委员会

主任委员:李炳光

挂靠单位:中国科学院声学研究所

2. 中国环境科学学会环境化学专业委员会

主任委员:单孝全

挂靠单位:中国科学院生态环境研究中心

3. 中国环境科学学会环境地学专业委员会

主任委员:章　申

挂靠单位:中国科学院地理研究所

4. 中国环境科学学会环境生物学专业委员会

主任委员:王德铭

挂靠单位:中国科学院水生生物研究所

5. 中国环境科学学会环境医学专业委员会

主任委员:徐厚恩

挂靠单位:北京医科大学

6. 中国环境科学学会环境基准专业委员会

主任委员:赵克强

挂靠单位:国家环境保护局南京环境保护研究所

7. 中国环境科学学会环境监测专业委员会

主任委员:魏复盛

挂靠单位:中国环境监测总站

8. 中国环境科学学会海洋环境保护专业委员会

主任委员:吴宝铃

挂靠单位:中国科学院海洋科学研究所

9. 中国环境科学学会固体废物专业委员会

主任委员:全　浩

挂靠单位:中日友好环境保护中心

## 第五届理事会分支机构设置情况

一、工作委员会

1. 中国环境科学学会学术工作委员会

主任委员:章　申

挂靠单位:学会秘书处

2. 中国环境科学学会科普工作委员会

主任委员:陈志远

挂靠单位:中国环境科学出版社

3. 中国环境科学学会环境教育工作委员会

主任委员:焦志延

挂靠单位:国家环境保护总局宣教中心

4. 中国环境科学学会科技与产业发展工作委员会

主任委员:鲍　强

挂靠单位:学会秘书处

5. 中国环境科学学会国际交流工作委员会

主任委员:徐厚恩

挂靠单位:学会秘书处

6. 中国环境科学学会咨询评估工作委员会

主任委员:杨志峰

挂靠单位:北京师范大学环境科学研究所

7. 中国环境科学学会组织工作委员会

主任委员:何升韬

挂靠单位:学会秘书处

二、分会

1. 中国环境科学学会环境管理分会

主任委员:张坤民

挂靠单位:国家环境总局政策研究中心

2. 中国环境科学学会环境工程分会

主任委员:刘　军

挂靠单位:冶金部建筑研究总院

3. 中国环境科学学会国防环境分会

主任委员:曹保榆

挂靠单位:中国人民解放军防化研究院

4. 中国环境科学学会环境影响评价分会
主任委员:朱　坦
挂靠单位:国家环境保护总局环境工程评估中心
5. 中国环境科学学会大气环境分会
主任委员:王文兴
挂靠单位:中国环境科学研究院
6. 中国环境科学学会自然保护分会
主任委员:张永春
挂靠单位:国家环境保护总局南京环境保护研究所
7. 中国环境科学学会环境技术分会
主任委员:井文涌
挂靠单位:清华大学
8. 中国环境科学学会绿色包装分会
主任委员:高　瞻
挂靠单位:中国包装新技术总公司
9. 中国环境科学学会水环境分会
主任委员:金相灿
挂靠单位:中国环境保护研究院
10. 中国环境科学学会植物园保护分会(变更中)
主任委员:贺善安
挂靠单位:江苏省中国科学院植物研究所

## 三、专业委员会

1. 中国环境科学学会环境物理学专业委员会
主任委员:田　静
挂靠单位:中国科学院声学所
2. 中国环境科学学会环境标准与基准专业委员会
主任委员:赵克强
挂靠单位:国家环境保护总局南京环境科学研究所
3. 中国环境科学学会环境监测专业委员会
主任委员:魏复盛

挂靠单位:中国环境监测总站

4. 中国环境科学学会环境医学专业委员会

主任委员:郝卫东

挂靠单位:北京大学医学部

5. 中国环境科学学会环境生物学专业委员会

主任委员:吴振斌

挂靠单位:中国科学院水生生物研究所

6. 中国环境科学学会海洋环境保护专业委员会

主任委员:俞志明

挂靠单位:中国科学院海洋所

7. 中国环境科学学会环境化学专业委员会

主任委员:单孝全

挂靠单位:中国科学院生态环境研究中心

8. 中国环境科学学会环境地学专业委员会

主任委员:董云社

挂靠单位:中国科学院地理科学与资源研究所

9. 中国环境科学学会生态农业专业委员会

主任委员:卞有生

挂靠单位:学会秘书处

10. 中国环境科学学会环境经济学专业委员会

主任委员:王金南

挂靠单位:国家环境保护总局环境规划院

11. 中国环境科学学会环境法学专业委员会

主任委员:王灿发

挂靠单位:中国政法大学

12. 中国环境科学学会固体废物专业委员会

主任委员:全　浩

挂靠单位:中日友好环境保护中心

13. 中国环境科学学会核安全与辐射环境安全专业委员会

主任委员:潘自强

挂靠单位:国家环境保护总局核安全中心

# 第六届理事会分支机构设置情况

一、工作委员会

1. 中国环境科学学会组织工作委员会
主任委员:金相灿
办事机构:学会秘书处
2. 中国环境科学学会学术工作委员会
主任委员:陈吉宁
办事机构:学会秘书处
3. 中国环境科学学会科普工作委员会
主任委员:魏复盛
办事机构:学会秘书处
4. 中国环境科学学会环境教育工作委员会
主任委员:郝吉明
办事机构:学会秘书处
5. 中国环境科学学会科技与产业发展工作委员会
主任委员:任官平
办事机构:学会秘书处
6. 中国环境科学学会国际交流工作委员会
主任委员:张远航
办事机构:学会秘书处
7. 中国环境科学学会咨询评估工作委员会
主任委员:朱　坦
办事机构:学会秘书处

二、分会

1. 中国环境科学学会环境物理学分会
主任委员:田　静
挂靠单位:中国科学院声学所
2. 中国环境科学学会环境化学分会

主任委员:江桂斌

挂靠单位:中国科学院生态环境研究中心

3. 中国环境科学学会环境地学分会

主任委员:杨志峰

挂靠单位:北京师范大学

4. 中国环境科学学会环境生物学分会

主任委员:吴振斌

挂靠单位:中国科学院水生生物研究所

5. 中国环境科学学会环境医学与健康分会

主任委员:郭新彪

挂靠单位:北京大学医学部

6. 中国环境科学学会环境管理分会

主任委员:夏　光

挂靠单位:国家环境保护部政策研究中心

7. 中国环境科学学会环境经济学分会

主任委员:王金南

挂靠单位:国家环境保护部环境规划院

8. 中国环境科学学会环境法学分会

主任委员:王灿发

挂靠单位:中国政法大学

9. 中国环境科学学会水环境分会

主任委员:金相灿

挂靠单位:中国环境科学研究院

10. 中国环境科学学会大气环境分会

主任委员:王文兴

挂靠单位:中国环境科学研究院

11. 中国环境科学学会固体废物分会

主任委员:全　浩

挂靠单位:中日友好环境保护中心

12. 中国环境科学学会环境工程分会

主任委员:岳清瑞

挂靠单位:中冶集团建筑研究总院

13. 中国环境科学学会生态与自然保护分会

主任委员:高振宁

挂靠单位:国家环境保护部南京环境科学研究所

14. 中国环境科学学会国防环境分会

主任委员:曹保榆

挂靠单位:中国人民解放军环境科学研究中心

15. 中国环境科学学会室内环境与健康分会

主任委员:白郁华

挂靠单位:北京大学环境科学与工程学院

## 三、专业委员会

1. 中国环境科学学会环境影响评价专业委员会

主任委员:朱　坦

挂靠单位:国家环境保护部环境工程评估中心

2. 中国环境科学学会环境监测专业委员会

主任委员:魏复盛

挂靠单位:中国环境监测总站

3. 中国环境科学学会环境标准与基准专业委员会

主任委员:孟　伟

挂靠单位:中国环境科学研究院

4. 中国环境科学学会海洋环境保护专业委员会

主任委员:于志刚

挂靠单位:中国海洋大学

5. 中国环境科学学会生态农业专业委员会

主任委员:高吉喜

挂靠单位:中国环境科学研究院

6. 中国环境科学学会核安全与辐射环境安全专业委员会

主任委员:潘自强

挂靠单位:国家环境保护部核与辐射安全中心

7. 中国环境科学学会绿色包装专业委员会

主任委员:刘新厚

挂靠单位:中国科学院理化技术研究所

8. 中国环境科学学会环境规划专业委员会

主任委员:邹首民

挂靠单位:国家环境保护部环境规划院

9. 中国环境科学学会持久性有机污染物专业委员会

主任委员:余　刚

挂靠单位:清华大学环境系

10. 中国环境科学学会机动车(船)污染防治专业委员会

主任委员:鲍晓峰

挂靠单位:中国环境科学研究院

四、拟新增分支机构

1. 中国环境科学学会环境信息系统与遥感专业委员会(筹)

主任委员:顾行发

挂靠单位:中国科学院遥感所

2. 中国环境科学学会土壤与地下水环境专业委员会(筹)

主任委员:李广贺

挂靠单位:清华大学环境系

3. 中国环境科学学会植物环境与多样性专业委员会(筹)

主任委员:夏　冰

挂靠单位:江苏省中国科学院植物研究所

## 附录四　《中国环境科学》历届编辑委员会名单

### 第一届编辑委员会

主　　编:黄新民

副 主 编:郭　方　刘静宜　马世骏　盛　愉　焦金虎　臧凤翔

常务编委(以姓氏笔画为序):

马世骏　王占生　王华东　王德明　方丹群　刘经旺

刘静宜　任阵海　李德仁　陈敏之　陈明绍　吴宝铃
郭　方　钮式如　徐厚恩　黄新民　金瑞林　章　申
盛　愉　焦金虎　臧凤翔

编　　委(以姓氏笔画为序)：
丁树荣　王文兴　王宝贞　王渤洋　王焕校　石宝山
田炳申　刘　文　刘鸿皋　李沛滋　汤鸿霄　江研因
朱惠刚　买永彬　曲仲湘　陈传康　陈栋生　陈　康
吴景学　余谋昌　张　帆　林肇信　岩　流　封根泉
赵松令　赵柏林　唐永銮　唐孝炎　高拯民　高小霞
翁苏颖　陶诗言　黄瑞农　黄锡畴　曾北巍　温玉朴
樊德方　蔡铭昆　薛济良

## 第二届编辑委员会

主　　编:王文兴
副 主 编:郭　方　盛　愉　王德铭　焦金虎　曹如明(常务)
　　周富祥(常务)
常务编委(以姓氏笔画为序)：
王占生　王华东　王德铭　王文兴　方丹群　任阵海
陈传康　陈明绍　汤鸿霄　吴宝铃　周富祥　金瑞林
徐厚恩　钮式如　唐孝炎　盛　愉　章　申　郭　方
焦金虎　曹如明　瞿爱权

编　　委(以姓氏笔画为序)：
丁树荣　于锡忱　王宝贞　王渤洋　王焕校　田炳申
刘　文　刘鸿皋　石宝山　江研因　朱惠刚　曲仲湘
吴景学　余谋昌　陈　康　陈栋生　李　康　陈家宜
陈赓良　李志庸　李沛滋　林肇信　买永彬　岩　流
赵松令　封根泉　徐寿波　唐永銮　高拯民　张　帆
黄瑞农　黄锡畴　曾北巍　温玉朴　陶诗言　蔡宏道
蔡铭昆　樊德方　薛济良　戴树桂　解天民　熊振楠

## 第三届编辑委员会

主　　编:王文兴

副 主 编:唐孝炎　王德铭　焦金虎　曹如明

编　　委(以姓氏笔画为序):

丁树荣　王　云　王占生　王华东　王宝贞　王渤洋
王焕校　方丹群　付国伟　田炳申　刘　文　刘天齐
刘静宜　刘鸿皋　石宝山　江研因　朱惠刚　何兴舟
杨惠芳　陈传康　余谋昌　陈　康　陈栋生　陈家宜
陈赓良　李　康　李志庸　吴宝玲　汤鸿霄　周富群
郭　方　金瑞林　林肇信　买永彬　岩　流　郦桂芬
钮式如　徐寿波　唐永銮　徐厚恩　高拯民　章　申
张　帆　黄锡畴　曾北巍　温玉朴　陶诗言　解天民
蔡宏道　樊德方　戴树桂　瞿受权　魏复盛

## 第四届编辑委员会

主　编:王文兴

副主编:王德铭　曹如明

编　委(以姓氏笔画为序):

丁树荣　王　云　王文兴　王宝贞　王焕校　王德铭
田炳申　刘天齐　刘宏明　刘鸿皋　刘静宜　刘毓谷
江研因　朱惠刚　李　康　汤鸿霄　任文堂　杨惠芳
何兴舟　余谋昌　陈家宜　陈赓良　张　帆　张　珂
张永良　金瑞林　林肇信　郑元景　郭　方　钮式如
郝吉明　赵殿五　唐永銮　徐厚恩　陶旭光　陶诗言
黄锡畴　章　申　曾北巍　曹如明　曹洪法　傅国伟
温玉璞　蔡宏道　樊德方　戴树桂　魏复盛

## 第五届编辑委员会

主　编:王文兴

副主编:魏复盛　王德铭　郝吉明

编　委(以姓氏笔画为序):

马　中　丁树荣　王　云　王文兴　王宝贞　王焕校
王德铭　孔海南　叶文虎　田炳申　刘天齐　刘鸿皋
刘静宜　刘毓谷　任阵海　江研因　朱惠刚　李金龙
李毓湘　汤鸿霄　任文堂　何兴舟　陈家宜　张　帆
张　珂　张永良　张志群　金瑞林　郭　方　钮式如
郝吉明　唐永銮　徐厚恩　陶诗言　黄锡畴　章　申
曹洪法　傅国伟　温玉璞　蔡宏道　蔡道基　戴树桂
樊德方　魏复盛

## 第六届编辑委员会

主　编:王文兴

副主编:魏复盛　郝吉明　孙铁珩

编　委(以姓氏笔画为序):

马　中　孔海南　王文兴　王晓蓉　王树义　王金南
仇荣亮　白郁华　宁　平　孙铁珩　汤鸿霄　汤　博
任阵海　任文堂　任南琪　全　燮　江研因　李毓湘
李广贺　李少萌　刘永定　刘双江　朱利中　朱　坦
朱建平　许振成　张　懿　张　阳　張時禹　何兴舟
何品晶　孟　伟　吴启堂　吴德生　陈家宜　陈同斌
陈建民　周宜开　洪钟祥　胡洪营　赵进才　赵勇胜
赵建夫　郝吉明　郝芳华　骆永明　郭新彪　徐開欽
高宝玉　蔡道基　潘　纲　潘家华　戴树桂　魏复盛

## 附录五　中国环境科学学会所获主要奖项

中国环境科学学会的工作得到了有关部门和机构的认可,多年来多次获得各种奖项,其中主要有:

1. 为了表彰学会在中国组织世界环境日宣传活动中的突出成绩,由联合国环境规划署在北京召开的1989年纪念世界环境日大会上,代表联合国环境规划署(UNEP)授予学会一枚银牌。

2. 2003年1月10日,2002年度《中国环境科学》荣获中华人民共和国新闻出版总署颁发的“第二届国家期刊奖提名奖”。

3. 2002年,《中国环境科学》获得中国科协颁发的“第三届优秀科技期刊一等奖”。

4. 2005年2月22日,2004年度的《中国环境科学》荣获中华人民共和国新闻出版总署颁发的“第三届国家期刊奖百种重点期刊”。荣获此奖,标志着《中国环境科学》杂志进入了全国精品期刊行列。

5. 2003年5月,中国环境科学学会荣获中宣部、科技部、中国科协授予的“全国科普先进集体”称号。

6. 2003年,中国环境科学学会荣获民政部授予“抗击‘非典’先进全国性社会团体”称号及中国科协授予的“防治非典型肺炎先进学会”荣誉奖牌。

7. 2005年10月,中国环境科学学会被中国科协评为“全国农村科普先进集体”。

8. 2005年,中国环境科学学会荣获中国科协授予的“科学技术普及先进奖”。

9. 2007年,中国环境科学学会联合北京10所高校共同主办的“大学生志愿者千乡万村环保科普行动”入选由中国公众科技网和大众科技报联合主办的“2007年中国10大科普事件”。

10. 中国科协2008年1月11日发出《关于第六届中国科协先进学会的表彰决定》(科协发学字[2008]5号),授予中国环境科学学会第六届中国科协先进学会奖,并在中国科协召开的七届三次全委会上得到表彰。

11. 其他:

1995年9月,中国环境科学学会积极组织参加第四次世界妇女大会非政府组织论坛,成功地举办了“妇女与环境”专题研讨会,受到了全国妇联和第四次世界妇女大会NGO论坛中国组委会的表彰。

1991年以来,中国环境科学学会积极参加国际科学与和平周的活动,多次荣获中国组织委员会颁发的贡献奖。

## 附录六 省级及部分市级环境科学学会简介

在中国环境科学学会创建的同时,各省、自治区、直辖市及计划单列市环境科学学会也相继成立。地方环境科学学会是地方科学技术协会的组成部分，主要为地方环境科学学科发展和环保事业的发展服务。但是地方环境科学学会同中国环境科学学会的工作关系很密切。多年来，中国环境科学学会会同地方环境科学学会采用多种形式，联合或配合组织了大量活动，共同为推动环境科学的进步和环境保护事业的发展做了大量有益的工作。为此，特将省级及部分市级环境科学学会情况介绍于此。

**北京环境科学学会**

成立时间：1979 年 4 月

第一届理事会

理 事 长：江小珂

副理事长：刘培桐　胡汉昇　过祖源

第二届理事会（成立时间：1992 年）

理 事 长：江小珂

副理事长：胡汉昇　戴乾圜　史捍民　曲际水（1996 年上任）

第三届理事会（成立时间：2000 年）

理 事 长：张燕如

副理事长：曲际水　郝吉明　李宪法

第四届理事会（成立时间：2005 年）

理 事 长：潘曙达

副理事长：郝吉明　田　刚　张　韵

下属分支机构：学术交流部、咨询部、科普宣传部、财务部、青年工作部

**天津市环境科学学会**

成立时间：1976 年 8 月

第一届理事会

理 事 长：王文兴

副理事长：蔡公淇　王作锟　王乃谦　戴树桂　张　准

第二届理事会（成立时间：1980 年）

理 事 长：于锡忱

副理事长：唐洪德　戴树桂　姚　峻　宛吉斌

第三届理事会(成立时间:1984 年)

理 事 长:岳纪伟　刘金生(后任)

副理事长:戴树桂　徐润达　周　静　陈志文　安鼎年　乔寿锁
宫　伟　朱　锷

第四届理事会(成立时间:2005 年 5 月 27 日)

理 事 长:邢振纲

副理事长:朱　坦　王静康　张宏伟　李宝柱　李小宁　秦保平
张　红　徐　强

下属分支机构:环境监测委员会、绿色教育委员会

出版刊物:《城市环境与城市生态》

市辖地方学会:河北区、大港区、和平区环境科学学会

**河北省环境科学学会**

成立时间:1981 年 5 月 27 日

第一届理事会

理 事 长:于志衡

副理事长:李　明　王恩多　訾维廉　包文滁　赵振川

1984 年调整:苏佐山任名誉理事长、李启峰任理事长

第二届理事会(成立时间:1986 年)

理 事 长:李启峰

副理事长:王恩多　蒋守规　包文滁　贾敬鲜　张振亚

第三届理事会(成立时间:1991 年)

理 事 长:王恩多

副理事长:蒋守规　包文滁　贾敬鲜

第四届理事会(成立时间:1996 年)

理 事 长:马登岐

副理事长:蒋守规　包文滁　贾敬鲜

第五届理事会(成立时间:2004 年)

理 事 长:马登岐

副理事长:白进杰　王路光　刘大群　魏文娜　蒋梅瑛　张焕桢
郑连生

下属分支机构：河北省环境监测分会、河北省环境评价分会、河北省清洁生产与循环经济专业委员会

省辖地方学会：保定市、秦皇岛市、邯郸市、石家庄市、邢台市、张家口市、唐山市、衡水市、承德市、沧州市、廊坊市环境科学学会

**山西省环境科学学会**

成立时间：1979 年 9 月 22 日

第一届理事会

理 事 长：邵象伊

副理事长：王兆宇　杨沛源　凌大琦　李光恒　祝玉珂　谈行健

第二届理事会（成立时间：1984 年 3 月）

理 事 长：许大江

副理事长：杨沛源　陈泽勤　祝玉珂　谈行健

第三届理事会（成立时间：1990 年 3 月）

名誉理事会：王茂林

理　事　长：马　骏

副 理 事 长：杨沛源　王兴南　严健汉　赵金岭

第四届理事会（成立时间：1995 年 10 月）

理 事 长：宋文郁

副理事长：杜培仁　王兴南　张治中

第五届理事会（成立时间：2002 年 5 月 11 日）

理 事 长：王树静

副理事长：杜培仁（常务）　王兴南　范文标　宋建民　王志朝　李俊山

下属分支机构：山西省环境工程分会、山西省环境影响评价分会、山西省环境监测分会、山西省环境信息分会、山西省辐射环境分会、山西省环境保护宣教分会、山西省环境规划专业委员会、山西省生态保护专业委员会、山西省环保法规专业委员会

省辖地方学会：太原市、临汾市、运城市、大同市、长治市、晋中市、忻州市、阳泉市、晋城市、吕梁市、朔州市环境科学学会

**内蒙古自治区环境科学学会**

成立时间:1979 年 12 月 15 日

第一届理事会

理 事 长:阿木古郎

副理事长:周庆仁　康允昌　阿耀希　赵金庆　苏　热

第二届理事会(成立时间:1984 年 4 月 29 日)

理 事 长:廉　皓

副理事长:周庆仁　雍世鹏　敖　毅　康允昌

第三届理事会(成立时间:1991 年 12 月 24 日)

理 事 长:辛永福

副理事长:周庆仁　林鸿升　沈　智

第四届理事会(成立时间:1996 年 5 月 21 日)

理 事 长:吴国忠

副理事长:胡强宁　沈　智　滕有正

第五届理事会(成立时间:2001 年 1 月 7 日)

理 事 长:吴国忠

副理事长:解双华　胡强宁　敖斯尔　陈　璞

第六届理事会(成立时间:2008 年 5 月 8 日)

理 事 长:吴国忠

副理事长:潘彦昭　王文生　李鸣晓　刘恒发

出版刊物:《内蒙古环境保护》,1989 年 8 月创刊

自治区辖地方学会:呼和浩特市、包头市、赤峰市、乌海市、呼伦贝尔市、通辽市、鄂尔多斯市、乌兰察布市、巴彦淖尔市、锡林郭勒盟、兴安盟、阿拉善盟环境科学学会

**辽宁省环境科学学会**

成立时间:1978 年 11 月 25 日

第一届理事会

理 事 长:宋志英

副理事长:卢良善　王　微　陈洪权　涂长晟　高拯民　曾　彦

第二届理事会(成立时间:1981 年 6 月 4 日)

理 事 长:蔡铭昆

副理事长:卢良善　汪仲祺　陈洪权　高拯民　涂长晟　谭　诚

第三届理事会(成立时间:1988 年 4 月 8 日)

理 事 长:刘卫邦

副理事长:陈　复　李兴正　蔡铭昆　谭　诚　邢克孝

第四届理事会(成立时间:1995 年 11 月 26 日)

理 事 长:孔昌俊

副理事长:刘铁生　孙铁衍　董厚德　王建成　施中岩　方福生
李贵立　孔维芳

第五届理事会(成立时间:2004 年 8 月 27 日)

名誉理事长:赵新良

理 事 长:陆钟武

副理事长:朱京海　孙铁衍　张玉奎　石金峰　全　夑　徐田伟

下属分支机构:环境监测分会、环境法律、循环经济专业委员会

出版刊物:《环境保护与循环经济》,原名称为《环境科技》和《辽宁城乡环境科技》,1979 年创刊

省辖地方学会:沈阳市、大连市、鞍山市、抚顺市、本溪市、丹东市、锦州市、营口市、辽阳市、阜新市、盘锦市,铁岭市、朝阳市、锦西市、葫芦岛市环境科学学会

**吉林省环境科学学会**

成立时间:1979 年 1 月 12 日

第一届理事会

理 事 长:岩　流

副理事长:吴利民　吴正淮　黄锡畴　陆昌淼　唐云梯

第二届理事会(成立时间:1982 年 12 月 24 日)

理 事 长:岩　流

副理事长:吴正淮　吴利民　董万堂　黄锡畴　王隆甫　唐云梯

第三届理事会(成立时间:1990 年 12 月 1 日)

理 事 长:张立军

副理事长:唐云梯　黄锡畴　王隆甫　杜尧国　尚金城　胡大理

第四届理事会(成立时间:1996 年 10 月 16 日)

理 事 长:傅　兴

副理事长:尹天佑　尹　军　王凤翔　何　岩　邓　伟　尚金城
马文兴　徐建一　刘凡清　周洪泉　张兴福　潘春生
李振忠　高　翔　金贞子

第五届理事会(成立时间:2005 年 10 月 17 日)

理 事 长:王林溪

副理事长:范伟民　尹　军　邓　伟　冯　江　张兴福　董德明

下属分支机构:环境医学、环境管理与工程、环境教育和科学普及、环境监测、环境法学等学术委员会

省辖地方学会:长春市、吉林市、四平市、辽源市、通化市、白山市、松原市、白城市、延边朝鲜族自治州环境科学学会

**黑龙江省环境科学学会**

成立时间:1981 年 4 月 26 日

第一届理事会

理 事 长:刘勤孝

副理事长:刘志诚　余　健　李富祥　张自杰　王亚蘧　孙宝珩
刘洪年

第二届理事会

名誉理事长:安振东

理 事 长:胡春城

副理事长:刘志诚　余　健　李富祥　张自杰　朱振岗　史学昌
刘洪年

第三届理事会

名誉理事长:安振东

理 事 长:李德源

副理事长:周　定　徐国林　李富祥　王亚蘧　朱振岗　张自杰
刘洪年

下属分支机构:环境管理、环境监测、环境工程、环境医学、自然保护、环境物理、环境化学、环境科普教育等 8 个专业委员会

出版刊物:《北方环境》,1980 年 5 月 20 日创刊

省辖地方学会:齐齐哈尔市、龙江县、密山市、富锦市、牡丹江市、鹤岗市、佳木斯市环境科学学会

**上海市环境科学学会**

成立时间:1978 年

第一届理事会

理 事 长:靳怀刚

副理事长:刘少华　方柏容

第二届理事会(成立时间:1985 年)

理 事 长:陈江涛

副理事长:陆福宽　高廷耀　洪传洁　谭福元

第三届理事会(成立时间:1996 年)

理 事 长:吕淑萍

副理事长:陆福宽　江研因　顾国维　张大年

第四届理事会(成立时间:2001 年)

理 事 长:洪　浩

副理事长:陆福宽　顾国维　徐祖信　江研因　张大年

第五届理事会(成立时间:2007 年)

理 事 长:徐祖信　张　全(2008 年 5 月接任)

副理事长:陆福宽　陈立民　俞立中　赵建夫

下属分支机构:水环境、大气环境、环境噪声、固体危险废物、环境医学、环境监测、环保工业、环境管理 8 个专业委员会

**江苏省环境科学学会**

成立时间:1979 年 12 月 23 日

第一届理事会

理 事 长:季　解

副理事长:高　鸿　张书农　张国义　王　勇　侯雨亭

第二届理事会(成立时间:1987 年 11 月)

理 事 长:陈猷翔

副理事长:张书农　陈文辉　丁树荣　夏家淇

第三届理事会(成立时间:1991 年 11 月)

理 事 长:袁克昌

副理事长:史振华　陈猷翔　陈文辉　夏家淇　金洪钧

第四届理事会(成立时间:1996 年 11 月)

理 事 长:袁克昌

副理事长:史振华　金洪钧　鲍荣熙

第五届理事会(成立时间:2002 年 12 月)

理 事 长:袁克昌

副理事长:陆根法　高振宁　李大骥　张利民　陈克平

下属分支机构:学术工作委员会、科普宣教工作委员会、组织工作委员会;环境管理、经济与法学,环境监测,辐射环境监测管理,生态环境保护,水环境保护,大气环境保护,环境噪声与振动,固体有害废物,环境医学,环境污染防治,化工污染防治,环境科技与产业发展等专业委员会

出版刊物:《污染防治技术》,1988 年创刊

省辖地方学会:南京市、无锡市、徐州市、常州市、苏州市、南通市、连云港市、淮安市、盐城市、扬州市、镇江市、泰州市、宿迁市环境科学学会

**浙江省环境科学学会**

成立时间:1980 年 11 月 25 日

第一届理事会

理 事 长:张捷勋

副理事长:孙健如

第二届理事会(成立时间:1983 年 5 月)

理 事 长:梁振邦

副理事长:吴宏美

第三届理事会(成立时间:1985 年 11 月)

理 事 长:梁振邦

副理事长:吴宏美　吴敦敖

第四届理事会(成立时间:1988 年 10 月)

理 事 长:吴宏美

副理事长:吴敦敖　钱秉钧

第五届理事会(成立时间:1992 年 9 月)

理 事 长:黄家矩

副理事长:朱荫湄

第六届理事会(成立时间:2001 年 4 月)

理 事 长:黄家矩

副理事长:姚爱珍

第七届理事会(成立时间:2005 年 4 月)

理 事 长:陈　茜

副理事长:周广明

下属分支机构:环境监测与评价、环境工程、环境生态、废弃物资源化、环境医学、噪声与振动、环境教育宣传、环境管理学等 8 个专业委员会和优秀学术论文评委会

出版刊物:《浙江省环境科学与环保产业》

省辖地方学会:杭州市、湖州市、温州市、宁波市、衢州市、舟山市、丽水市、绍兴市、金华市、义乌市、慈溪市、台州市环境科学学会

**安徽省环境科学学会**

成立时间:1980 年 11 月 17 日

第一届理事会

理 事 长:范涡河

副理事长:吴东儒　杨隆嘉　贾鼎勋　张懋森　白　荣　张连湘　张明朗

第二届理事会(成立时间:1997 年 6 月 5 日)

理 事 长:潘天声

副理事长:徐家声　周建强　林祥钦　岳永德

第三届理事会(成立时间:2003 年 3 月 28 日)

名誉理事长:方兆本

理 事 长:徐家声

副理事长:张之源　杨寿彭　董　荣　俞汉青　李玉成　汪家权

下属分支机构:环境科普与教育委员会、环境监测专业委员会、环境评价专业委员会、环境生态专业委员会、环境工程专业委员会、环境规划与管理专业委员会

省辖地方学会:合肥市、淮南市、淮北市、铜陵市、芜湖市、蚌埠市、安庆市、马鞍山市、六安市、阜阳市、宿州市、宣城市环境科学学会

**福建省环境科学学会**

成立时间:1981 年 5 月

第一届理事会

理　事　长:郭佩文

副理事长:甘景镐　张　帆　周绍民

第二届理事会(成立时间:1986 年 5 月)

理　事　长:沈继武

副理事长:黄超英　林　甄　吴瑜端　甘景镐　张　帆

第三届理事会(成立时间:1993 年 12 月)

理　事　长:杨明弈

副理事长:林　甄　张　帆　沈关成　严拱钦　陈振金

第四届理事会(成立时间:2001 年 9 月)

理　事　长:郑更新

副理事长:王钦敏　翁伯奇　陈振金　袁东星　陈　健　陈泽锋

第五届理事会(成立时间:2008 年 7 月)

理　事　长:丛　澜

副理事长:陈振金　陈祥彬　翁伯奇　傅贤智　陈　健　徐　波

下属分支机构:环境学术、环境咨询、环境科普、科技与产业发展、环境合作与交流 5 个专业委员会以及环境管理、环境工程、环境监测与综合评价、环境医学、环境生态等 5 个学组

出版刊物:《福建环境》,1984 年 1 月创刊

省辖地方学会:福州市、厦门市、漳州市、泉州市、三明市、莆田市、南平市、龙岩市、宁德市环境科学学会

**江西省环境科学学会**

成立时间:1984 年 7 月

第一届理事会

理 事 长:韩 伟

第二届理事会(成立时间:1997 年 8 月)

理 事 长:张 莉

副理事长:林 波 万良碧 史忠良

第三届理事会(成立时间:2003 年 9 月)

理 事 长:张佩琦

副理事长:李旭亮 林 波 王华林

下属分支机构:学术工作委员会、环境工程专业委员会、环境监测专业委员会、环境教育与科普专业委员会、环境资源与生态专业委员会、清洁生产专业委员会、环境监察与法学专业委员会、环境影响评价专业委员会

省辖地方学会:南昌市、九江市、景德镇市、抚州市、萍乡市、新余市、吉安市、上饶市、鹰潭市环境科学学会

**山东省环境科学学会**

成立时间:1980 年 6 月 30 日

第一届理事会

理 事 长:邵 平

副理事长:张斟滋 张兰阁 姜万禧 刘汉彬 李克桂 刘遐令
李冠国 吴宝铃 邹时复 丁 恬

第二届理事会(成立时间:1986 年 9 月 11 日)

名誉理事长:宋一民

理 事 长:王耀凤

副理事长:丁 恬 孙启爽 吴宝铃 邹时复

第三届理事会(成立时间:1993 年 6 月 10~12 日)

理 事 长:王耀凤

第四届理事会(成立时间:2001 年 12 月 15 日)

理 事 长:张 凯

第五届理事会(成立时间:2007 年 2 月 7 日)

理 事 长:张 波

下属分支机构:山东省环境保护技术咨询中心

出版刊物:《山东环境》,1980 年 7 月创刊

省辖地方学会:济南市、威海市、济宁市、泰安市、青州市环境科学学会

**河南省环境科学学会**

成立时间:1981 年 8 月 17 日

第一届理事会

理 事 长:郑普堂

副理事长:张铁弓 李陶庭 王祥兆 朱秋林 吴荐华 张铭哲 黄鸿恩 马安仁

第二届理事会(成立时间:1984 年 11 月 27 日)

名誉理事长:邵文杰

理 事 长:魏芳亭

副 理 事 长:秦建修 丁宝安 张铭哲 黄鸿恩 杨宝珠

第三届理事会(成立时间:1990 年 8 月 12 日)

名誉理事长:邵文杰 刘 源 魏芳亭

顾 问:李陶庭 黄鸿恩 杜子林 李丙寅

理 事 长:蒋书铭 张铭哲 刘玉萃 张家平

第四届理事会:(成立时间:2001 年 12 月)

名誉理事长:张世英 张洪华 杨显明

理 事 长:王国平

名 誉 顾 问:王银忠 王月堂 宋国华 李 敏 马平安

顾 问:张家平 刘华莲 王钦亮 张合亭 刘玉萃 于 稹

副 理 事 长:宋丽英 贾 跃 刘国庆 薛显林 周以忠 方洪莲 邓金辉 孟西林 董其伍 马建华 李存牢 李怀清 孟庆利 张昌荣

下属分支机构:空气污染防治、水污染防治、环境监测、环境质量评价、环境管理、环境经济、环境噪声、环境医学、自然生态保护、环境教育普及、环境地学、水资源保护等 12 个专业委员会

省辖地方学会：郑州市、安阳市、新乡市、鹤壁市、焦作市、商丘市、周口市、开封市、平顶山市、许昌市、漯河市、三门峡市、洛阳市、南阳市、驻马店市、信阳市、济源市、濮阳市、巩义市、舞钢市、灵宝市环境科学学会

**湖北省环境科学学会**

成立时间：1979 年 12 月 13 日

第一届理事会

理 事 长：黄涛若

副理事长：李　平　蔡宏道　简浩然　王德铭　韩玉生

第二届理事会

理 事 长：王德铭

副理事长：宋文林　李　平　姚禄安

第三届理事会

理 事 长：陈秉林

副理事长：王德铭　姚禄安　宋文林　吴福仁

下属分支机构：环境学术、科普教育、咨询工作 3 个委员会和《环境科学与技术》编辑委员会，还有环境工程、环境医学、环境监测、环境评价、环境管理及自然生态保护 6 个专业委员会

出版刊物：《环境科学与技术》，1979 年以《湖北省环境保护》季刊创刊，1983 年改名为《环境科学与技术》在国内公开发行

省辖地方学会：黄石市、荆门市、武汉市、十堰市环境科学学会

**湖南省环境科学学会**

成立时间：1979 年 10 月

第一届理事会

理 事 长：凡　明

副理事长：胡为柏　陶　敏　杜宝德　王舒堂　曾北危

第二届理事会（成立时间：1986 年 10 月）

理 事 长：凡　明

副理事长：陈明光　曾北危　王舒堂　周鼎贤

第三届理事会(成立时间:1997 年 10 月)
理 事 长:刘久成
副理事长:谷文龙 曾光明 吴晓芙 陈屏璋
第四届理事会(成立时间:2003 年 8 月)
理 事 长:彭 翔
副理事长:曾光明 吴晓芙 刘健灵 李倦生 郭勇为 卢向阳
省辖地方学会:长沙市、株洲市、衡阳市、湘潭市、岳阳市、常德市、邵阳市、怀化市、娄底市、益阳市、郴州市、零陵市环境科学学会

**广西壮族自治区环境科学学会**

成立时间:1980 年 12 月
第一届理事会
理 事 长:林静中
副理事长:区用乾(王兆南、张国衡)
第二届理事会(成立时间:1985 年 12 月 24 日)
理 事 长:刘魁成
副理事长:区用乾 钟森荣 陈震宇
第三届理事会(成立时间:1992 年底)
理 事 长:钟森荣
副理事长:陶显亮 蒲文兴 卢植新等
第四届理事会(成立时间:1998 年 3 月)
名誉理事长:秦文凯
顾 问:陶显亮 蒲文兴
理 事 长:钟森荣
副 理 事 长:卢植新 刘大根 陈学明
第五届理事会(成立时间:2003 年 12 月)
理 事 长:钟森荣
副理事长:卢植新 王岑生 庞才光
自治区所辖地方学会:南宁市、柳州市、桂林市、梧州市、桂林地区、百色地区等市级环境科学学会

**广东省环境科学学会**

成立时间:1979 年 7 月

第一届理事会

理 事 长:侯剑秋

副理事长:唐永銮 宋 清 钟俊贤 苏振东

第二届理事会(成立时间:1983 年 11 月 21～23 日)

理 事 长:侯剑秋

副理事长:宋 清 黄干伟 麦伯骥 唐永銮 杜应秀 张展霞 何宜庚

第三届理事会(成立时间:1988 年 2 月 6～7 日)

理 事 长:强炳寰

副理事长:张展霞 陈成章 萧 锦 何宜庚

第四届理事会(成立时间:1992 年 2 月 16 日)

理 事 长:强炳寰

副理事长:陈成章 汪晋三 游成龙 萧 锦

第五届理事会(成立时间:1997 年 11 月 13 日)

理 事 长:王荫焜

副理事长:王子葵 李子森 汪晋三 傅家谟 万洪富

第六届理事会(成立时间:2000 年 12 月 28 日)

理 事 长:王荫焜

副理事长:陈 敏 李子森 张振钿 汪晋三 傅家谟 万洪富

下属分支机构:环境监测、环境质量评价、环境工程、环境医学、环境生态、海洋环境保护、环境宣传教育、环境管理与法学、环境信息、环境保护标准化等 10 个专业委员会

出版刊物:《广东环保科技》,1991 年创刊

省辖地方学会:南雄县、翁源县、新丰县、曲江县、梅州市、丰顺县、惠州市、龙门县、江门市、新会县、开平县、佛山市、南海市、广州市(东山区、荔湾区、天河区、芳村区)、从化县、番禺市、深圳市、珠海市、汕头市、潮州市、韶关市、仁化县、顺德县、湛江市、茂名市、肇庆市、清远市环境科学学会

**四川省环境科学学会**

成立时间:1981 年 5 月 1 日

第一届理事会

理 事 长:陈 华

副理事长:王祖泽 龙以祥 刘中正 宁德铭 过基同 何国威 曾宇石

第二届理事会(成立时间:1986 年 10 月)

名誉理事长:顾金池

理 事 长:刘中正

副 理 事 长:潘大健 焦成斌 姚廷伸 陈国阶 王万新 林定恕

第三届理事会(成立时间:1990 年 10 月)

名誉理事长:马 麟 宋大凡 顾金池

理 事 长:潘大健

副 理 事 长:朱联锡 刘昌昭 李永祺 陈国阶 林定恕 姚廷伸

第四届理事会(成立时间:1997 年 10 月)

名誉理事长:邹广严

理 事 长:郭兴邦

常务理事长:谷声文

副 理 事 长:陈国阶 朱联锡 曾军

第五届理事会(成立时间:2002 年 3 月)

名 誉 理 事 长:邹广严

理 事 长:朱天开

常务副理事长:谢 天

副 理 事 长:包 惠 陈国阶 杜受祜 吴香尧 扬立中 杨继瑞 郝 洁 蔡 竞

下属分支机构:学术、编辑两个工作委员会。环境教育、环境管理与软科学、环境监测、环境质量及标准、环境工程、生态环境、环境辐射、环境医学、水环境、环境经济、固体废弃物处置 11 个专业委员会

出版刊物:中国科技核心期刊《四川环境》,1982 年 3 月创刊,双月刊

省辖地方学会:成都市、自贡市、攀枝花市、乐山市、绵阳市、德阳市、广元

市、内江市、泸州市、南充市、雅安市、宜宾市、凉山州环境科学学会

## 贵州省环境科学学会

成立时间：1980 年 6 月 5 日

第一届理事会

理 事 长：刘凤亭

副理事长：赵金声 李良骐 万国江 邓峰林 魏赞道 吴继武

第二届理事会（成立时间：1984 年 6 月 5 日）

理 事 长：杜阳振

副理事长：李良骐 万国江 邓峰林

第三届理事会（成立时间：1989 年 3 月 9 日）

理 事 长：杜阳振

副理事长：孟宪文 万国江 屠玉麟

第四届理事会（成立时间：2008 年 5 月 27 日）

理 事 长：沈兴鹏

副理事长：鄢贵权 万国江 张维

下属分支机构：学术工作委员会、科普工作委员会、咨询评估工作委员会、咨询评估工作委员会、环境管理及监测委员会、环境工程委员会、环境与健康委员会等

出版刊物：《环保科技》，1980 年创刊

省辖地方学会：遵义市、都匀市、毕节地区、六盘水市、安顺地区、贵阳市、黔东南苗族侗族自治州、铜仁地区环境科学学会

## 云南省环境科学学会

成立时间：1980 年 3 月

第一届理事会（成立时间：1981 年）

理 事 长：曲仲湘

副理事长：于 仪 邹桂岩 蒋家竹

第二届理事会（成立时间：1986 年）

理 事 长：邹桂岩

副理事长:刘邦瑞　王焕校　李广润
第三届理事会(成立时间:1992年)
理 事 长:李广润
副理事长:王焕校　马玉麟　刘福灿　王家驹
第四届理事会(成立时间:1996年)
理 事 长:李广润
副理事长:王焕校　马玉麟　宁　平　邓家荣
第五届理事会(成立时间:2002年)
理 事 长:李广润
副理事长:邓家荣　王焕校　宁　平　李　唯
第六届理事会(成立时间:2006年)
理 事 长:邓家荣
副理事长:宁　平　李　唯
下属分支机构:环境学术委员会(环境管理、环境工程、环境生态、环境监测4个专业组);环境教育委员会(环境教育专业组、资料编辑组);咨询委员会
出版刊物:《会讯》,1980年创刊
省辖地方学会:昆明市、大理白族自治州、临沧地区、曲靖地区、玉溪地区、红河哈尼族彝族自治州环境科学学会

**陕西省环境科学学会**

成立时间:1980年12月10日
第一届理事会
理 事 长:秦烈英
副理事长:聂树人　薛澄泽　杜文虎
秘书长:陈秉彝
第二届理事会(成立时间:1990年)
理 事 长:张宝昌
副理事长:张亮银　杜文虎　薛澄泽　于泮池　陈松旺　郭敖生　李平安
第三届理事会(成立时间:2003年)

理　　事　　长:刘维隆

常务副理事长:冉新权

副　理　事　长:王万忠　王晓昌　方品贤　周孝德　顾兆林　高德远
黄春长　彭志玺　惠泱河

**甘肃省环境科学学会**

成立时间:1979 年 11 月

第一届理事会

理　事　长:关守信

第二届理事会(成立时间:1984 年 11 月)

理　事　长:石敏媛

第三届理事会(成立时间:1994 年 6 月)

理　事　长:赵力德

第四届理事会(成立时间:1998 年 6 月)

理　事　长:王家勋

第五届理事会(成立时间:2002 年 6 月)

理　事　长:王家勋

副理事长:赵旭涛　邱熔处　石培基

下属分支机构:学术宣传,水环境,大气环境,噪声、振动与辐射,生态与资源综合利用,环境监测等专业委员会

**青海省环境科学学会**

成立时间:1982 年 12 月

第一届理事会

名誉理事长:尹克升

理　　事　　长:周永玲

副　理　事　长:杨德仁　张维善　李含英　程子超　朱新德

第二届理事会

名誉理事长:尹克升

理　　事　　长:周永玲

副　理　事　长:杨德仁　张维善　吴铃之　朱新德　叶　飞　李希纮

第三届理事会

理 事 长:康维新

副理事长:穆梅兰　魏益宁　马海洲　严　鹏　刘全喜

第四届理事会(成立时间:2003 年 8 月 20 日)

名誉理事长:苏　森

理　事　长:赵浩明

副 理 事 长:何东江　王胜德　刘应祥　赵新全　马海洲　刘红星
巩爱歧　杨贵林

出版刊物:《青海环境》,1984 年 3 月创刊

**新疆维吾尔自治区环境科学学会**

成立时间:1979 年

第一届理事会

理 事 长:张　劲

副理事长:贺登文　谢庆祥　张家铭　别　克　黄慰青　杜为惠

第二届理事会(成立时间:1986 年)

理 事 长:张　劲

副理事长:别　克　阿赛德　吕　出　贺登文　张国文　张家铭
袁亚东　黄慰青　楼辉映　蔡贵明

第三届理事会(成立时间:1993 年)

理 事 长:徐则高

副理事长:张家铭　袁亚东　黄慰青　楼辉映

第四届理事会(成立时间:1998 年)

名誉理事长:金云辉

理　事　长:徐则高

副 理 事 长:王文腾　王国荃　安惠民　别　克　吴振江　张家铭
阿赛德　高志忠　贾钧山　楼辉映

第五届理事会(成立时间:2003 年)

名誉理事长:王怀玉　刘　怡

理　事　长:魏山峰　牛晓萍(2006 年 9 月中旬担任)

副 理 事 长:艾努瓦尔　魏生贵　帕拉提·阿布都卡迪尔　袁进修

甫拉提·乌马尔　阿不拉·托热甫　邓铭江　穆　汉
帕尔哈提·艾孜尔　张启曾　王联社　井清河
张小雷　阿不来提·阿不都热依木　许振海

下属分支机构:环境管理、企业环保、环境咨询、环境监测、环境科研、大专院校、宣传教育等专业委员会

出版刊物:《新疆环境保护》,1978 年 10 月创刊

**宁夏回族自治区环境科学学会**

成立时间:1979 年 12 月 29 日

第一届理事会

理 事 长:杨瑞周

副理事长:赵培栋　季光亚　高文华

第二届理事会(成立时间:1997 年 9 月 24 日)

理 事 长:何　琮

第三届理事会(成立时间:2005 年 8 月 5 日)

名誉理事长:黄超雄

顾　　问:马继贞　刘　璞

理 事 长:何　琮

副 理 事 长:孙世文　顾　川　侯建海　王风刚　尹自波　朱振林
兰　涛　史建平　田继生　刘　杰　唐士军

**重庆市环境科学学会**

成立时间:1979 年 3 月 20 日

第一届理事会

理 事 长:曾宇石

副理事长:施在敏　孙慧修　杨德俊　谢运芳　郑衍森　金越令
李崇嶽　司明勋

第二届理事会(成立时间:1982 年 10 月 26 日)

理 事 长:李　慎

副理事长:孙慧修　杨德俊　李崇嶽　林定恕

第三届理事会(成立时间:1985 年 12 月 21 日)

理 事 长:杨德俊

副理事长:周百兴 孙慧修 郭丰年 贺才雅 卓鉴波

第四届理事会(成立时间:1991 年 6 月 29 日)

理 事 长:孙慧修

副理事长:郭丰年 周百兴(常务) 喻登荣

第五届理事会(成立时间:2002 年 2 月 6 日)

理 事 长:罗固源

副理事长:龙腾锐 董 林

下属分支机构:环境管理、环境工程、环境生态学、环境医学和卫生学、环境化学、环境监测与评价等 6 个专业委员会及编辑、学术、宣传教育等 3 个工作委员会

**大连市环境科学学会**

成立时间:1978 年 10 月 8 日

第一届理事会

理 事 长:孙树田

副理事长:孙 晴 滕曙光 王贵臣 隋广文 戚冠发

第二届理事会(成立时间:1980 年 9 月 19 日)

名誉理事长:原宪千

理 事 长:林沛然

副 理 事 长:王贵臣 李兴正 孙 晴 戚冠发 滕曙光

第三届理事会(成立时间:1984 年 3 月)

理 事 长:李兴正

副理事长:芦学盛 戚冠发

第四届理事会(成立时间:1987 年 8 月 1 日)

理 事 长:李兴正

副理事长:戚冠发 张维新 周丽清

第五届理事会(成立时间:1993 年 6 月 28 日)

理 事 长:施中岩

副理事长:房翠花 张维新 史鄂候

第六届理事会(成立时间:2004 年 7 月 20 日)

理 事 长:杨凤林

副理事长:林建国 李雪铭 贺新展

**青岛市环境科学学会**

成立时间:1981 年 3 月 16 日

第一届理事会

理 事 长:王文彬

副理事长:李冠国 吴宝铃 罗连陶 林庆礼 李珏声

第二届理事会(成立时间:1984 年 6 月)

理 事 长:王槐义

副理事长:李珏声 林庆礼 罗连陶 辛大平

第三届理事会(成立时间:1988 年 10 月)

理 事 长:李本良

副理事长:饶纪龙 李永祺 邹景忠 李家春 肖春富 李廷骞

第四届理事会(成立时间:1994 年 7 月)

理 事 长:罗 毅

副理事长:冯士筰 刘光曼 周广福 林克强 杨绵绵

第五届理事会(成立时间:2000 年 4 月)

理 事 长:孟广勤

副理事长:徐建培 焦 奎 张 波 王孔雷

第六届理事会(成立时间:2004 年 4 月)

理 事 长:牛青山

副理事长:王 琳 李范伟 杜波

下属分支机构:学术和咨询工作 2 个委员会;环境监测,环境海洋,环境生态,环境经济、法律、管理,环境宣传、教育、科普,环境医学,环境工程等 7 个专业委员会

**宁波市环境科学学会**

成立时间:1979 年 3 月

第一届理事会

负责人:徐成伟 陈 欣

第二届理事会(成立时间:1985 年)

理 事 长:诸 康

副理事长:竺开泰 费永昌 蒋昌福

第三届理事会(成立时间:1988 年)

理 事 长:诸 康

副理事长:竺开泰 何凤池 王志民

第四届理事会(成立时间:1992 年 10 月)

理 事 长:徐思藻 谢剑辉(1993 年 12 月接替)

副理事长:周光裕 竺开泰 王志民

第五届理事会(成立时间:1997 年 6 月)

理 事 长:谢剑辉

副理事长:周光裕 储嘉康 王树槐

第六届理事会(成立时间:2002 年 12 月)

理 事 长:谢剑辉

副理事长:王志方 汤社平 王益澄

第七届理事会(成立时间:2007 年 12 月)

理 事 长:朱 岗

副理事长:汤社平 王益澄 张 冰 胡 杰

下属分支机构:组织秘书、宣传教育、学术交流、咨询服务等 4 个组和环境管理与法制、环境监测和环境工程与评价等 3 个学组

出版刊物:《宁波环境》,1987 年创刊

市辖地方学会:慈溪市、余姚市、镇海区环境科学学会

**厦门市环境科学学会**

成立时间:1983 年 11 月 30 日

第一届理事会

理 事 长:周绍民

副理事长:邱永清 杨孙楷

第二届理事会

名誉理事长:周绍民 邱永清

理 事 长:吴瑜端

副 理 事 长:林汉宗　杨孙楷　陈泽夏
第三届理事会
理 事 长:吴子琳
副理事长:林汉宗　陈泽夏　袁东星
第四届理事会
理事长:吴于琳
副理事长:袁东星　余兴先　欧寿铭
下属分支机构:工程治理、生物生态、环境监测等学组及宣教组、市科协咨询服务中心环境保护分部

**深圳市环境科学学会**

成立时间:1987 年 12 月 4 日
第一届理事会
名誉理事长:李传芳　朱钟杰
理　事　长:陈棠颐
副 理 事 长:栾　力　张达元　陈志明　区汇文
第二届理事会(成立时间:1996 年 12 月)
名誉理事长:王　炬
理　事　长:曾　纯
副 理 事 长:陈乔年
第三届理事会(成立时间:1999 年 4 月)
名誉会长:曾　纯　邱　玫　陈乔年
会　　长:李冠军
副 会 长:陈志诚
第四届理事会(成立时间:2007 年 8 月 24 日)
名誉会长:邱　玫　李连和　郭雨蓉　李冠军
会　　长:杨立君
副 会 长:李贵才　马　辉　金广君　高自民　张金松　陈志传
出版刊物:《深圳环境》,2002 年创刊

# 参考文献

[1] 吴学周,王德铭,刘培桐,等. 中国大百科全书——环境科学[M]. 北京:中国大百科全书出版社,1983. 12.

[2] 国家环境保护局,中国环境科学学会. 人与环境——中国环境保护[M]. 北京:长城出版社,1992.

[3] 杨经纬,王燕青. 中国环境科学学会——当代中国环境科技社团[M]. 北京:中国环境科学出版社,1992. 4.

[4] 中国环境科学学会. 中国环境科学学会第二届优秀环境科技工作者奖和优秀学会工作者奖光荣册[G]. 北京:中国环境科学学会,1995. 11.

[5] 中国环境科学学会. 再创辉煌——中国环境科学学会第四届理事会第一次全体会议文集[M]. 北京:中国环境科学学会,1996. 6.

[6] 中国环境科学学会. 中国环境科学学会第一届青年科技奖光荣册[G]. 北京:中国环境科学学会,1998.

[7] 中国环境科学学会. 中国环境科学学会第三届优秀环境科技工作者奖、第三届优秀学会工作者奖、第二届青年科技奖光荣册[G]. 北京:中国环境科学学会,1999. 12.

[8] 王玉庆,余超然,周福祥,等. 中国大百科全书——环境科学[M]. 北京:中国大百科全书出版社,2002. 5.

[9] 中国环境科学学会. 中国环境科学学会第四届优秀环境科技工作者奖、第四届优秀学会工作者奖、第三届青年科技奖光荣册[G]. 北京:中国环境科学学会,2002. 5.

[10] 中国环境科学学会. 新世纪　新发展——中国环境科学学会第五届理事会[C]. 北京:中国环境科学学会,2002. 9.

[11] 中国环境科学学会妇女与环境网络. 妇女与环境论文集[M]. 北京:中国建筑工业出版社,2003. 8.

[12] 中国环境科学学会. 中国环境科学学会第五届优秀环境科技工作者奖、第五届优秀学会工作者奖、第四届青年科技奖光荣册[G]. 北京:中国环境科学学会,2003. 12.

[13] 中国环境科学学会. 中国环境科学学会第六届优秀环境科技工作者奖、第

六届优秀学会工作者奖、第五届青年科技奖光荣册[G]. 北京：中国环境科学学会，2006.6.

[14] 中国环境科学学会. 中国环境科学学会第六次全国代表大会文件汇编[G]. 北京：中国环境科学学会，2007.11.

[15] 中国环境科学学会. 中国环境科学学会第六届理事会第二次全体会议理事咨询建议汇编[G]. 北京：中国环境科学学会，2007.11.

[16] 中国环境科学学会. 中国环境科学学会学术年会论文集[M]. 北京：中国环境科学出版社，2002～2007.

[17] 中国环境科学学会. 中国环境科学学会动态[G]. 北京：中国环境科学学会，历年.